INSECTS
昆虫のふしぎ
こんちゅうのふしぎ

監修 寺山 守

ポプラ社

監修のことば

　昆虫は、陸上でもっとも繁栄している動物です。そのため、同じ陸上生活をするわたしたちにとって、いちばん身近に見られ、日常の生活にも多くの昆虫がさまざまなかたちで関わっています。
　現在、地球上には少なくとも、数百万種もの昆虫がいると推定されています。これまで、実際に知られている約177万種の全生物のうち、約93万種は昆虫です。つまり、現在知られている生物の半数以上は昆虫ということになります。さらに、毎年多くの種が新種として発表されています。地球のどこかには、まだわたしたちの前にすがたを見せていないもっと多くの昆虫がくらしているはずなのです。
　このように昆虫が繁栄している大きな理由としては、からだのつくりとはたらきを乾燥に十分耐えられるものに発達させ、陸上によく適応したことがあげられます。そして、はねという空を飛ぶための独特の器官をもつことによって空中へ進出し、さらには淡水の世界へも進出し、陸の世界において最も優勢なグループとなりました。そのほかに、いろいろなものを食物にしたことや、からだが小さいので生活圏を広げられたこと、しかもさまざまな環境にすめるようにそれぞれの種のからだや生態が特殊化したことなどが、種数をこれほどまでに増やすことのできたおもな理由です。
　陸上で昆虫が存在しない場所はほとんどありません。かわったところでは、洞窟の奥深くにも、5000m以上の高山の氷雪上にも、温泉の中にも、海辺にも、地下数十メートルの地下水の中にすら、適応して生活するものがいます。また、体長が0.2mm以下という小ささで針の穴を簡単にくぐりぬけられる甲虫やハチから、あしまでふくめると50cm以上の長さになるナナフシまで、大きさはいろいろです。そして、昆虫たちは、芸術家でさえ舌をまくほどの独創的な形や多様な色彩をもっているのです。

生活様式も実にさまざまです。寿命は1〜2週間のものから、20年以上も生きるものが知られ、また一生のあいだに卵を十数個しか産まないものから、ある種のシロアリの女王のように数千万個以上も産むものまでいます。単独で生活するものから、モンシデムシやクチキゴキブリのように家族で生活するもの、さらにはアリ、ミツバチ、シロアリのように高度な社会生活を発達させたものなど、目をみはるほど変化にとんだ生活を営んでいます。地球を虫の惑星とよんでもよいくらいに、昆虫は繁栄をほこっています。

　日本は南北に細長く、平野部は亜熱帯から寒温帯までの気候区分に属しています。海に囲まれていると同時に山国でもあり、高山帯までが見られます。さらに、北方系の生物と南方系の生物の両方が見られる地理にあることから、多様な生態系が存在します。そのために国土が広くないわりに、実に多くの種類の昆虫が見られるのです。現在、日本では約3万種類が記録されていますが、熱帯・亜熱帯性のものから高山に生活する種まで、実際には、少なめに見積もっても5万種以上の昆虫が生活していると推定されています。日本は昆虫を観察するにはとても適した場所なのです。

　ところが、わたしたちが日常生活で目にする昆虫は、それらのごく一部、いわゆる普通種とよばれているものです。少し注意をはらって目をこらせば、これまで見えていなかった昆虫たちの不思議なすがたや生活があらわれ、多様性にとんだ昆虫の世界が大きく広がります。積極的に昆虫たちに目を向けて、その不思議にふれてみませんか。この本では、昆虫を大きく分類した31目をすべて取りあげ、庭や道ばたで、ふつうに見かける虫たちから、なかなか出会うことのできないめずらしい昆虫まで、できるだけ多くの昆虫のさまざまな生態や形態、特徴を紹介します。

寺山　守

ポプラディア情報館 昆虫のふしぎ
目次 TABLE OF CONTENTS

- 監修のことば ……………………… 2
- この本の使い方 …………………… 6

● 昆虫という生き物 …………………………… 7
- ●昆虫とは ……………………………… 8
- ●昆虫のからだのつくり ……………… 10
- ●昆虫の感覚器 ………………………… 12
- ●昆虫の成長 …………………………… 14
- ●昆虫のコミュニケーション ………… 16
- ●昆虫の分類と系統 …………………… 18
- ●すぐわかる昆虫31目 ………………… 20
- ●昆虫の進化 …………………………… 22
- ●昆虫と植物の関わり ………………… 24

● 昆虫のくらし …………………………… 27

- ●ハチ目(ハチ・アリ) ……………… 28
  - ハチのいろいろ …………………… 30
  - 植物を食べるハチ ………………… 32
  - 寄生するハチ ……………………… 34
  - 狩りをするハチ …………………… 36
  - スズメバチのくらし ……………… 38
  - ハナバチのなかま ………………… 40
  - ミツバチの生活 …………………… 41
  - ミツバチの巣のくらし …………… 42
  - アリの生活 ………………………… 44
  - 土の中に巣をつくるアリ ………… 46
  - 女王アリと新しい巣 ……………… 48
  - 土の中以外に巣をつくるアリ …… 50
  - さまざまなアリの生態 …………… 52
  - ◇共生と寄生 ………………………… 54
- ●チョウ目(チョウ・ガ) …………… 58
  - チョウのからだのしくみ ………… 60
  - シロチョウのなかま ……………… 62
  - アゲハチョウのなかま …………… 64
  - シジミチョウのなかま …………… 66
  - マダラチョウのなかま …………… 68
  - タテハチョウのなかま …………… 70
  - セセリチョウ・ジャノメチョウ・
    テングチョウのなかま …………… 71
  - ガのなかま ………………………… 72
  - まゆから絹をとるカイコ ………… 76
- ●トビケラ目 …………………………… 77
- ◇昆虫がささえる環境 ………………… 78
- ●ハエ目（ハエ・カなど） …………… 80
  - さまざまなハエの生態 …………… 82
  - アブとハナアブのなかま ………… 84
  - カのなかま ………………………… 86
  - ガガンボ・ユスリカのなかま …… 88
  - 血を吸う虫たち …………………… 89
- ●ネジレバネ目 ………………………… 89
- ●アミメカゲロウ目 …………………… 90
- ●ヘビトンボ目 ………………………… 92
- ●ラクダムシ目 ………………………… 92
- ●ノミ目 ………………………………… 93
- ●シリアゲムシ目 ……………………… 93

- 🔶 人間と昆虫の関わり …………………… 94
- 🔴 コウチュウ目
  - （カブトムシ・テントウムシ・ホタルなど）…96
  - クワガタムシのなかま ……………… 98
  - カブトムシのなかま ………………… 100
  - コガネムシのなかま ………………… 102
  - オサムシ・ハンミョウのなかま …… 104
  - ホタルのなかま ……………………… 106
  - ゲンゴロウ・ミズスマシのなかま … 108
  - タマムシ・コメツキムシのなかま … 109
  - テントウムシのなかま ……………… 110
  - カミキリムシのなかま ……………… 112
  - オトシブミのなかま ………………… 114
  - シデムシのなかま …………………… 116
  - ハネカクシのなかま ………………… 116
  - ハムシのなかま ……………………… 117
  - ゾウムシのなかま …………………… 117
- 🔶 ふしぎな昆虫の世界 ………………… 118
- 🔴 カメムシ目（セミ・カメムシなど）… 122
  - セミのなかま ………………………… 124
  - アワフキムシのなかま ……………… 127
  - アブラムシのなかま ………………… 128
  - カイガラムシのなかま ……………… 129
  - カメムシのなかま …………………… 130
  - タガメ・タイコウチのなかま ……… 132
  - アメンボのなかま …………………… 134
- 🔴 アザミウマ目 ………………………… 135
- 🔴 チャタテムシ目 ……………………… 135
- 🔴 シラミ目 ……………………………… 136
- 🔴 ハジラミ目 …………………………… 136
- 🔴 ナナフシ目 …………………………… 137
- 🔴 バッタ目（バッタ・コオロギなど）……… 138
  - バッタ・キリギリスのなかま ……… 140
  - コオロギのなかま …………………… 141
  - 秋の鳴く虫たち ……………………… 142
- 🔴 ゴキブリ目 …………………………… 144
- 🔴 シロアリ目 …………………………… 146
- 🔴 ハサミムシ目 ………………………… 147
- 🔴 カマキリ目 …………………………… 148
- 🔶 昆虫の擬態 …………………………… 150
- 🔴 シロアリモドキ目 …………………… 154
- 🔴 ガロアムシ目 ………………………… 154
- 🔴 ジュズヒゲムシ目 …………………… 155
- 🔴 カカトアルキ目 ……………………… 155
- 🔴 カワゲラ目 …………………………… 156
- 🔶 日本にやってきた昆虫たち ………… 158
- 🔴 トンボ目 ……………………………… 160
  - トンボのなかま ……………………… 162
  - ヤンマ・オニヤンマのなかま ……… 162
  - サナエトンボのなかま ……………… 163
  - イトトンボ・カワトンボのなかま … 163
  - 交尾から産卵へ ……………………… 164
  - トンボの育ち方 ……………………… 165
  - トンボの生活 ………………………… 166
  - 移動するトンボたち ………………… 167
- 🔴 カゲロウ目 …………………………… 168
- 🔴 イシノミ目 …………………………… 170
- 🔴 シミ目 ………………………………… 170

昆虫ではない虫 …………………………………… 171

- ● 昆虫以外の虫・節足動物 …………… 172
- ● トビムシ・カマアシムシなど ……… 173
- ● ムカデ・ヤスデ ……………………… 174
- ● ダンゴムシ・ワラジムシ …………… 176
- ● クモ …………………………………… 178
  - クモの糸 ……………………………… 180
  - クモのくらし ………………………… 182
- ● サソリ・ダニなど …………………… 184

昆虫の観察・調べ方 ……………………………… 185

- ● 昆虫の観察 …………………………… 186
- ● 昆虫のことがよくわかる施設 ……… 192

- ● さくいん ……………………………… 194

この本の使い方

- この本は、昆虫を分類する図鑑ではなく、それぞれの昆虫のなかまのくらしのふしぎとおもしろさを中心に紹介しています。

- この本は、昆虫の分類上のすべての「目」を取りあげ、それぞれ代表的な種の生態を紹介しています。生物の分類上の階級は、「目」の下に「科」「属」とつづきますが、この本では「科」以下の分類をせず、「○○○のなかま」のように表現しています。

- この本での「目」の名称は、文部科学省の採用する動物分類名（例：ハチ目）に準じています。これらの分類名は、現在の日本ではほかの名称（例：膜翅目）で表されることもあります。

- この本では、昆虫のほかに、陸上でくらす身近な節足動物であるダンゴムシやクモなども、「昆虫ではない虫」として取りあげました。

- 巻末には「昆虫の観察・調べ方」として、昆虫の観察方法や、全国の昆虫館の案内を載せました。昆虫について、もっと知りたいときに活用してください。

- 調べたいことがらや知りたいことがらが載っているページがわからないときは、「さくいん」を引いてみましょう。「さくいん」は五十音順です。

- 本文より発展的な内容を取りあげたコラム「虫ムシウォッチング」には、このマークがついています。

● からだの大きさの表し方について

昆虫などのからだの大きさは、一般的に頭部の先から腹部の先までの長さ（体長）で表します（下左の図）。ただし、触角やメスの産卵管、腹部の先の尾、カブトムシの角などは、これにふくめません（下中央の図）。チョウやガなどの場合には、体長ではなく、前ばねの長さで表します（下右の図）。これ以外の方法で大きさを表す場合には、この本の本文中で説明を加えてあります。

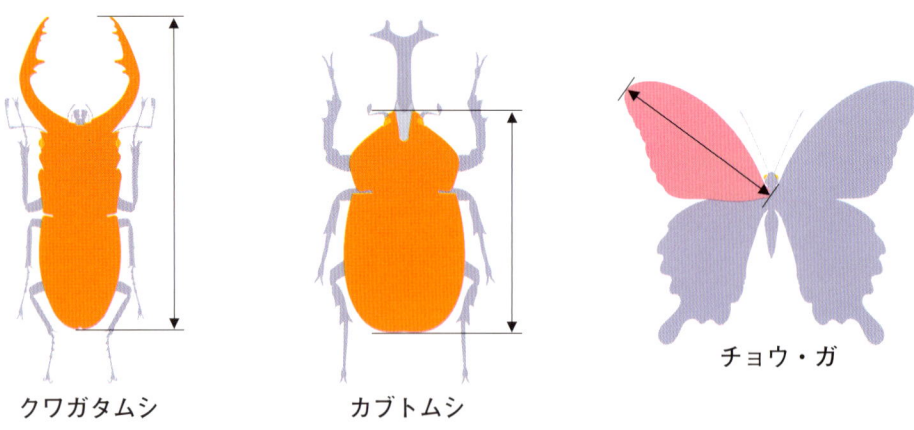

クワガタムシ　　カブトムシ　　チョウ・ガ

昆虫という生き物

わたしたちのまわりには、実にたくさんの昆虫がくらしています。
かれらは、地球上で、いちばん種類の多いグループです。
この章では、昆虫のからだのしくみや、
くらしのひみつを紹介します。

昆虫とは

わたしたち人間のように背骨をもつ動物を脊椎動物とよび、背骨をもたない多くの動物を無脊椎動物とよびます。昆虫は無脊椎動物のなかで、かたいからでからだをおおう外骨格をもち、からだは節が組み合わさってできている節足動物という大きなグループにふくまれる生物です。

節足動物は現在、昆虫をふくむ六脚虫類、エビやカニ、ダンゴムシをふくむ甲殻類、ムカデやヤスデをふくむ多足類、クモやダニ、サソリをふくむクモ形類、海にすむウミグモ類などに大きく分けられます。六脚虫類は、節足動物のなかで3対のあしをもつものの総称で、このうち昆虫はもっとも大きなグループです。

動物

〈脊椎動物〉
哺乳類／両生類／爬虫類／鳥類／魚類

〈無脊椎動物〉
カタツムリ／クラゲ／ヒトデ／節足動物

節足動物

六脚虫類

昆虫

キアゲハ／カブトムシ／ナツアカネ／ミンミンゼミ／トノサマバッタ

多足類

ヤスデ

ムカデ

クモ形類

クモ

ダニ

昆虫という生き物　昆虫とは

節足動物とは

　節足動物は、とても種類にとんだグループです。今日、地球上で知られている生物の数は全部で177万種といわれ、植物や菌類などをのぞいた動物は約135万種です。そのうち、節足動物は約115万種で、そこに含まれる昆虫類は93万種です。つまり、すべての動物の約70％が昆虫ということになります。そしてまた、昆虫は31のなかまに分けられます。

　これまでは、六脚虫類を昆虫とよび、一生はねをもたない種類と、成虫になるとはねをもつ種類とに大きく分ける方法が長く認められてきました。この分類方法によると、はねをもたないものに、カマアシムシ、トビムシ、コムシ、ハサミコムシ、シミ、イシノミのなかまが所属します。

　しかし、現在では、カマアシムシ、トビムシ、コムシ、ハサミコムシの四つのグループは、シミ、イシノミのグループとは祖先が非常に離れていることがわかってきました。そのため今日では、3対のあしをもつものを総称して六脚虫類とよび、六脚虫類のなかで、系統的にひとつのグループとしてまとまるはねをもつものと、シミ、イシノミのなかまを合わせて「昆虫」とよんでいます。

オオキンカメムシ / ヘビトンボ / ムラサキトビケラ / ヤスマツトビナナフシ / クロスズメバチ

昆虫以外
- カマアシムシ
- トビムシ
- コムシ
- ハサミコムシ

甲殻類

カニ

ダンゴムシ

ウミグモ類

サソリ

ウミグモ

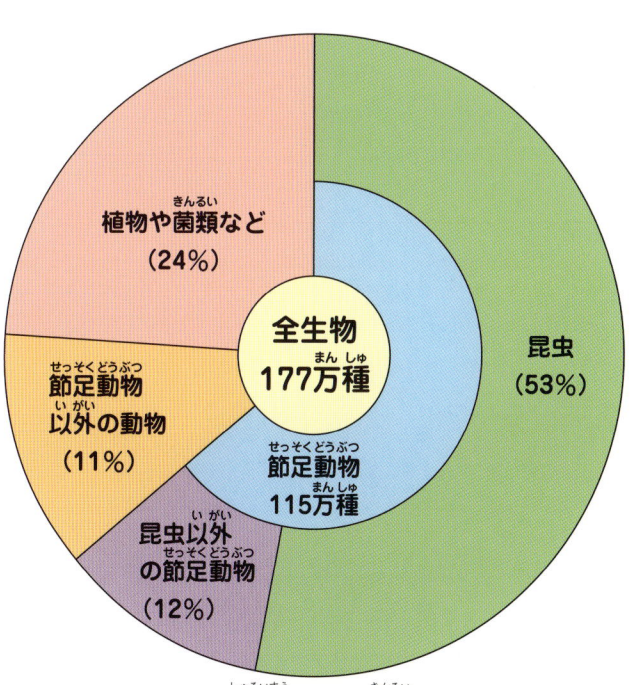

▲生物の種類数。植物や菌類などをのぞく全動物において昆虫は約70％をしめる。

昆虫のからだのつくり

　昆虫の成虫のからだは基本的に、頭部、胸部、腹部の三つの部分からできています。頭部には一対の触角、一対の複眼、3個の単眼があります。口器は、それぞれ一対の下唇ひげと小あごひげ、一対の大あごをもつ状態が基本ですが、変化にとんでいて、針状やストローのようなかたちに変わっているものも多く見られます。

　胸部は、前胸、中胸、後胸の三つの部分に分けられ、それぞれから前あし、中あし、後ろあしが生えます。さらに中胸から前ばねが、後胸から後ろばねが生えます。腹部もいくつかの節に分かれ、それぞれの節は上面の背板と下面の腹板が組みあわさってできています。

　多くの昆虫は、はねをもっています。昆虫のはねは飛行のためだけに進化してきました。ふつう、前ばねと後ろばねの二対ですが、ハエ目は後ろばねが退化し、ネジレバネ目は前ばねが退化しています。働きアリのように、はねをもたないものもいます。

昆虫のからだ（トノサマバッタ）

消化器官

消化器官は、口から肛門にいたる1本の管で、ところどころがふくらんでいます。前から、そのう、前胃、中腸、直腸などからなります。そのうは食べたものをためておく袋で、前胃で食べ物を小さくくだきます。

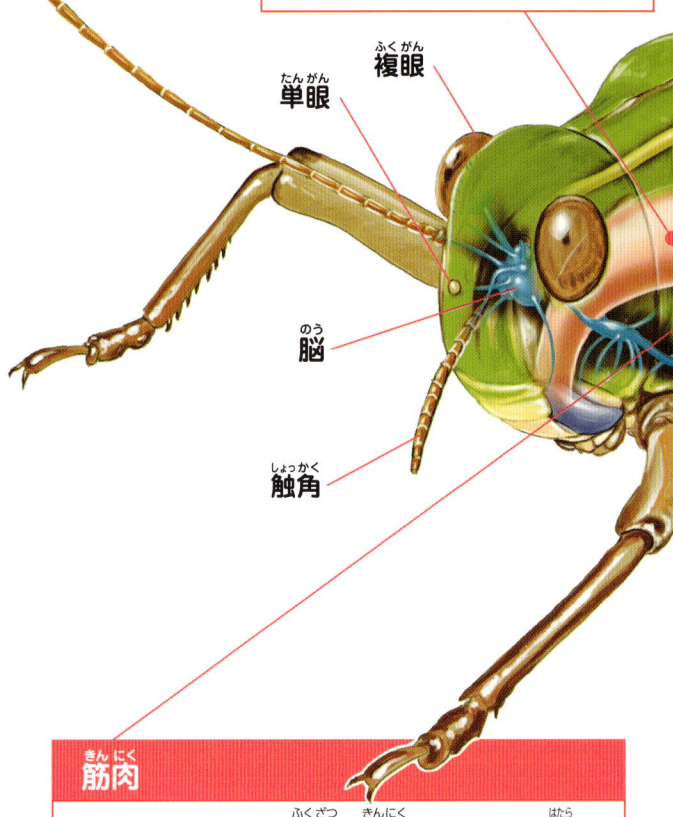

昆虫のからだ

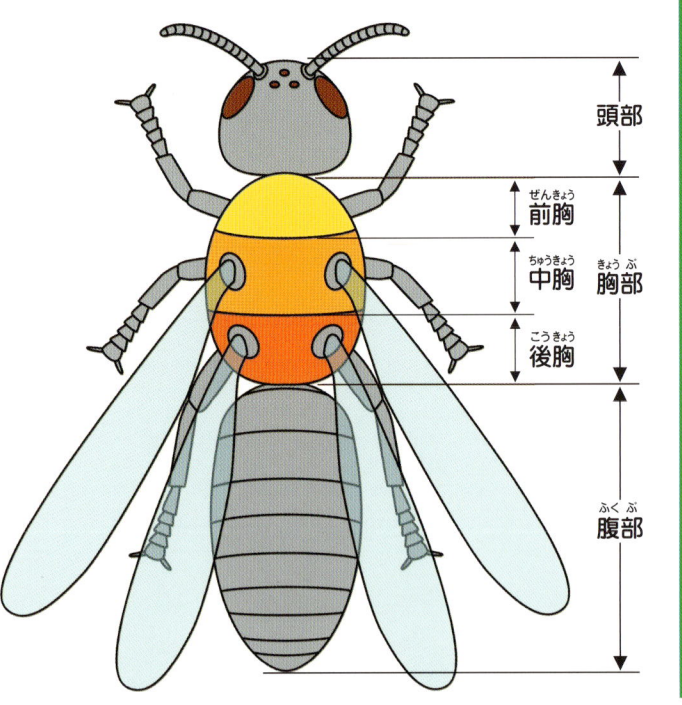

筋肉

昆虫のからだには複雑な筋肉があります。働きの面から関節筋、内臓筋、付属肢筋に分けられます。関節筋は外骨格に両端が付着し、からだの運動に関わる筋肉です。内臓筋は、消化管などの内臓の運動のための筋肉です。また、口器や触角などにはそれらを動かすための付属肢筋があります。

昆虫のからだのつくり

外骨格

昆虫のからだは、表皮細胞から分泌されたキチン質という物質を主な成分とした、かたいクチクラでおおわれています。昆虫のからだの中には、わたしたちのような骨格はなく、かたい上皮でからだをささえています。このような骨格を外骨格といい、節足動物の大きな特徴となっています。

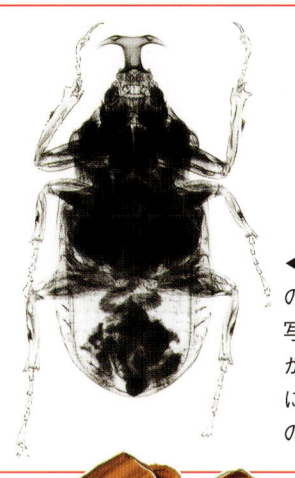

◀カブトムシのレントゲン写真。外骨格が輪郭のように写っているのがわかる。

血管

昆虫のからだには毛細血管がありません。血液は体液と混じりあいます。長い円筒形をした心臓が腹部背面の中央部にあり、そこから血液はからだの前方へ送りだされます。血管から体組織に出て、また血管にもどってきます。

排出器官

からだの老廃物を、体外に捨てるマルピーギ管とよばれる排出器官があります。細い管状で、一方の先が直腸の基部に結合します。

心臓

マルピーギ管

呼吸器官

空気を取りこむための穴が、胸部や腹部に見られます。これを気門とよびます。気門の内側はふくらんだ袋状のつくりで、近くを多くの血管が通っています。ここで、空気中の酸素を体内に取りこみます。こうした構造をまとめて気管とよびます。トンボやカゲロウの幼虫などの水生の昆虫では、気管が変形した「気管えら」で呼吸するものがあります。

◀トノサマバッタの腹部。一列にならんだ穴が呼吸器官の入口である気門。

神経

2本の太い神経が並行して走り、その神経のあいだにいくつもの神経球が見られます。また、先端には大きくふくらんだ脳が見られます。このような形状の神経を、はしご状神経系とよびます。

昆虫という生き物　昆虫の感覚器

昆虫の感覚器

- 触角
- 複眼
- 単眼
- 大あご
- 小あご
- 小あごひげ
- 下唇ひげ

◀トノサマバッタの顔。感覚器の多くが顔の近くにある。

昆虫もわたしたちと同様に、外側からくるさまざまな刺激を感じてまわりの状況を知り、行動します。この刺激を感じる器官を感覚器とよび、目や耳、口、あし、触角などが含まれます。昆虫の感覚器は、人間のものとちがうかたちをしたものや、まったく異なった位置にある場合が多く、昆虫の種類によってもちがいます。

感じるものの種類も、におい、味、振動、光、音など、さまざまで、すんでいる環境に適応した発達がみられます。

目

昆虫は、異なった2種類の目をもっています。ひとつは複眼といって、個眼という小さな目がたくさん集まってできているもので、色彩を感じます。複眼をつくっている個眼の数は、種によって異なっています。もう一方は単眼といい、ふつうは三つほどあり、まわりの明るさや暗さを感じます。

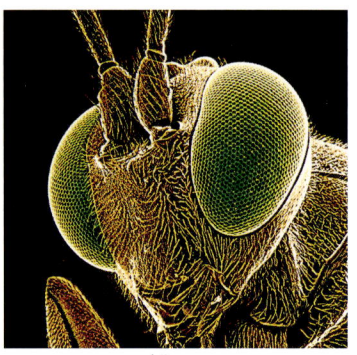

▲コバチの目。種によってはひとつの複眼が数千個の個眼をもっている。

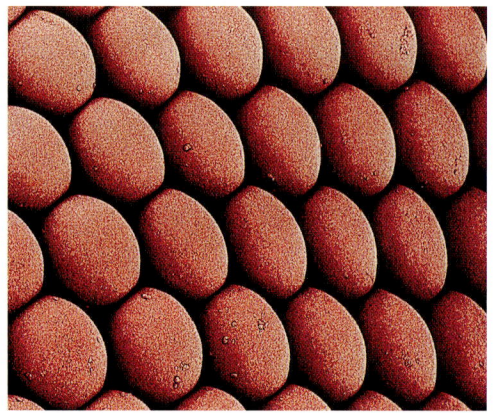

▲拡大したカの複眼。一つひとつが個眼。それぞれの個眼から情報を脳に送っている。

耳

昆虫が音を感じる器官は、前あし、腹部、触角の根元などにあり、種によって異なります。音を感じる鼓膜をもつ昆虫のほとんどは鳴くことができるもので、同じ種同士での交信をするためと考えられています。

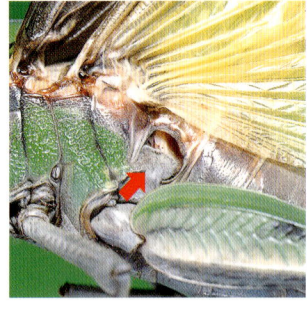

▲トノサマバッタの耳。バッタの耳は腹部にあり、内側に鼓膜がついている。

あし

昆虫のあしにはさまざまな役割がありますが、ハエやチョウのあしは、味を感じる器官としても機能しています。チョウは前あしを使って、とまった植物が幼虫の食べられる種類かを判断します。

▲モンシロチョウのあし先。チョウの多くはあし先の感覚器を使って花の蜜の味などを感じとる。

触角

　昆虫の触角は、においを感じとったり、音を聞いたり、物の大きさなどを調べたりと、種によっていろいろな機能とかたちをもっています。水面に浮かび水に落ちた獲物を食べるミズスマシなどの触角は、水面の振動を感じることができます。

▲ヤママユのくしの歯状の触角。メスが出すフェロモンを感じる器官が触角の枝にある。

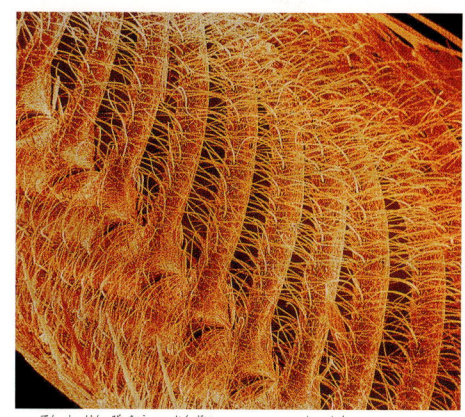
▲電子顕微鏡で拡大したガの触角。たくさんの毛が生えており、においなどを感じとる。

口

　昆虫の口には、大きく分けてふたつの種類があります。食べ物を切りとってくだくバッタなどのタイプのものと、食べ物を吸いとるチョウやガ、セミなどのタイプのものです。これらの口のちがいは、食べ物の種類や、口で行うさまざまな目的に合わせて変化させていった結果によるものです。

▲トノサマバッタの口。大あごが変化していて、草などの食べ物をかみきりやすくなっている。

▲ナミニクバエの口。平たくなった大あごで、食べ物となる蜜や花粉などをなめとる。

▲ノコギリクワガタの口。小あごが変化し、ブラシのようなかたちになっていて、樹液をなめる。

▲アブラゼミの針状の口。チョウやセミでは、大あごが変化し、蜜や樹液を吸いやすいように管のかたちをしている。

昆虫の成長

　昆虫は、卵で生まれ、ふ化してから脱皮をくりかえし成虫となります。昆虫が脱皮を必要とするのは、外骨格とよばれるかたい殻におおわれているためです。脱皮をする回数は種によって異なりますが、脱皮をするごとに1齢幼虫から2齢幼虫というように、よび方が変わり、最終的に成虫となります。

　昆虫には、変態といって成長とともにからだのかたちを大きく変えるものが多くいます。変態するものには、さなぎになってから成虫になる完全変態と、さなぎにならない不完全変態のふたつがあります。完全変態する昆虫の幼虫と成虫とは、からだのかたちが大きくちがい、生活のしかたも異なります。シミのように幼虫と成虫とのかたちにまったくちがいがない無変態とよばれるものもあります。

完全変態

完全変態する昆虫は、幼虫から成虫に成長する過程でさなぎになる時期があります。チョウやコウチュウ、ハチなど、さなぎの時期を経ると、生殖能力があるはねをもった成虫となります。

●アオスジアゲハ。チョウなどはさなぎを境に生活する場所も変わる。

| 卵 | 幼虫 | さなぎ | 成虫 |

不完全変態

トンボやバッタなどの不完全変態の昆虫は、さなぎにならずに成虫となります。成虫は基本的にはねをもち、生殖能力があります。

●ショウリョウバッタ。さなぎにはならず脱皮をしながら変態する。

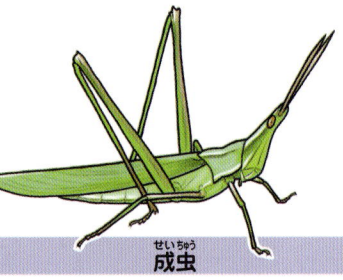

| 卵 | 幼虫 | 成虫 |

無変態

昆虫では、シミ目とイシノミ目だけが変態せずに成長します。これらの幼虫と成虫は、からだのかたちにちがいはありません。成虫になると生殖できるようになります。

●シミ。1齢幼虫から成虫までのどの段階でも、ほぼ同じかたちをしている。

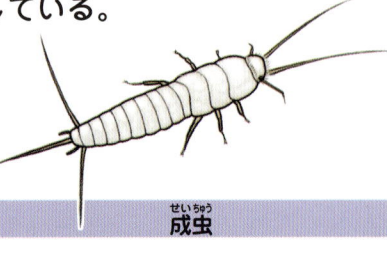

| 卵 | 幼虫 | 成虫 |

卵

　昆虫は、葉の上や木の幹、水の中、土の中など、種によってさまざまなところに卵を産みます。1回の産卵でひとつだけ産み落とすもの、多くの卵をかためて産むもの、カマキリのようにたくさんの卵を卵鞘とよばれるかたちで産むものもいます。卵のかたちも種によって異なります。

▲ナナホシテントウの卵塊。一度に数十個ほど列状にして産む。

▼カマキリの卵鞘。カマキリの卵は卵鞘の中で冬を越す。

さなぎ

　さなぎは、完全変態する昆虫の成虫になる前の段階ですが、さなぎになる場所はすんでいる場所や種類によって異なります。
　さなぎの中では、幼虫の器官が神経以外ほとんどが分解され、成虫のからだがつくられます。成虫はさなぎの殻をやぶって羽化します。

▼ヤママユのまゆ。まゆの中にさなぎがおり、まわりを糸で保護している。

▲アゲハのさなぎ。木の枝に、からだの上方の糸と、尾の先と2点でとまっている。

特殊な成長

　不完全変態や完全変態する昆虫のなかには、変態していく過程のうちで変わった段階をもつものがいます。不完全変態であるカマキリやバッタ、セミなどでは前幼虫という段階が見られます。前幼虫は、卵から出てすぐのすがたで、一度脱皮すると1齢幼虫となります。

　また、不完全変態のカゲロウは、亜成虫といって幼虫から羽化したあと、成虫とほぼ同じかたちの前段階をもちます。完全変態の昆虫では、前蛹というさなぎの前段階をもつものがいます。また、ツチハンミョウのように、過変態とよばれ、擬蛹をもつ複雑な変態をするものもいます（105ページ参照）。

▲トノサマバッタの前幼虫。前幼虫は幼虫とたいへん似たかたちをしていて、脱皮をして幼虫となる。

▲カゲロウの亜成虫。成虫と同様にはねをもち、飛ぶことができる。1日から数日ほどで脱皮し、成虫となる。

昆虫のコミュニケーション

昆虫は、なかま同士でコミュニケーションをするため、さまざまな手段を使います。主な手段として、音、光、ダンス、フェロモンなどがあげられます。コミュニケーションの目的は、敵の存在や食べ物の場所などをなかまに知らせることから、メスへの求愛行動までいろいろです。種によって、どの手段を使うかは異なります。また、複数の手段を使うものや、とても複雑な合図で交信する昆虫もいます。

音

夏から秋にかけて、多くの昆虫の声を聞くことができます。音の出しかたは、スズムシのようにはねをこすりあわせるなど、からだを使って音を出します。セミは腹の中に発振膜があり、発音筋でふるわせて鳴きます。昆虫が音を発するのは、求愛行動や外敵への威嚇などと考えられています。また、鳴く虫のほとんどが音を感じる耳、もしくは振動感覚器をもっています。

▲音を出して、メスを引きつけようとするスズムシのオス。オスは大きく広げた2枚のはねをこすりあわせて音を出し、メスを誘う。

光

夜行性の昆虫のなかには、なかまとの交信手段に光を使うものがいます。ホタルは、メスとオスとの求愛行動に光を使います。ホタルの種によって光の点滅する速さなどが決まっており、なかま同士での応答のしかたにも決まった特徴があります。

また、ゲンジボタルの発光間隔は地域によっても異なり、日本の東西でその点滅速度がちがいます。

◀腹部の先の発光器を光らせるゲンジボタル。暗い中、光で交信するため、大きな複眼をもっている。

ダンス

昆虫のなかには、人間が見るとダンスをおどっているように、からだを使ってコミュニケーションをとるものがいます。

ミツバチは、外で食べ物を見つけると巣に帰り、ダンスをしてなかまにその場所を教えます。巣の上の太陽の位置を基準に8の字を描きながら、その8の字の角度で食べ物の方向を示します。

▶巣の中でダンスをするミツバチ。腹部を左右に振ることから「8の字ダンス(尻振りダンス)」とよばれ、からだの傾きで食べ物の方向を示す。

フェロモン

昆虫には、フェロモンとよばれる特別なにおいで、なかまと交信しているものがいます。多くの昆虫がフェロモンを出し、食べ物の場所や、敵の存在を知らせる警報の役割、そして交尾行動をうながすことに使います。ふつうは、触角でフェロモンを感じとります。ガのなかまには、遠く離れた場所から出されたフェロモンをかぎわけられるものもいます。アリは、食べ物を見つけたなかまの出すフェロモンをたよりに、ほかのアリたちが行列をつくり、食べ物に向かいます。また、ミツバチも交尾のときや巣の場所をなかまに教える場合、フェロモンを使っています。

◀アミメアリの行列。ほかのアリが残したフェロモンに導かれて食べ物のある場所に向かう。

▲腹部からフェロモンを出すミツバチ。若い働きバチは、このフェロモンをたよりに、巣の位置を正確に知る。

コミュニケーションと繁殖

昆虫は、それぞれにコミュニケーション手段をもっていますが、それらの手段がもっとも多く使われるのが、繁殖するために相手を見つけるときです。音や光、フェロモンなどは、特に遠くにいる異性に対して自分の存在を示し、交尾をうながすために使われてきたと考えられています。多くの相手に出会い、交尾することで、多くの子孫を残そうとしているのです。

◀ゲンジボタルの交尾。オスもメスも発光して交信し、たがいの存在と位置を認識する。

▲ヤママユの交尾。夜行性のヤママユはメスがフェロモンを出し、オスはそのにおいを感じとれる大きな触角で、相手の場所を認識する。

昆虫という生き物　昆虫のコミュニケーション

昆虫の分類と系統

　昆虫はとても種類数が多く、93万種を超えるといわれています。研究者によって考えや見方が異なることがありますが、これら昆虫類をからだのしくみなど、共通した特徴で分類すると31目に分けられます。

　さらに、目どうしの類縁関係をもとに昆虫を大きく分類すると、はねをもたないイシノミ目、シミ目、はねを折りたためないトンボ目、カゲロウ目、前ばねよりも後ろばねが大きい多新翅類、口器の特殊化が進んだ準新翅類、そして完全変態を行う完全変態類の、大きなグループに分けて考えると理解しやすいでしょう。

● 生物の分類

　生物の分類は「種」という単位を基本としています。共通の特徴をもつ種をまとめていくと「属」という集まりになり、さらに共通の特徴をもつ属をまとめていくと「科」という集まりになります。さらに共通の特徴をもつ科をまとめたものが「目」です。生物はこのように、共通の特徴をもっている種やグループの集まりを、より大きなグループにまとめるという方法で分類されています。

・生物の分類の階層

界 − 門 − 綱 − 目 − 科 − 属 − 種

大きなグループなどで、階層のあいだに、さらに共通の特徴でまとめられるグループがある場合には「亜目」や「亜科」とよばれる分類がなされることもあります。
昆虫は動物界節足動物門昆虫綱に含まれる生物です。例えばカブトムシは、コウチュウ目コガネムシ科カブトムシ属カブトムシとなります。

図の見方

図は昆虫が、どのように進化していったかを示しています。枝分かれが進んでいるものほど進化した昆虫と考えられ、分岐が近いものほど類縁関係が近い昆虫です。

- 青のライン：完全変態するグループ
- 緑のライン：不完全変態するグループ
- 赤のライン：無変態のグループ
- 紫色のライン：昆虫以外の六脚虫類
- 灰色のライン：六脚虫類以外の節足動物

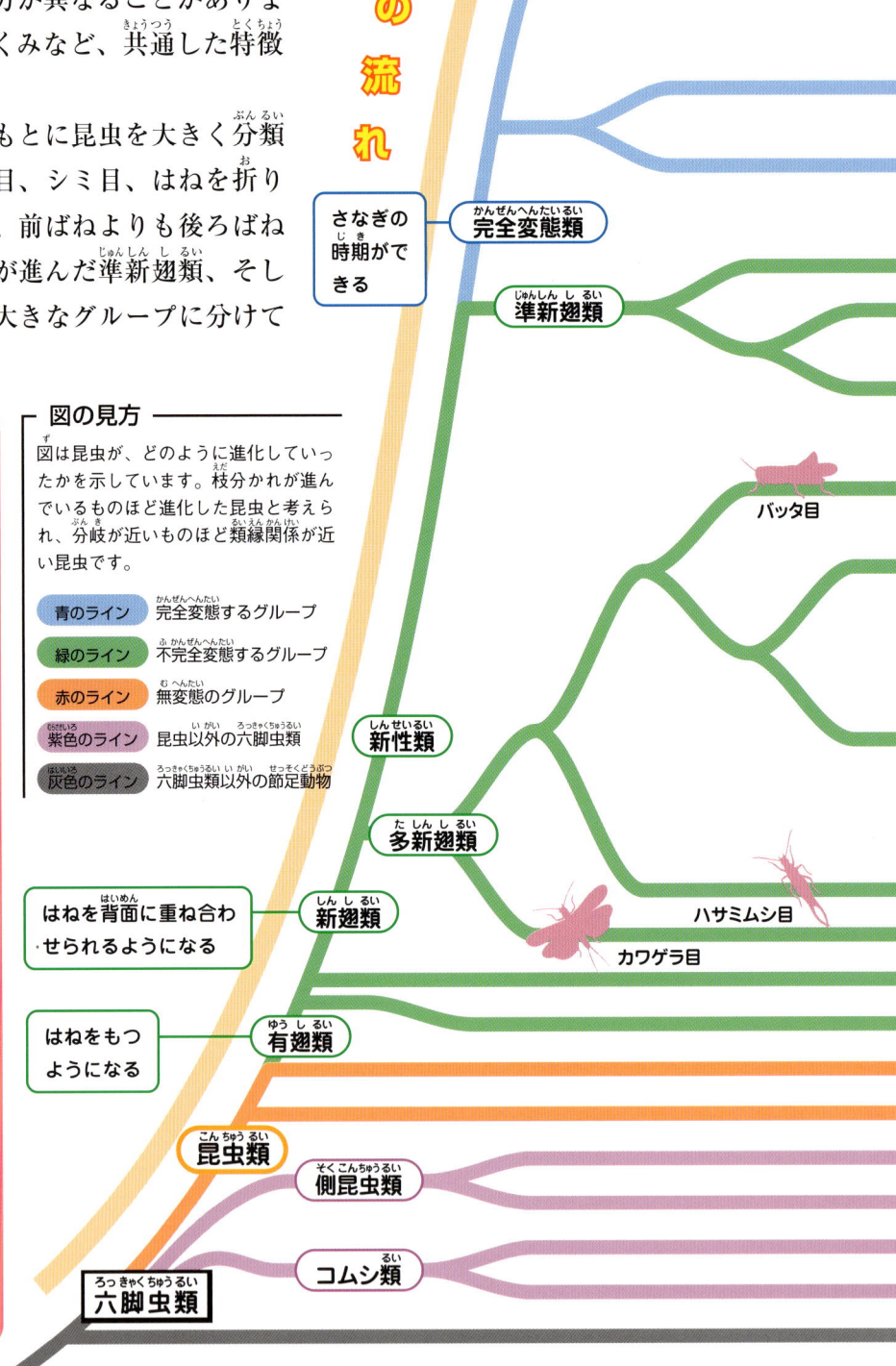

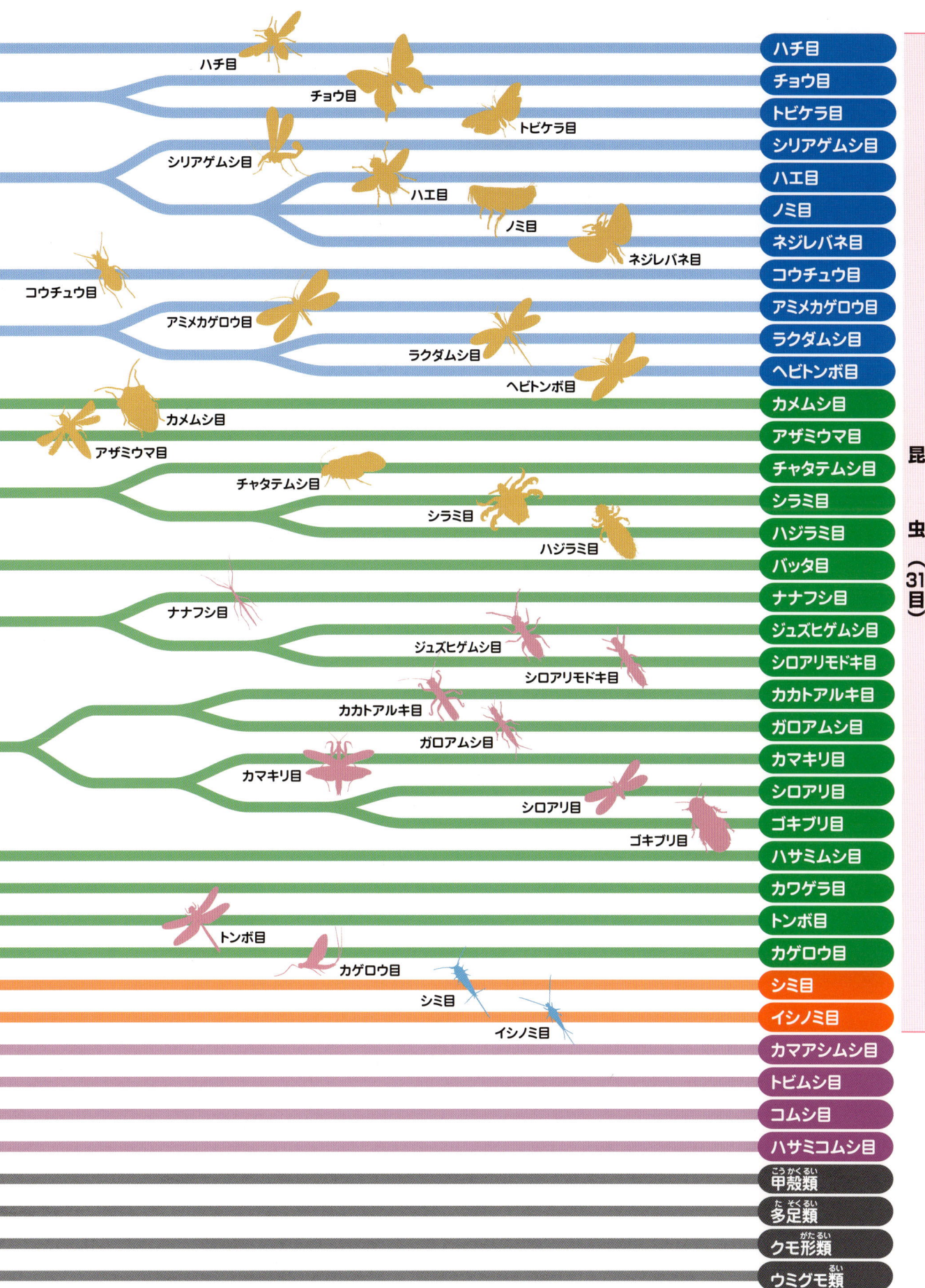

昆虫という生き物　昆虫の分類と系統

＊現在では、上記の分類が変更されているものもあります。
　チャタテムシ目、シラミ目、ハジラミ目→カジリムシ目に統合
　ゴキブリ目、シロアリ目→ゴキブリ目に統合
　コムシ目、ハサミコムシ目→コムシ目に統合

すぐわかる 昆虫 31目

ハチ目 P28

ハチ、アリをふくむ。社会性をもつものが多くいる。種によってさまざまな生活のしかたが見られる。

チョウ目 P58

チョウ、ガをふくむ。成虫ははねが大きく、全身が鱗粉でおおわれる。口はストロー状。

トビケラ目 P77

成虫はガに似ており、前ばねが毛でおおわれる。幼虫は水生で、糸を吐いて巣をつくる。

シリアゲムシ目 P93

オスの腹部の先がサソリのようになっている。交尾のとき、オスはメスに食べ物をプレゼントする。

ハエ目 P80

ハエ、カ、アブをふくむ。成虫のはねは2枚のみで後ばねは退化している。衛生害虫になる種もいる。

ノミ目 P93

小さな昆虫。大きな後ろあしで跳躍する。はねは退化していてない。哺乳動物などの血を吸う。

ネジレバネ目 P89

昆虫に寄生する。オスだけにはねがあるが、ねじれた後ろばねしかない。メスはウジムシ状。

コウチュウ目 P96

カブトムシ、ホタルなどをふくむ。成虫の前ばねはかたい。種類が非常に多く、生活はさまざま。

アミメカゲロウ目 P90

からだは細長くやわらかい。翅脈がこまかく網目状。中胸と後胸は似た形。大あごが発達。

ラクダムシ目 P92

小型の昆虫。頭部、前胸が長く、首が長いように見える。メスの腹部先端には長い産卵管がある。

ヘビトンボ目 P92

大型の昆虫。大あごがするどく発達している。幼虫は水生で、漢方薬などに使われる。

カメムシ目 P122

カメムシ、セミなどをふくむ。針状の口で樹液や動物の体液を吸う。くさいにおいを出すものもいる。

アザミウマ目 P135

小さくて細長いからだの昆虫。はねは長い毛でふちどられる。花などを食べる。

チャタテムシ目 P135
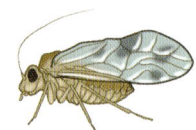
からだが短く、頭部が大きい小型の昆虫。人家にすみ、乾物や動物標本を食べる種もいる。

シラミ目 P136

はねがなく、平たいからだをしている。口は針状で、哺乳動物や鳥のからだに突きさし、吸血する。

昆虫という生き物　昆虫の分類と系統

ハジラミ目　P136

はねがなく、平たいからだをしている。鳥類のからだにつき、羽毛をかじって食べる種がほとんど。

バッタ目　P138

バッタ、コオロギなどをふくむ。後ろあしやはねが発達しており、移動能力に優れている。

ナナフシ目　P137

細長いからだとあしをもち、木の枝に擬態するものが多い。ゆっくりと動き、植物の葉を食べる。

ジュズヒゲムシ目　P155

数珠をつなげたような触角をもつ。翅脈が少ない。日本ではまだ発見されていない。

シロアリモドキ目　P154

平たく、細長いからだをしている。はねはオスにしかない。前あしから糸を出して巣をつくる。

カカトアルキ目　P155

頭部はカマキリ、からだはナナフシに似る。最近新しく発見された目で、日本では未発見。

ガロアムシ目　P154

はねは退化していてない。複眼も小さく退化している。触角は長い。世界的にめずらしい昆虫。

カマキリ目　P148

鎌状の前あしで食べ物を捕らえる。頭がよく動き、複眼が大きい。草むらや林にすむ。

シロアリ目　P146

すべての種が社会性で、女王と王が中心となった家族生活をする。アリのなかまではない。

ゴキブリ目　P144

平たい卵形のからだをしている。触角が長い。一部の種は人家やその周辺にすむ。

ハサミムシ目　P147

からだは細長く、腹部の先端にハサミがある。石や落ち葉の下にすむ。メスは卵を保護する。

カワゲラ目　P156

触角が長い。後ろばねが前ばねより大きい。腹部先端に2本の尾毛をもつ。幼虫は水生。

トンボ目　P160

はねが発達しており、飛ぶ能力に優れている。複眼も発達している。幼虫はヤゴとよばれ、水生。

カゲロウ目　P168

前ばねが後ろばねよりずっと大きい。複眼が発達するが、口器は退化している。幼虫は水生。

シミ目　P170

はねがなく、平たいからだをしている。人家にすむ種もいる。変態せず脱皮をくり返す。

イシノミ目　P170

はねがない。からだは鱗粉でおおわれる。コケや落葉を食べる。一生変態せず脱皮をくり返す。

＊現在では、上記の分類が変更されているものもあります。
チャタテムシ目、シラミ目、ハジラミ目→カジリムシ目に統合
ゴキブリ目、シロアリ目→ゴキブリ目に統合

昆虫の進化

昆虫はいつあらわれたか？

　昆虫は、今から約3億年前の古生代石炭紀には、地上にあらわれていたことが、化石の研究によってわかっています。さらには、昆虫に近いなかまのトビムシの化石が約4億年前の古生代のデボン紀の地層から発見されています。

　そして、古生代の石炭紀からペルム紀（約3億5900万年前から約2億5100万年前）にかけて、多くのグループが出現しています。ゴキブリなどのように、今日も当時とあまり変わらないすがたの昆虫が、すでにこの時期に存在していました。

　昆虫が、どのような生物から進化したかについてはさまざまな研究がなされていますが、ムカデなどをふくむ多足類から出現した、と長い間考えられていました。

　しかし、現在ではこの考えはおそらくまちがいで、ホウネンエビやミジンコなどのような淡水産の甲殻類のなかの、鰓脚類というグループから出現した可能性が高いと考えられています。

◀今からおよそ3億5900万年から2億9900万年前の石炭紀の昆虫。トンボに似ている昆虫は、「メガネウラ」。体長70cmにもなるこのなかまは、絶滅してしまっている。地表の倒れた木の上には、ゴキブリや、カゲロウのなかまも見られる。

からだの進化

昆虫の化石や、現在生息している昆虫のからだのつくりを研究することによって、昆虫の祖先のからだは約20の節からできていて、それぞれの節にあしを生やしたすがたであったと考えられています。

この説によると、頭部は前から六つの体節からできているとされています。第2節のあしは触角に変化し、第4節が大あごに、第5節が小あごに、第6節が下唇に変化したと考えられています。下唇ひげと小あごひげは、第4節と、第5節のあしがそれぞれ変化してできたものです。つまり昆虫の触角や口器はもとはあしだったのです。

胸部の前胸、中胸、後胸の3節は、それぞれ7、8、9体節にあたります。この節につくあしが大きく発達して、昆虫の6本のあしになっています。残りの体節は腹部となり、あしは退化しました。

昆虫に近いなかまの側昆虫類のカマアシムシでは、今日でも腹部の数節にあしの痕跡が残っているのがわかります。

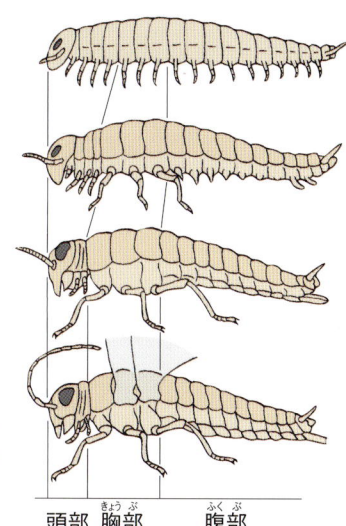

▶多くのあしをもっていた昆虫の祖先。前の方の6節が頭部となり、あしは、触角や口器へと変わっていったと考えられている。

頭部　胸部　腹部

大量絶滅を生きのびた昆虫

地球の長い歴史の間には、大量の生物種がある時期に集中して絶滅してしまう、大量絶滅が起きています。有名なものは約6500万年前の中生代の白亜紀末期の大量絶滅で、海では約50％の生物のグループが滅び、陸上では恐竜が滅びました。古生代から現在まで、地球の生物は少なくとも5回以上の大量絶滅を経験していることがわかっています。

2億5100万年前の古生代のペルム紀末期から中生代の三畳紀にかけての大量絶滅では、地球上の生物の多くが滅びました。昆虫もペルム紀にいた27目のうち8目が絶滅、4目が激しく種数を減らし、3目はかろうじて三畳紀まで生き残り、その後絶滅しました。しかし、白亜紀末期の大量絶滅では、昆虫は目のレベルでは絶滅したものはありませんでした。

昆虫は、からだが小さく、飛べるため移動能力にすぐれています。そして、はねを折りたためる種や、幼虫の時期を水中ですごし、成虫で空中生活をおくる種の出現により、きびしい地球環境の変化へ適応できたのだと考えられています。

昆虫は、太古の昔から現代まで、変わらず地球上で栄えてきました。これだけ長い間地上で繁栄した動物はほかにはありません。

▲白亜紀のコウチュウの化石。

▲樹液が長い間かけて固まった琥珀の中には昆虫が入っていることがある。（左）カミキリムシのなかま、（右）ハチのなかま。

昆虫と植物の関わり

共進化とは何だろう？

　地球上の生物は、たがいに複雑に関係しあって生きています。ときには、長い時間をかけて、別の生物種同士がたがいに強い関わりをもちながら、ともに進化し繁栄することがあります。そのような関係を「共進化」といいます。この共進化が、昆虫とほかの生物の間でも見られます。

　現在、地球上には、よく目立つ花をさかせ、実をつける被子植物が栄えています。被子植物は、今からおよそ1億4000万年前に、裸子植物のなかから進化したと考えられています。

　裸子植物は、風によって花粉を飛ばして種子をつくるのに対して、被子植物の多くは、昆虫をはじめとする動物が受粉の手伝いをすることが大きなちがいとなっています。

　被子植物の花は大きく目立ち、昆虫などの目につきやすいつくりをしています。また、蜜や花粉は、さまざまな動物の食べ物となります。花に誘われた昆虫が蜜や花粉を食べに来ると、昆虫のからだに花粉がつきます。そして、昆虫が花から花へと移動すると、からだについた花粉が雌しべへと運ばれる結果、昆虫が受粉の手伝いをするというしくみなのです。

　被子植物は、このように動物に食べ物を提供し、動物によって受粉の手伝いがなされることで、効率よく受粉して種子を増やせるようになりました。受粉の手伝いは、哺乳類や爬虫類などによっても行われますが、特に昆虫や鳥類のように空を飛べるような移動能力の高い動物と、このような「共進化」の関係をもったことが、今日のように被子植物が陸上で大量に繁栄している大きな理由のひとつと考えられています。

◀被子植物のムクゲの花に、花粉を食べにやってきたアオハナムグリ。全身が花粉まみれになっている。アオハナムグリの移動によって、花粉が運ばれることになる。

▲裸子植物のスギの花粉。風に乗って、ほかのスギの木の花まで花粉を運ぶ。

昆虫の進化と被子植物の花

植物を食べる昆虫のからだは、その食べ物によって変化していきました。特に被子植物と強く関係を結んでいるのは、チョウやハチのなかまです。

チョウやガが、花の蜜を吸うために口がストロー状になっています。ハナバチやハナアブのなかまも、液体のみを取りこむように、特殊な口になっています。

つまり、これらの昆虫は、花の蜜がなければ生きてはいけないように被子植物とは生死をともにする関係にあります。

花に合わせて進化した口

花の蜜や木から出る樹液を吸うチョウの口は、液体を吸うかたちに特殊化しています。もとは、大あごだった口器が左右合わさって、ストロー状になるように進化しました。

◀タンポポの蜜を吸うアゲハの口器。ふだんは丸まっているが、蜜を吸うときにのびる。羽化したてのチョウの口器は、左右に分かれている。

▲マツヨイグサの花は夜にさく。蜜を吸いにくるガに合わせて、夜にさくようになったとも考えられている。

ミツバチのからだ

ミツバチは、植物の花粉や蜜ととても深い関係にあります。蜜や花粉を食べ物にするほか、巣の材料としても利用しています。ミツバチには社会性があり、働きバチは蜜や花粉を集めるために、特殊なからだになっています。あしには花粉を集めるためのブラシがあり、腹部には蜜胃という器官があり、吸った蜜をためこむことができます。巣に帰った働きバチは、蜜を吐き出して巣にためるなどします。

▲蜜胃に蜜を入れ、ふくらんだ腹部。

▶ゲンゲ（レンゲソウ）の花にとまり蜜を吸うセイヨウミツバチ。あしには花粉が集められている。

▲花粉ブラシの顕微鏡写真。細かな毛がたくさん並んでいて、花粉がくっつきやすいようになっている。

昆虫という生き物　昆虫と植物の関わり

昆虫を集めるための植物の進化

昆虫のからだが、植物に合わせたからだに変わっていったように、植物のほうでも昆虫から利益を得ることができるように、進化をしていきました。昆虫が効率よく集まるように、そして受粉がしっかりとできるようにと、花の色、かたち、大きさ、においなど、さまざまなかたちとなっています。

また、移動できない植物にとって、生育する範囲を広げるためには、いかに種子を遠くまで運ぶかが重要です。植物のなかには種子にしかけがあって、昆虫が好むつくりになっているものもあります。

昆虫の目が見るもよう

昆虫の目は、人間の目には見えない紫外線が見えます。紫外線をうつす特殊なカメラで花をとると、人間には見えないもようが浮かび上がります。

これを蜜標といい、花が昆虫に蜜のありかを示すもようです。昆虫は、蜜標を目標に飛んできて、蜜や花粉を植物からもらい、植物は花粉を昆虫に運んでもらいます。

昆虫が広げる花畑

スミレやツリフネソウ、カタクリといった植物の種子には、アリが好むやわらかい物質がついています。これはエライオソームとよばれる物質です。

アリは、エライオソームのついた種子を発見すると巣まで運んでいきます。アリはおもにエライオソームだけを食べて、種子は残しておくので、そこから芽を出して育ちます。

◀紫外線で撮影したタンポポの花。中心の黒い部分が蜜標。

◀カタクリの種子を巣に持ちかえるクロヤマアリ。

花粉をつけるしかけ

花には、昆虫にしっかりと花粉を運ばせるためのしかけをもつものがあります。このような花では、昆虫が蜜標をめざしてやってきて、蜜を吸っているときに、花粉をつけるおしべが蜜標のほうに曲がっていたり、花が動いて花粉が昆虫のからだにつきやすくなっています。

昆虫にすがたが似ている花

ランのなかまには、花がメスのハチによく似ているものがあります。ハチのオスがメスだとかんちがいして交尾をしにやってきたところに花粉をつけ、受粉の手伝いをさせてしまうのです。この場合、昆虫にはあまり利益はありません。

◀エニシダの花につくハナバチ。花弁はハチがとまりやすいようなかたちで、ハチがとまるとおしべが背中につくようなつくりをしている。

◀オーストラリアに生育するラン、ドラゴンオーキッド。写真左側の部分がメスバチに似る。

昆虫のくらし

昆虫は大きく31目のなかまに分類されます。
ここでは、それぞれの目の昆虫の
からだと特徴とくらしについて解説します。
昆虫のふしぎにふれてみましょう。

ハチ目（ハチ・アリ）

ハチとアリは同じハチ目にふくまれます。アリにも結婚飛行をする時期の女王アリとオスアリには、はねがあります。世界には12万種以上いて、昆虫のなかでは、コウチュウ目につぐ2番目に大きなグループです。日本にはハチが約3700種、アリが280種ほどいます。ハチもアリも完全変態の昆虫です。幼虫からさなぎになり、成虫になります。食べ物は、花の蜜、花粉、植物、ほかの昆虫などです。

ハチ目の大きな特徴は、社会性をもつものが多いことです。社会性をもつハチやアリは、1匹の女王を中心とした大きな家族でくらしています。働きバチや働きアリは、すべてメスで、幼虫を育てたり、敵とたたかったり、食べ物をさがしたりします。オスは働きませんが、結婚の時期には、巣から空に飛びたち女王と交尾します。

ハチ目は、昆虫のなかでももっとも進化したグループです。巣づくり、狩り、寄生など、種によっていろいろなくらし方を見ることができます。

ハチのからだ

頭部／単眼／触角／複眼／口器

▶ 花に蜜を吸いにきたコマルハナバチ。マルハナバチのなかまは、全身が毛でおおわれているものが多い。あしやからだに花粉をつけて、ほかの花に移動して、植物の受粉を助けている。

はね
前ばねと後ろばねがくっついた構造。2枚のはねを1枚のはねのように動かして、速いスピードで飛ぶ。

花粉だんご
ハナバチのなかまは花粉を運びやすいように、後ろあしにポケットのような部分（花粉かご）がある。花粉かごにつめこまれた花粉がだんごのように見えるので、花粉だんごとよぶ。

腹部
ハチのなかまの多くやアリは、胸部と腹部の間がくびれていて、腰のように見える。腰があるので腹部を自由に動かせる。

ハチ目　ハチ・アリ

ハチのなかま

　ハチは飛ぶ能力がとてもすぐれています。うすくてじょうぶな4枚のはねをもち、前ばねのほうが後ろばねよりも大きく、前後のはねを1枚のはねのように強くすばやく動かすことで、速く飛んだり、急に向きを変えたり、空中で止まったりすることもできます。
　ハチのくらしぶりは、1匹でくらすもの、大きな家族でくらすもの、巣をつくるもの、巣をつくらないものなど、種によってさまざまです。巣をつくるハチのなかには、ミツバチのように六角形の部屋がたくさん集まった複雑なかたちの巣をつくるものもいます。幼虫への食べ物のあたえ方も種類によってちがいます。たとえば獲物に麻酔をかけて動けなくし、生まれてくる子どものための保存食にするハチもいます。
　ハチといえば、毒針で刺すものと思いがちですが、刺すのは一部のハチのメスだけです。ハチの毒針は卵を産むために腹から出ている産卵管が変化したものです。

ハチ・アリの社会性

　ハチ・アリの一部は、子どもを育て、その後も子どもといっしょに生活し、大きな家族をつくります。このような昆虫を社会性昆虫といいます。
　社会性昆虫は、母親である1匹の女王バチや女王アリと、たくさんの子どもたちが集団でくらします。子どものほとんどはメスで、働きバチ・働きアリとなります。これらは性的にはメスですが、卵は産めません。
　新しく生まれた女王は、オスと交尾して、からだの中にオスの精子をためこみ、卵を産みます。精子と卵子が受精した卵を受精卵といい、すべてメスになります。ハチやアリの場合、受精していない未受精卵も発生し、これらは、オスになります。女王は2種類の卵を産みわけています。

ハチのいろいろ

ハチ目は、胸と腹のあいだがくびれていない広腰亜目と、くびれている細腰亜目に分けられます。

広腰亜目には、ハバチやキバチのグループがいます。幼虫はイモムシのようなすがたで、植物の葉や茎、木などを食べます。成虫には毒針がなく、かわりに植物や木の中に卵を産むための、とくべつなかたちの産卵管をもっています。

細腰亜目の幼虫は、ウジムシのようなすがたで、あしはありません。ヒメバチやコマユバチのようにほかの昆虫に寄生する有錐類と、毒針をもつ有剣類に分けられます。

有錐類のほとんどは、幼虫がほかの昆虫に寄生し、それを食べて大きくなる寄生バチです。

有剣類には、毒針でほかの昆虫を刺し、まひさせて、それに産卵するアリガタバチやツチバチなどや、子どものためにほかの昆虫やクモを狩って、食べ物として準備する狩りバチ類、花の蜜や花粉を食べ物とするハナバチ類などが含まれます。さらに、巣をつくってその中に大ぜいで生活するミツバチや、スズメバチなどの社会性昆虫も見られます。

からだの大きさも幅広く、体長が0.2mmにも満たないアザミウマタマゴバチが知られる一方、日本でもっとも大きいものとして体長40mmを超えるオオスズメバチが見られます。

さまざまなハチのくらし

植物を食べる
◀アブラナのなかまの葉にとまるカブラハバチ。ハバチの幼虫は植物を食べる。

獲物を狩る
◀クモを運ぶヤマトルリジガバチ。狩りバチは幼虫のために昆虫やクモを捕らえる。

花粉を食べる
◀花を訪れたキムネクマバチ。花粉や蜜を食べる。

寄生する
◀木の中にいるハチの幼虫に卵を産みつけるモンオナガバチ。産卵管が長いため、木の穴の中に深く差しこむことができる。寄生バチは、このようにしてほかの種類の昆虫に自分の卵を産みつける。

集団生活をする
▲セグロアシナガバチの巣。社会性狩りバチは、群れ全体がすめる大きな巣をつくる。女王を中心とした社会で、働きバチが卵や幼虫の世話をする。

くらしぶりからハチを分ける

ハチは、種類が多く分類も複雑です。しかし、からだのつくりとくらしぶりが深く関わっているので、どのようなくらしをするかで分けて考えることができます。

まず、ハチは、巣をつくる、つくらないで分けられます。広腰亜目は巣をつくりません。細腰亜目のなかの寄生をする有錐類と一部の有剣類も巣はつくりません。ほかのハチは地面に穴を掘った簡単なものから、ミツバチのような複雑なかたちのものまで、いろいろな巣をつくります。単独でくらすか、集団でくらすかでも分けられます。ミツバチやスズメバチは女王を中心とした社会生活をします。

食べる物でも分けられます。広腰亜目のハチの幼虫は植物を食べます。寄生するハチの幼虫は、おもに昆虫を食べ、一部で植物を食べるものもいます。狩りをするハチの幼虫はほかの昆虫などを食べ、ハナバチは花の蜜や花粉を食べます。

巣をつくらないハチ
- 広腰亜目
  - 植物を食べる…キバチ、ハバチ
- 細腰亜目
  - 寄生する
    - 植物寄生…タマバチ
    - 昆虫寄生…ヒメバチ、コマユバチ
    - アナバチなどの巣に寄生…セイボウ

巣をつくるハチ
- 獲物を狩る…ドロバチ、ベッコウバチ、アナバチ
- 花粉を食べる
  - 地中に巣をつくる…コハナバチ、ヒメハナバチ
  - 巣材をつかう…ハキリバチ、クマバチ
- 集団生活をする
  - 虫を食べる…スズメバチ、アシナガバチ
  - 蜜や花粉を食べる…ミツバチ、マルハナバチ

虫ムシウォッチング 針の進化

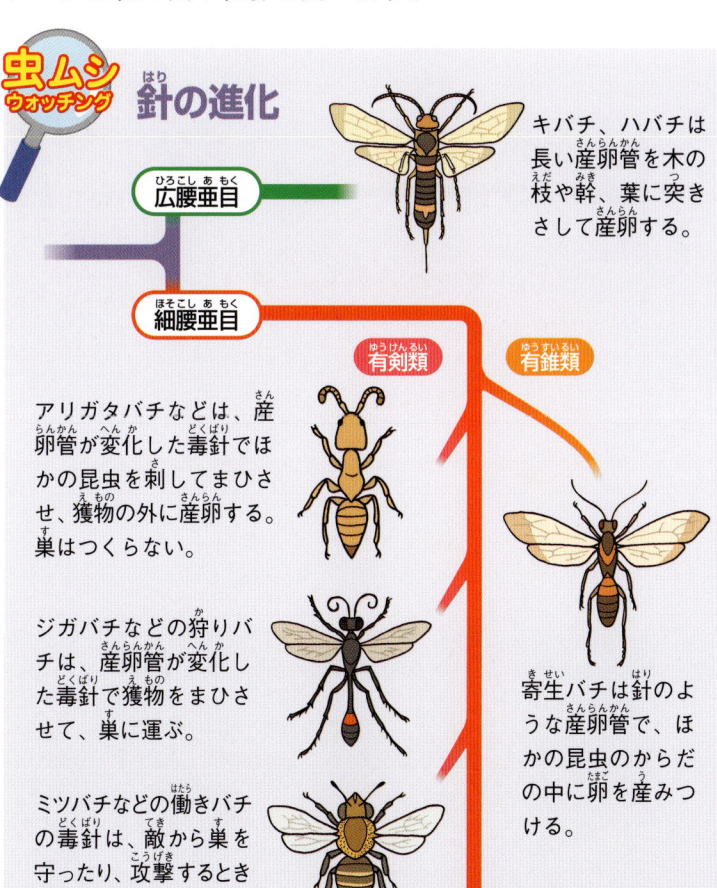

広腰亜目
キバチ、ハバチは長い産卵管を木の枝や幹、葉に突きさして産卵する。

細腰亜目

有剣類
アリガタバチなどは、産卵管が変化した毒針でほかの昆虫を刺してまひさせ、獲物の外に産卵する。巣はつくらない。

ジガバチなどの狩りバチは、産卵管が変化した毒針で獲物をまひさせて、巣に運ぶ。

ミツバチなどの働きバチの毒針は、敵から巣を守ったり、攻撃するときに使われる。

有錐類
寄生バチは針のような産卵管で、ほかの昆虫のからだの中に卵を産みつける。

もっとも古いタイプのハチは、植物に卵を産みつけ、幼虫が植物を食べて育つキバチやハバチです。これらのハチは腰にくびれがない広腰亜目です。

次に、昆虫などに卵を産み、幼虫がこれを食べて育つ細腰亜目の寄生バチが登場しました。腰にくびれがあって腹部を自由に動かせるため、産卵管をすばやく、たくみに動かすことができます。

そのなかから産卵管が毒針となったハチが登場しました。最初はアリガタバチのように食べ物となる昆虫の幼虫を刺してまひさせ、卵を産みました。

やがて、ジガバチやドロバチなど狩りバチ類のように、巣を準備し、毒針を使って狩った獲物を、巣に運ぶものが現れました。幼虫は、母親が狩ってきた獲物を食べて育つのです。

さらに、動物食から蜜や花粉食の植物食へと食べ物を変えたハナバチ類が登場すると、今度は毒針は身を守るための道具へと役割を変えました。ミツバチなどの社会性昆虫では、敵から巣を守るために毒針を使います。

植物を食べるハチ

ハチ目　ハチ・アリ

　ハバチ、キバチは、幼虫が植物を食べ物とするハチのなかまです。ハチのなかまでもっとも古いタイプと考えられており、いまから2億年以上前の化石が見つかっています。

　ハバチやキバチは、腰にくびれがない広腰亜目にふくまれていて、毒針はもっていません。けれども、ハバチには植物の葉や茎を切りさいて産卵するためのノコギリのような産卵管があり、キバチは木の中に卵を産むために、かたくするどい錐のような産卵管をもっています。

　広腰亜目の成虫は、幼虫の食べ物になる植物の上で交尾をして、そこに卵を産みつけます。幼虫の多くは、生まれた場所の植物を食べて1匹でくらします。そのほか、集団でくらしながら葉を食べるもの、茎や実に侵入するもの、葉をまいてその中に潜りこむもの、虫こぶをつくるものなどもいます。

　キバチは、かたい木に卵を産むときに、からだにたくわえていた、木をくさらせる菌を卵といっしょにうえつけます。ふ化した幼虫は、菌がくさらせてやわらかくなった木を食べて大きくなります。

　ハバチ類は成虫になると、ほとんどが何も食べません。そのかわり、幼虫のあいだに腹いっぱい食べておきます。しかし、なかには花に飛んできて蜜をなめる成虫もいます。また、子どものときは植物を食べていたのに、成虫になると動物食になり、ほかの昆虫をおそって食べる種類もいます。

　ハバチの産卵管は産卵に使うだけで、自分の身を守ることができません。そこで、スズメバチとそっくりの姿に似せて、敵におそわれないようにしているものもいます。

いろいろなハバチ、キバチ

▲ヤブガラシの花の蜜を吸うルリチュウレンジ。

▲ヒラアシハバチの幼虫。集合して葉を食べている。敵が近づくと、写真のように腹部をふって威嚇する。

▲スギに産卵するヒゲジロキバチ。

◀ほかの昆虫を食べるコシアキハバチ。幼虫のときは植物食だが、成虫になると動物食にかわるハバチの一種。

ハバチのなかま（アカスジチュウレンジ）の産卵と幼虫

ハバチは種類ごとに決まった植物の茎や葉に卵を産みます。かえった幼虫は、その植物の葉を食べながら成長し、成虫になります。

▲アカスジチュウレンジはバラのなかまに産卵する。チュウレンジバチのなかまは代表的なハバチだ。

▲茎にぎっしりと産みこまれた卵。

◀生まれたばかりの幼虫。頭が黒く、からだは緑色。葉を食べて育つ。

◀終齢幼虫。頭が黄色い。からだに黒点がある。

ハチ目　ハチ・アリ

虫ムシウォッチング　ハチと虫こぶ

植物の葉や茎が、不自然なかたちになっているのを目にすることがあります。これを虫こぶとよびます。

昆虫は葉や茎、芽、つぼみ、花、実などに卵を産みます。その刺激で、植物の一部が異常に大きくなったり、変形したりしたものが虫こぶです。かたちは、こぶのようなもの、卵のようなもの、木の実のようなもの、くだもののようなものとさまざまです。ハチには虫こぶをつくる種類が多く、ハバチ、コバチ、タマバチが虫こぶをつくります。とくに昆虫や植物に寄生するタマバチに多く見られます。ハバチはおもにヤナギ類、タマバチはブナ類で虫こぶをつくります。

虫こぶの中でふ化した幼虫は、虫こぶを食べながら大きくなります。幼虫にとっての虫こぶは、鳥や動物食の昆虫などの天敵におそわれにくく、食べ物がたくさんある巣のようなものです。食べ物や安全な巣を植物に頼るので、植物寄生といいます。

ハチ以外では、ハエ、ダニ、アブラムシなどが虫こぶをつくります。

▲コナラにナラエダムレタマバチが卵を産んだ虫こぶ。たてに切ると、中に幼虫が見える（左）。

▲ノイバラの葉にバラハタマバチがつくった虫こぶ。

▲コナラの枝先にナラメカイメンタマバチがつくった虫こぶ。

ハチ目 ハチ・アリ

寄生するハチ

　寄生バチは、昆虫の卵やさなぎ、幼虫、成虫に卵を産みつけます。寄生バチのなかまは、腰にくびれがある細腰亜目の一員で、たいへん多くの種類があります。

　寄生される昆虫のほうを寄主とよびます。寄生バチの幼虫は、卵からかえると寄主を食べつくして成虫になります。たとえば、アゲハヒメバチはアゲハ（ナミアゲハ）の終齢幼虫の中に産卵し、アゲハがさなぎになると、ふ化した幼虫はアゲハのさなぎを食べて大きくなります。クモヒメバチ類のようにクモの成虫にしか寄生しないものもいれば、コマユバチ類のように、チョウ、コウチュウ、ハエ、カメムシ、ハチ類など、いろいろな昆虫に寄生するものもいます。また、タマゴコバチのように、昆虫の卵だけに寄生する種類も多く見られます。

　寄生バチは、卵を寄主となる昆虫のからだの表面に産みつけたり、産卵管を突きさして寄主の体内に産みつけたりします。

　また、狩りバチが子どものためにつくった巣に、あとから産卵するハチもいます。母親が用意した獲物を食べて成長した狩りバチの幼虫に、あとから卵を産みこんだ寄生バチの幼虫が寄生するのです。巣の中にいるため、敵からもねらわれず、安全です。

　もっと複雑な方法で寄生するハチもいます。最初に寄主の食草に卵を産みつけ、食べられることで寄主の体内に寄生するカギバラバチです。なかには寄主がさらにスズメバチなどに食べられることで、今度はスズメバチの幼虫に寄生して、育つものもいます。

　産卵の方法も種類によって特徴があり、寄主を殺して卵を産んだり、毒針でまひさせておいて卵を産んだり、生かしたまま卵を産んだりします。寄主を生かしておくと死んでくさることがないので、長いあいだ幼虫の食べ物になるのです。

　寄生バチは、農作物の害虫に寄生することも多いため、害虫の天敵として農業の分野でも利用されてきました。

寄生のしくみ

　アオムシコマユバチとアオムシコバチは、モンシロチョウの幼虫（アオムシ）やさなぎに寄生します。母親がアオムシやさなぎに卵を産みます。その卵からかえった幼虫は、アオムシやさなぎの内部を食べて育ちます。

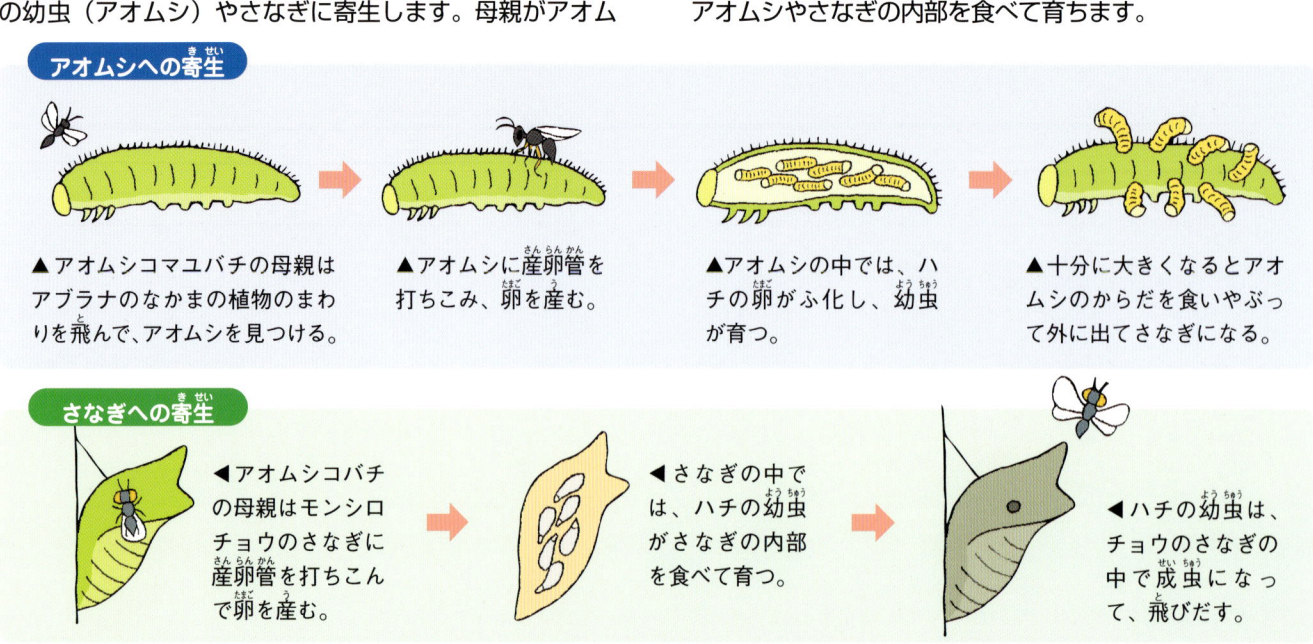

アオムシへの寄生

▲アオムシコマユバチの母親はアブラナのなかまの植物のまわりを飛んで、アオムシを見つける。

▲アオムシに産卵管を打ちこみ、卵を産む。

▲アオムシの中では、ハチの卵がふ化し、幼虫が育つ。

▲十分に大きくなるとアオムシのからだを食いやぶって外に出てさなぎになる。

さなぎへの寄生

◀アオムシコバチの母親はモンシロチョウのさなぎに産卵管を打ちこんで卵を産む。

◀さなぎの中では、ハチの幼虫がさなぎの内部を食べて育つ。

◀ハチの幼虫は、チョウのさなぎの中で成虫になって、飛びだす。

さまざまな寄生バチと寄主

▲シロオビタマゴバチがクスサン（ガのなかま）の卵に産卵する。シロオビタマゴバチなどナガコバチのなかまや、タマゴコバチのなかまは昆虫の卵にだけ寄生することが多い。

▲キゴシジガバチの巣に産卵管を差しこみ、ジガバチの幼虫に産卵するキアシオナガトガリヒメバチ。巣に守られているので、寄生に成功すれば安全に育つ。

▲アオムシコバチがアゲハ類の幼虫に産卵する。複数のハチの幼虫がチョウの幼虫のからだを食べて成長する。アオムシコバチはチョウの幼虫やさなぎに寄生する。

▲ニンギョウトビケラの幼虫が水底に小石を集めてつくった筒巣に産卵するミズバチ。小石のすきまから産卵管を差しこんで幼虫に寄生する。

▲テントウムシ（ナミテントウ）に産卵管を打ちこんでいるテントウハラボソコマユバチ。幼虫はテントウムシのからだの内部を食べて育つ。成長すると外に出て、まゆをつくってさなぎになる。

▲イラガセイボウがイラガ（ガのなかま）のまゆに産卵する。セイボウ類は狩りバチやドロバチの巣に寄生するが、この種はイラガに寄生する。

ハチ目　ハチ・アリ

狩りをするハチ

ハチ目

ハチ・アリ

　狩りバチは狩りをするハチです。母親がチョウやガの幼虫やクモなどをおそって巣に持ちかえり、幼虫の食べ物にします。昆虫のなかでも狩りや巣づくりがいちばんじょうずなグループで、いろいろな種類がいます。狩りバチの多くはアナバチやドロバチで、穴を掘って巣にしたり、泥で巣をつくったり、竹筒の内側に卵を産んで巣にします。

　泥で巣をつくるドロバチは、種類によって巣のかたちがちがいます。草の茎や石の壁などに、小さな土だんごをひと粒ひと粒くわえてきて、何回も土を運んで巣をつくります。キアシトックリバチでは20回という観察例があります。巣ができたら卵を産みつけて、捕らえてきたガの幼虫を入れます。

　獲物をおそうときには毒針でまひさせます。殺すわけではないので、獲物がくさることはありません。何回も狩りを繰りかえして運び、巣を獲物でいっぱいにします。卵からかえったハチの幼虫は獲物を食べて育ちます。巣の中でさなぎになり、成虫になると、巣に穴をあけて外に飛びだすのです。

　スズメバチやアシナガバチのなかまは、母親である女王を中心に家族でくらします。巣は、植物をかみくだいてだ液とまぜた、紙のようなものでつくります。

いろいろな狩りバチ

ベッコウバチのなかま

◀クモを幼虫の食べ物にする。地面に穴を掘ったり、壁や木の葉の上や竹筒に泥で巣をつくる。巣は一部屋のものから、いくつもの部屋がつながったものなど、いろいろ。（写真はヒメベッコウ）

ドロバチのなかま

▶建築物のすきま、朽ち木、枯れた植物、竹筒の中を利用する、泥で巣をつくるという2種類がある。（写真はオオフタオビドロバチ）

アナバチのなかま

◀おもに、地面に穴を掘る、竹筒を使う、泥で巣をつくるという3種類がある。ガやチョウの幼虫などを巣の中に入れて産卵し、入り口を土でふさぐ。（写真はミカドジガバチ）

キアシトックリバチの巣づくり

泥を運んで巣をつくります。中に卵を産みつけて、幼虫の食べ物にする昆虫の幼虫に毒針を打ちこみ、まひさせて巣に運びます。

① ◀水をいっぱい飲んで巣の材料になる土の上にくる。水を土に吐きもどしてやわらかくし、土だんごをつくる。その土だんごをひとつずつ積みあげて巣をつくる。

② ▲巣ができあがると、入り口から腹部を差しこんで卵を産み、天井から糸でつるす。それからガの幼虫を狩り、口でくわえて運ぶ。

コアシナガバチのくらし

アシナガバチのなかまは、最初は母親である新女王バチが巣をつくります。巣はいくつもの小部屋に分かれていて、部屋ごとに幼虫が育ちます。女王バチはチョウやガの幼虫を捕らえ、肉だんごにして幼虫に食べさせます。

▲前の年に交尾して越冬した新女王バチが1匹で巣をつくりはじめる。一部屋に卵を1個ずつ産みながら、巣を広げていく。

▲新女王バチは強い大あごを使って、ガやチョウの幼虫をおそう。口とあしで肉だんごにして持ちかえり、幼虫に与える。1日に何回も肉だんごを巣に運ぶ。

▲幼虫が成虫となって働きだすと、女王バチの仕事は産卵だけになり、働きバチが食べ物を運び巣を広げる。働きバチが増えると、巣はいっきに大きくなる。

▲夏、巣は最盛期を迎える。働きバチが活発に働き、巣の中では次々と幼虫がふ化している。

▲秋、翌年に巣をつくる新女王バチがオスバチと交尾する。新女王バチは巣から離れ、木のうろ（幹や枝にあいた穴）などで越冬する。

▲廃棄寸前の巣。巣は1年しか使われず、新女王バチが去れば、完全に廃棄される。

▲巣の入り口からガの幼虫を押しこむ。獲物の種類はハチの種類によって違う。巣づくりにはほぼ1日かかる。

▲土で口をふさいで完成。巣を切ると（右）、中にガの幼虫がぎっしりとつまっていた。

ハチ目　ハチ・アリ

ハチ目

ハチ・アリ

スズメバチのくらし

　スズメバチは社会性のある狩りバチで、日本には17種がいます。1匹の女王バチと、多数の働きバチで集団生活をおくります。初夏に産まれた子どもたちは、やがて掃除や子育て、狩りなどあらゆる仕事をするようになり、女王バチは産卵に専念します。

　秋の繁殖期になると、たくさんのオスバチが産まれます。オスバチは別の巣にいき、次の世代の女王バチになるメスバチたちと交尾をします。新女王バチが誕生すると、旧女王バチと働きバチは死に、新女王バチは古い巣をはなれ、木のうろなどで冬を越します。翌年の春、新女王バチは1匹で巣をつくり、産卵をはじめます。巣は1年しか使わず、翌年再利用されることはありません。

　幼虫の食べ物となる獲物をおそうときは大あごを使い、肉だんごにして持ちかえります。種によって捕らえる昆虫はちがいます。ヒメスズメバチはアシナガバチなど社会性のあるハチの幼虫やさなぎ、モンスズメバチはセミやトンボなど大きい昆虫をつかまえます。小型のクロスズメバチはいろいろな昆虫をつかまえ、カエルやヘビの死がいにも集まります。

▲コガタスズメバチの初期巣。はじめは女王バチ1匹で小さな巣をつくる。

▶コガタスズメバチの巣。材料は、枯れた木をかみくだいてだ液とまぜたもので、多くの巣部屋をもつ巣盤が何段にも重なっている。スズメバチが巣をつくる場所は、土の中、木のうろ、人家の屋根裏などの閉じた空間から、人家の軒下、木の枝などの開けた空間まで種によって異なる。

スズメバチの狩り

日本には、世界最大のスズメバチであるオオスズメバチがいます。オオスズメバチの幼虫の食べ物はコガネムシやカミキリムシの幼虫ですが、夏になると数が減ってしまいます。しかし、オスバチと翌年の新女王バチとなる幼虫を大量に育てなければなりません。そこで、キイロスズメバチなどほかのスズメバチやミツバチの巣をおそいます。最初は単独でおそい、ねらった巣に餌場をマークするフェロモンをぬりつけます。するとフェロモンに引きつけられたなかまが次々とおそいかかります。毒針で刺し、大あごでからだをかみちぎったりして、反撃するハチを殺します。そして、さなぎや幼虫を奪いとり、自分の巣に持ちかえって、幼虫の食べ物にします。

また、巣をのっとるスズメバチもいます。チャイロスズメバチの女王バチは、キイロスズメバチやモンスズメバチの巣を１匹でおそい、相手の女王バチを殺して巣をのっとります。このような性質を社会寄生とよびます。チャイロスズメバチの女王バチは、のっとった巣の働きバチに子育てをさせますが、次々に自分の子を産むため、しだいに巣の中はチャイロスズメバチに入れかわっていきます。

このほかにもヤドリスズメバチとヤドリホオナガスズメバチ、シナノヤドリクロスズメバチがのっとりをします。この３種の女王バチは、新女王バチとオスバチだけを産み、働きバチは産まず、のっとった巣のハチをそのまま働かせます。

▲捕らえたニホンミツバチを肉だんごにするキイロスズメバチ。キイロスズメバチは、飛びながら小型の昆虫を捕食する。

虫ムシウォッチング　スズメバチの威嚇音

ハチ類は、特別な発声器官をもちませんが、口器やはねなどを使ってさまざまな音を出します。たとえばスズメバチの巣に近づくと、カチカチという威嚇する音が聞こえ、しだいにその音は大きくなっていきます。スズメバチは大あごをかみあわせて、この音を出しています。威嚇音を出しているハチにむやみに近づくと、攻撃してきます。音が聞こえたら、静かに立ち去りましょう。

▲コガタスズメバチの女王。大あごをカチカチ鳴らして威嚇音を出す。

都市で増えるスズメバチ

ここ数年、都市部でもスズメバチに刺される事故が増えています。日本では毎年30〜40人がスズメバチやアシナガバチに刺されて亡くなっており、都市部でも安全ではありません。よく見られるのはコガタスズメバチとキイロスズメバチで、この２種には都会でもくらしていける特徴があります。

まず食べ物をあまり選びません。いろいろな種類の虫やクモを狩るため、食べ物に不自由しません。次にさまざまな場所に巣をつくれること。住宅の軒下や屋根裏、植えこみや庭木、さらにはコンクリートの建物にも巣をつくります。さらに天敵であるオオスズメバチが、都市にいないことも有利な条件でしょう。

▲缶ジュースの汁を吸うキイロスズメバチ。人間の食べるものや飲むものからでも栄養をとることができる。

ハチ目　ハチ・アリ

ハナバチのなかま

ハチ目 ハチ・アリ

　花の蜜や花粉を食べるハチを、ハナバチとよびます。ハナバチは、蜜を吸うために口吻が長くなっています。からだには毛が生えていて、蜜を吸うときに毛についた花粉を巣に持ちかえることができます。後ろあしに「花粉かご」とよばれる部分をもつ種類もいて、からだの毛についた花粉をまとめて、花粉かごに押しこんで運ぶことができます。からだはあまりほっそりしていず、むしろずんどうです。ハナバチには集団でくらすものがいます。代表はミツバチで、女王バチを中心にした社会をつくります。

　大昔から、花をさかせる植物とハナバチはたがいに助けあってきました。ハナバチに花粉を運んでもらわないと、実をつけられない種類も多くあるほどです。

ハナバチの生活

　ハナバチには、親が子どもに食べ物を準備するものと社会性をもつものがいます。

　クマバチは、親と子どもの一家族だけでくらすハナバチで、枯れ木などに巣をつくります。クマバチは盗蜜をするハチです。盗蜜とは、花に穴をあけて外側から蜜を吸うだけで、花にもぐりこんで花粉を運ばないことをいいます。植物にとっては受粉をしてもらえず、蜜を吸われるだけです。

　コハナバチも、親が子どもを花粉と蜜で育てます。ほとんどの種が、日当たりのよい空き地などに穴を掘って巣をつくります。巣の構造は複雑で、アリの巣のように、子どもを育てる部屋がいくつも枝分かれしているものや、層になった巣がつくられるものもあります。数千個もの巣がひとつの場所に集まっていることもあります。コハナバチのなかには、ミツバチのような社会性をもつものもいます。

　マルハナバチは、社会性のハナバチです。巣は土の中や倒木につくり、ネズミや鳥の古い巣もよく利用します。花粉と蜜は、巣の中のつぼにためこみ、幼虫の食べ物となります。マルハナバチは口吻が長いため、ほかのハチが蜜をとりにくい細長い花や、複雑な形の花からも蜜を採集することができます。植物の受粉を助けるハチとして、ハウス栽培など、農業で利用されることがあります。

◀ハナトラノオの花の蜜を吸うクマバチ。丸々したからだと黄色い胸の毛が特徴。

◀花粉だんごをつけて巣にもどるクマバチ。木の枝に巣の入り口が丸くあけられている。

◀後ろあしに花粉だんごをつけて巣にもどってきたコハナバチの一種。左側の穴が巣の入り口。

◀コマルハナバチの巣の中。花粉を入れるつぼの中をさぐっている。

ミツバチの生活

ハナバチのなかでも、いちばん知られているのは、蜂蜜をつくるミツバチでしょう。ミツバチは、社会性をもつ昆虫の代表のひとつです。母親である女王バチが産卵のみをおこない、娘である働きバチが労働をすべて引きうける社会となっています。

働きバチは、花から蜜と花粉を集めます。ミツバチたちは、胃の中の蜜を口にもどし、水分を蒸発させます。これをくりかえすと、花の蜜から水分がぬけ、蜂蜜になるのです。蜂蜜は糖分が多く、ハチのからだから出る抗生物質が含まれているため、腐りません。花粉は、花粉をためる部屋で保存します。

女王バチは卵を産み、働きバチは幼虫に蜂蜜をまぜた花粉をあたえて育てます。働きバチは、すべてメスですが、卵は産みません。女王バチが分泌する「女王物質」という化学物質が働きバチの卵巣の発達をおさえてしまうからです。女王バチは、大きめの巣の部屋にはオスバチとなる卵を産みます。オスになる卵は精子を受精させていない無精卵です。メスになる卵は精子を受精した受精卵です。女王バチは、無精卵と受精卵を産みわけることができます。

◀オスバチ（中央の胸部がやや黒いハチ）。働きバチから食べ物をもらい、仕事はしない。

◀働きバチ。蜜集めと花粉集めの受けもちが決まっている。写真は花粉集め役の個体。からだを花粉まみれにし、それを後ろあしでかき集め、花粉かごに押しこんで巣に持ちかえる。

新女王の誕生と分蜂

4〜6月の繁殖期に、巣の中に王台という特別室がつくられ、数匹の新女王バチ候補が育てられます。最初に羽化した新女王バチは、ほかの王台を壊し、ライバルを殺します。そしてオスバチと結婚飛行に飛びたち、10匹ほどのオスと交尾し、十分な量の精子を手に入れると巣にもどり、産卵をはじめます。

女王バチは、新女王バチが羽化する前に半数ほどの働きバチと巣を出て、新しい巣をつくります。これを分蜂とよびます。群れが大きくなると新女王バチを誕生させ、巣を分けるのです。女王バチは数年生きますが、産卵能力が落ちると働きバチが新女王バチを羽化させ、旧女王バチを殺すこともあります。

◀王台は垂れさがった形をしている。右側は中の幼虫を見えるようにしたもの。新女王バチにはローヤルゼリーだけがあたえられる。

◀王台から成虫の新女王バチが出てくる。数匹の新女王バチが同時に羽化したときには殺しあい、生き残ったものが女王バチになる。

◀古巣を出た旧女王バチと働きバチの群れ。群れは、新しい巣をつくる場所が決まるまで木の枝などにとまっている。

*ローヤルゼリー　働きバチが分泌する乳白色をしたクリーム状の物質。たんぱく質をはじめ、ビタミン、ミネラルなどを豊富に含む。

ミツバチの巣のくらし

ハチ目
ハチ・アリ

　ミツバチは、1匹の女王バチを中心に、1万〜数万匹の働きバチの大家族で生活しています。季節によっては数百匹のオスバチも見られます。女王バチの仕事は卵を産むことです。体重は働きバチの2〜3倍もあり、多いときは1日に2000個もの卵を産みます。繁殖期にだけあらわれるオスバチは、新しい女王バチと交尾します。

　働きバチは、女王バチと同じメスですが、女王バチが繁殖をおさえる「女王物質」という化学物質を出しているため、繁殖できません。

　働きバチは巣の中央近くで羽化すると、まず巣の掃除、次に幼虫や女王バチの世話、それから巣づくりや蜜の加工を順に行ってから、巣の外に出て、花の蜜や花粉を集めるようになります。仕事が次々と変わっていくのは、巣の構造のためです。幼虫の育児室は巣の中央近くにあります。新しい働きバチが生まれるごとに、先に生まれたものは巣の周辺部へと押しだされていきます。くらす場所が変わるたびに、そこでできる仕事をするので、役割が変わっていくのです。すべての働きバチが、いつも働いているかというと、実際には意外と仕事をせずに休んでいるハチも多くいます。巣は木のうろなどにつくられることが多く、規則正しい六角形の小部屋である巣室を組み合わせた構造となっています。

　日本のミツバチには、もともと日本にいたニホンミツバチと、蜂蜜を集めるために海外から持ちこまれたセイヨウミツバチがいます。ニホンミツバチは、木のうろや岩のすきまなどに巣をつくります。セイヨウミツバチは養蜂のために飼われていますが、ときに分蜂して野生化する群れもあります。しかし、セイヨウミツバチはスズメバチの攻撃に弱いため殺されてしまい、定着できていないようです。ニホンミツバチは集団でスズメバチと戦ったり、すぐに巣を放棄して新たな巣をつくったりするため、スズメバチと対抗して生き残ることができます。

蜜を保存する貯蔵庫。

蜜がたくさんある場所を8の字ダンスでなかまに教える。ほかの働きバチは、ダンスから蜜のある場所の距離と方角をよみとることができる。

育児室の幼虫の世話をする働きバチ。

◀働きバチが花粉を貯蔵庫に入れ、若い働きバチが頭で突きかためて保存する。

◀巣づくり。腹部からろうを分泌して、六角形の巣室をつくる。

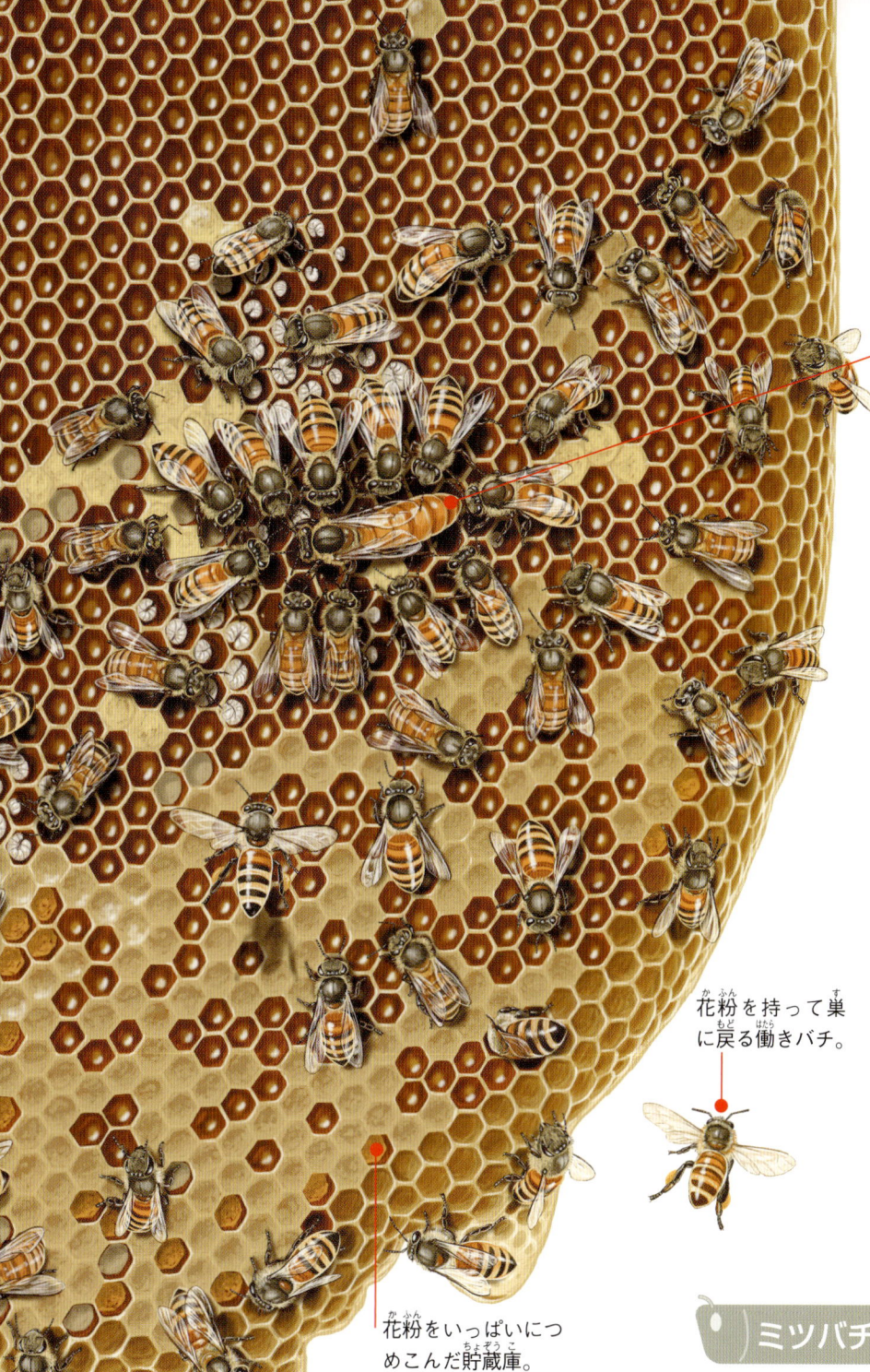

◀巣の中で働くセイヨウミツバチたち。セイヨウミツバチを育てる場合、10枚ほどの木の枠を垂直に入れた養蜂用の巣箱の中に巣をつくらせる。巣枠の両面に六角形の部屋が美しくならんだ巣がつくられる。

働きバチに囲まれる女王バチ。働きバチから食べ物をもらいながら、あいている巣の部屋に産卵する。

▲育児室の中の幼虫。働きバチに花粉や蜜をあたえられて成長する。さなぎになると働きバチが育児室にふたをする。

▲巣盤が入っている巣箱の入り口には門番がいて、ちがう巣のハチが入ってきたら追いはらう。ほかに、巣に水をつけて、はねで風を起こして巣を冷やすエアコンの役目をするハチも入り口にいる。

花粉を持って巣に戻る働きバチ。

花粉をいっぱいにつめこんだ貯蔵庫。

王台。新女王バチが育つ特別な巣の部屋。働きバチがローヤルゼリーをあたえる。

▶スズメバチを多くのニホンミツバチが包みこみ、ボールのようなすがたになるので蜂球とよぶ。

ハチ目　ハチ・アリ

ミツバチ対スズメバチ

オオスズメバチやキイロスズメバチは、ミツバチの巣を攻撃することがあります。ニホンミツバチはスズメバチが巣に近づいてくると、働きバチがいっせいにはねをふるわせて警戒音を出し、巣の入り口を守ります。それから集団で1匹のスズメバチに飛びつき、自分たちのからだで47〜48℃の高温をつくりだして、熱で殺してしまいます。

スズメバチのいない海外から輸入されたセイヨウミツバチは、スズメバチに対してこのような攻撃はできません。

ハチ目

ハチ・アリ

アリの生活

　アリはハチのなかまで、狩りバチから進化したと考えられています。世界には1万1000種ほど、日本には280種ほどいて、土の中や木の中などに巣をつくります。アリはすべて社会性をもち、ミツバチに似た社会をつくります。多くのアリは、1匹の女王アリを中心とした大きな家族でくらしています。働きアリはすべてメスで、卵や幼虫の世話をしたり、巣を広げたり、食べ物を探したりします。オスアリは働かず、新しい女王アリとともに巣を飛びたち、空中や地表で交尾します。これを結婚飛行といいます。はねのあるアリを羽アリとよびますが、はねをもつのはオスアリと交尾前の女王アリだけです。

　アリは完全変態の昆虫で、卵から幼虫、さなぎ、成虫へと成長します。幼虫は、さなぎになるときにまゆをつくるものとつくらないものがいます。

　アリは大あごの力がとても強く、自分のからだより大きな食べ物をくわえて運ぶことができます。胸部と腹部の間に、腹柄とよばれる構造があります。昆虫のなかでもアリだけにある構造で、関節の働きをします。腹柄で、からだを折りまげられるので、くねるようにしてせまい巣の中を動きまわることができ、なかには腹部を曲げて獲物に毒針を刺したり、毒液をかける種もいます。アリは、ハチのなかまであるため、ハリアリやフタフシアリのなかまは毒針をもっています。この針は、ハチと同じように産卵管が変化したものです。

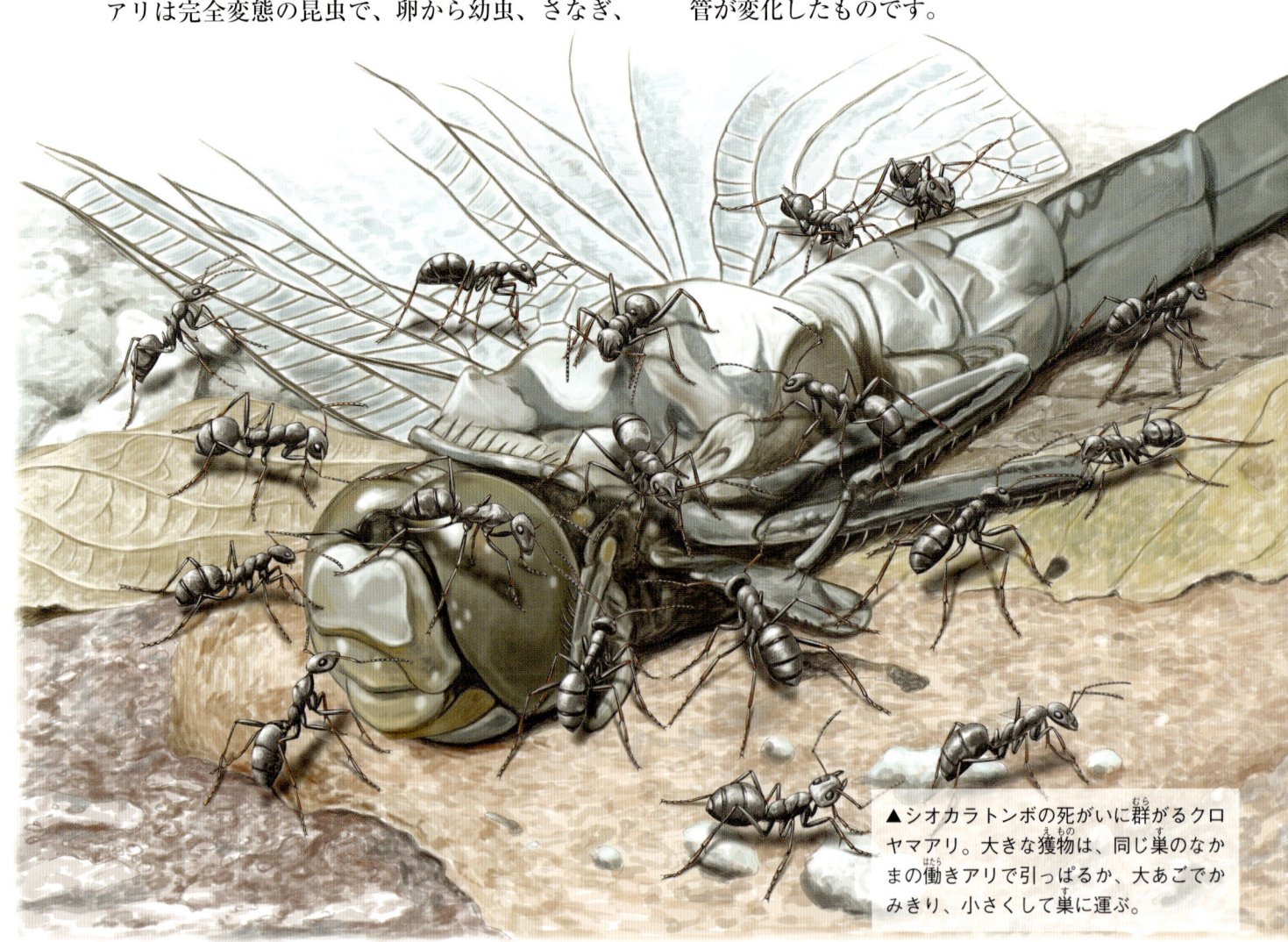

▲シオカラトンボの死がいに群がるクロヤマアリ。大きな獲物は、同じ巣のなかまの働きアリで引っぱるか、大あごでかみきり、小さくして巣に運ぶ。

アリのからだ

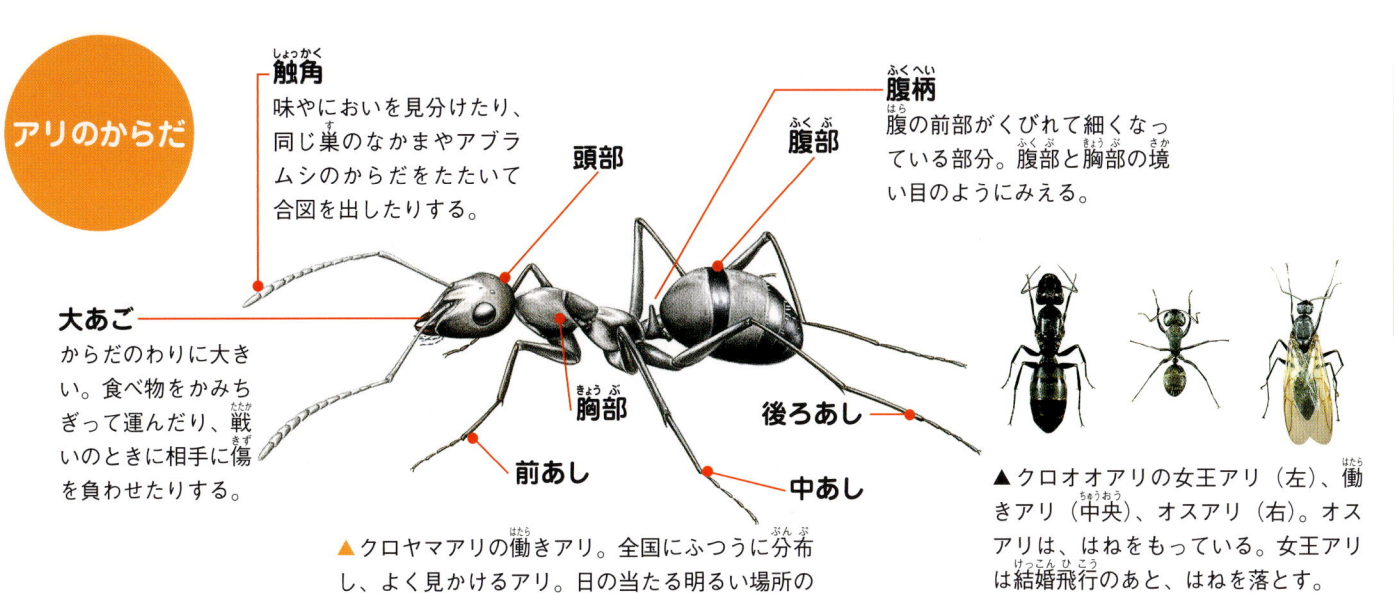

触角 味やにおいを見分けたり、同じ巣のなかまやアブラムシのからだをたたいて合図を出したりする。

大あご からだのわりに大きい。食べ物をかみちぎって運んだり、戦いのときに相手に傷を負わせたりする。

頭部

胸部

前あし

中あし

後ろあし

腹部

腹柄 腹の前部がくびれて細くなっている部分。腹部と胸部の境い目のようにみえる。

▲クロヤマアリの働きアリ。全国にふつうに分布し、よく見かけるアリ。日の当たる明るい場所の地中に巣をつくる。働きアリの体長は5mmほど。

▲クロオオアリの女王アリ（左）、働きアリ（中央）、オスアリ（右）。オスアリは、はねをもっている。女王アリは結婚飛行のあと、はねを落とす。

ハチ目　ハチ・アリ

アリの戦い

アリは、敵におそわれたときや、食べ物となる昆虫を狩るときに戦います。また、巣をつくる場所を取りあったり、食べ物のうばいあいになったときに戦うことがあります。戦いはすぐに終わる場合もありますが、どちらかが死ぬまで続くこともあります。同じ種でも、巣がちがえば戦います。同じ巣のなかまかは、からだの表面の化学物質で見分けます。

アリは強い大あごでかみついたり、腹部の先にある毒針を相手に刺したり、腹部の先から蟻酸という毒液を出したりして攻撃します。なかでもエゾアカヤマアリの蟻酸は強力で、人間の眼に入るとひどくいたみます。シリアゲアリのなかまは、腹部を背中側にもちあげて、毒液を相手にふきかけます。

▲クロオオアリの争い。巣がちがうアリ同士が出会うと、同じ種でも戦いがはじまる。大あごでかみついたり、蟻酸をかけたりする。

何を食べているのか

アリの食べ物は、昆虫や小動物の死がい、植物の種、花の蜜、樹液、果実、アブラムシが出す甘い排出液（甘露）などさまざまです。生きた昆虫を捕らえたり、菌類を育てて食べるものもいます。クロオオアリやクロヤマアリはいろいろなものを食べますが、クモやムカデの卵しか食べないダルマアリなど、決まったものを食べるアリもいます。花の蜜や樹液は、腹部の中にある、そのうとよばれる袋にためて持ちかえり、巣の中で働くなかまと分けあいます。そのうは食道から分かれてできた袋で、消化や吸収はしないで、食べ物を一時的にたくわえます。

◀クロヤマアリがカラスノエンドウの花外蜜腺（花とは別に蜜を出すところ）で蜜をなめている。

▶ムネアカオオアリがそのうに入れていた食べ物を、別のアリに口うつしでわたす。

土の中に巣をつくるアリ

ハチ目

ハチ・アリ

　アリの多くは、土の中に巣をつくります。土の中は深ければ深いほど、一年中温度が安定していて、夏はすずしく、冬は暖かいのです。アメイロアリなどは地下30cmほどの深さまで巣穴を掘ります。クロオオアリやキイロケアリは1～2mに、さらにクロヤマアリでは2～3mまで巣穴を掘ります。

　巣の中にはいろいろな部屋があり、枝分かれした道で結ばれています。女王アリの部屋、卵の部屋、幼虫の部屋、さなぎの部屋、食べ物をたくわえる部屋、ゴミすて場などがあります。

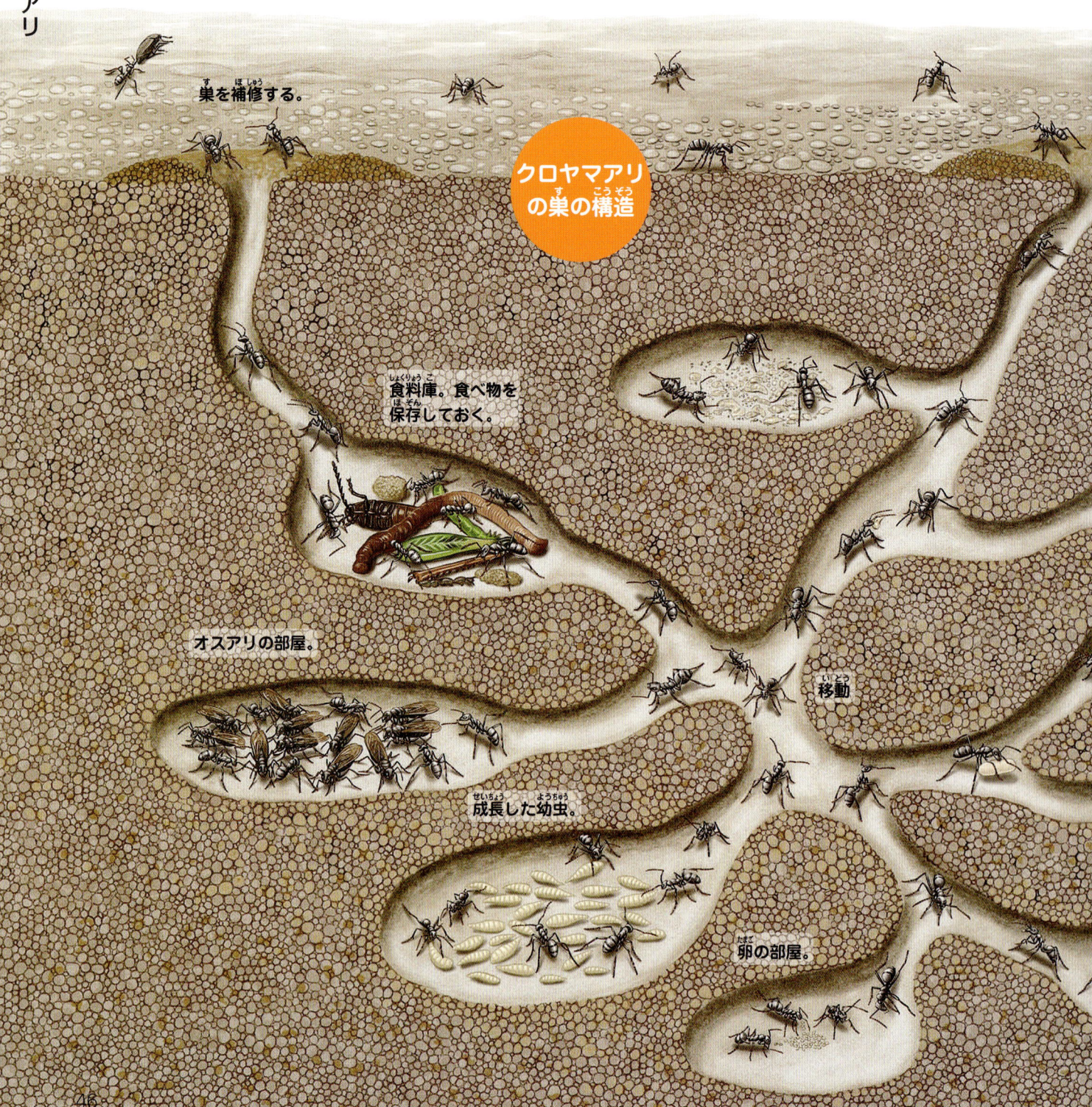

クロヤマアリの巣の構造

巣を補修する。

食料庫。食べ物を保存しておく。

オスアリの部屋。

移動

成長した幼虫。

卵の部屋。

雨が降ると、入り口を土でふさぎます。そうすれば巣の中に、水が入ってきません。大雨で巣の一部に水が入ることはあっても、深いところまで水が達することはまずありません。

土の中のアリは、秋にたくさん食べて脂肪をたくわえ、冬のあいだは巣の中でじっとしています。「アリとキリギリス」の話のように、巣に運びこんだ食べ物を食べてくらすわけではないのです。巣の入口は土におおわれて、自然に閉じてしまいます。

オスアリの部屋。結婚飛行まで巣でぶらぶらする。

さなぎの部屋。

幼虫の部屋。

女王アリの部屋。産卵した卵は働きアリが卵の部屋に運ぶ。

土の中に巣をつくるアリたち

◀モンキチョウの死がいを運ぶアシナガアリ。日かげの地面に深さ20〜30cmの巣を掘る。

▶水をのむクロヤマアリ。明るい場所に深さ2〜3mにもなる巣をつくる。

◀幼虫の世話をするアメイロアリ。体長は2mmと小さい。地面から浅いところに巣をつくる。

虫ムシウォッチング 秋に活動するクロナガアリ

クロナガアリの働きアリは、秋にしか巣の外に出ません。秋になると巣を出て、おもにエノコログサなどイネ科の草の実を集めます。集団ではなく1匹で実をさがし、次々と巣に持ちかえります。人間が秋に1年分の米を収穫するように、1年分の食べ物をたくわえるのです。

クロナガアリは、世界一深い巣をつくることでも知られています。深さは7mにも及ぶこともあります。たいへん深いので、巣の中の温度はあまり下がらず、冬でも活動することができます。ほかのアリとちがって、冬のあいだも実を食べてくらします。

◀秋に外に出て、草の実を集める働きアリ。

▶草の実の皮をむき、中身を食べる。草の実は翌年の秋まで間にあうように、十分にためこむ。

ハチ目

ハチ・アリ

女王アリと新しい巣

ハチ目　ハチ・アリ

　ひとつのアリの巣の中に、アリの数が増えてくると、女王アリは、新女王アリとオスアリを産みます。オスアリと結婚飛行をした新女王アリは、新しい巣をつくります。大きなアリの巣も、最初はたった1匹の女王アリからはじまるのです。

　人家や畑でよく見かける、クロオオアリの新しい女王アリとオスアリは、秋に巣の中で成虫になります。成虫になると4枚のはねが生えそろっています。巣の中で冬を越して、次の年の5〜6月に結婚飛行を行います。

　結婚飛行は、よく晴れた風の弱い日の午後に行われます。あちこちのクロオオアリの巣から、たくさんの新女王アリとオスアリが出てきます。まず、オスアリが地面から飛びたちます。からだの大きい新女王アリは、草や石の上など高い場所にのぼって、オスアリの出すにおいを頼りに飛んでいきます。新女王アリは1匹のオスアリと交尾し精子をたくわえ、交尾をしたオスアリは死んでしまいます。

　結婚飛行が終わると、新女王アリは地面におり、あしを使ってはねを落とします。結婚飛行が終われば、もうはねは必要ありません。

　新女王アリは、1匹で石の下などに穴を掘り、地面から深さ5cmほどのところに、1日かけて小さな巣をつくります。そして卵を10個ほど産み、何も食べずに卵や幼虫の世話を続けます。自分のからだの脂肪や、いらなくなったはねを動かす筋肉を分解して栄養分をつくり、だ液に混ぜて育てます。50日ほどで最初の働きアリが誕生しますが、栄養が十分ではなかったためにとても小さなからだです。

　しかし、この働きアリが食べ物を集めてきて、あとから育つ幼虫にあたえはじめると、からだが大きい働きアリが現れます。働きアリが増えてくると、働きアリが卵や幼虫の世話をしたり、食べ物を探したり、巣を広げたりするようになり、女王アリは卵を産むことに集中できます。秋までには、20〜30匹ほどのアリたちの家族ができあがります。

新女王アリの新しい巣づくり

❶ ◀クロオオアリの新女王アリ（矢印）とオスアリが巣から出てくる。どちらもはねをもつ。はねのないアリは働きアリ。

❷ ◀結婚飛行に向け、草から飛びたつ新女王アリ。空中には、同じ巣やほかの巣から飛びたってきたオスアリが待っている。

❸ ◀空中で交尾したまま、草の葉の上におりてきた新女王アリとオスアリ。

❹ ◀交尾が終わって地面におりた新女王アリは、すぐに、必要なくなったはねを落とす。

ハチ目

ハチ・アリ

◀あたりを歩いて、巣をつくるのに適した場所を探し、さっそく新しい巣を掘りはじめる。

◀1日に1個ぐらいずつ、10個ほど産卵する。幼虫が生まれると口から栄養分を出してあたえる。

▲1匹で卵を産む女王アリ。からだを曲げて、大きな卵を自分の口で引きだしている。

◀羽化のときには、女王アリがまゆをかみやぶる。

◀最初に現れた働きアリは、からだがとても小さいものの、すぐに女王アリの手助けをして卵や幼虫の世話をはじめる。

虫ムシウォッチング 女王アリが働きアリをつくる

　女王アリは、オスの精子をからだの中の受精のうという袋にたくわえておきます。受精のうの口をゆるめて精子を出し、卵子に受精させた受精卵からはメスである働きアリが産まれます。口をとじて精子を出さず、受精させなかった卵からはオスが産まれます。女王アリは、オスとメスの産みわけができるのです。メスになる卵が、何によって女王アリになるのか働きアリになるのかは、よくわかっていませんが、あたえる栄養分、温度、女王アリの出す化学物質などが関係している可能性があります。

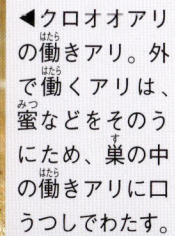

◀クロオオアリの働きアリ。外で働くアリは、蜜などをそのうにためて、巣の中の働きアリに口うつしでわたす。

▶まゆの世話をする働きアリ。女王アリは10年以上生きるが、働きアリの寿命は長くても1年ほど。

土の中以外に巣をつくるアリ

ハチ目
ハチ・アリ

　アリは土の中だけではなく、いろいろな場所に巣をつくります。木の穴に巣をつくるトゲアリ、枯れた木を利用するトビイロケアリやトゲズネハリアリなどが見られ、木の皮の下や枯れ枝、枯れた竹の中に巣をつくるアリもいます。

　アミメアリはきちんとした巣をつくらず、石のすきまや倒れた木の下、落ち葉の下などでくらし、近くに食べ物がなくなると引っ越しをします。また、アミメアリには女王アリがいません。ほかのアリとちがって働きアリに産卵能力があり、メスである働きアリだけで卵を産む単為生殖で増えていきます。

　イエヒメアリは、体長2mmほどの大きさで、家の壁のすきまなどに巣をつくり、部屋の中を歩きまわる不快害虫として知られています。ひとつの巣の中に多くの女王アリがいて卵を産みつづけるため、短期間に数万匹も大発生することがあります。

　このように、ひとつの巣の中に複数のメス（女王）がいることを多雌制といい、クロトゲアリなどでも見ることができます。

　また、種によっては、同じ巣の中に大型働きアリと小型働きアリがいることがあります。大型働きアリは、敵から巣を守るときに活躍するため、兵アリ、兵隊アリなどとよぶこともあります。たとえばオオズアリの兵アリは、ふつうの働きアリより2倍もからだが大きく、巣を守ったり、固いものをかみくだいたりします。オオズアリは、土の中にうまった石にそって巣をつくる習性があり、コンクリートの割れ目などにも巣をつくります。

▲竹筒につくられたミカドオオアリの巣。枯れ木や枯れた竹の中に巣をつくる。

▲枯れ木につくられたクロキシケアリの巣の中。石の下や木の根もとに巣をつくる。

▲樹皮の下につくられたウメマツオオアリの巣。樹皮の下や枯れ枝の中に巣をつくる。

木の上に巣をつくる

　沖縄県に生息するクロトゲアリの巣は変わっていて、木の上や草の高いところにつくられます。成虫が終齢幼虫をかかえて、幼虫に糸をはきださせ、その糸で木の葉や枯れ枝をつづって、ボールのような巣をつくるのです。巣の中はいくつもの小部屋に分かれています。巣が木の上にあることによって、天敵から攻撃されにくくなります。

　クロトゲアリは、ひとつの巣の中に50匹ほどの女王アリがいて、多雌制になっています。背中に大きなとげがあり、活動的なアリです。

▲クロトゲアリの巣。終齢幼虫がはく糸をつむいで、草むらや木の枝に巣をつくる。

とても大きな巣をつくる

　エゾアカヤマアリは、枯れ草や針葉樹の落ち葉を集めて、大きなアリ塚をつくります。アリ塚は大きいものでは直径1mにもなりますが、それをいくつもつないで、巨大な巣をつくることがあります。複数の巣をつないで、大きな巣をつくることを多巣制といいます。また、エゾアカヤマアリは、ひとつの巣の中にたくさんの女王がいる多雌性でもあるため、たいへん大きな集団になります。北海道の石狩平野では、4万5000もの巣がつながっていて、その中に100万匹の女王アリと3億匹の働きアリが生息していたという報告があります。

　攻撃する力が強く、ほかの昆虫をおそって食べ物にします。腹をまげて毒液をかけたり、集団で攻撃します。

◀エゾアカヤマアリの巣。明るい草原などに、枯れ草や針葉樹の落ち葉でつくる。直径が1mほどにもなる。

頭で巣にふたをするアリ

　ヒラズオオアリには、体長5mmほどの大型働きアリと2.5〜3mmほどの小型働きアリがいます。木の上の枯れた枝の中に巣をつくりますが、大型働きアリは、巣の入り口に頭をあてて敵の侵入をふせぎます。大型働きアリの頭は切り落としたように平らになっていて、頭をあてるとぴったりしたドアになるのです。巣に帰ってきた働きアリは、触角でこのドアをたたいて合図します。するとドア役の大型働きアリは頭をはずして巣の中に入れてやります。

　また大型働きアリは、小型働きアリが集めてきた食べ物を腹にためこむことができます。食べ物がたりなくなったときなどに、小型働きアリがつついて合図をすると、大型働きアリは、腹から食べ物をだして、なかまにあたえます。

◀ヒラズオオアリの大型働きアリが、巣の入り口を頭でふさいでいる。巣にもどってきた大型働きアリが、中に入れてもらおうと頭をたたいて合図をする。

ハチ目　ハチ・アリ

さまざまなアリの生態

ハチ目
ハチ・アリ

フェロモンの働き

　アリは腹の先から特別なにおいを出します。そのにおいの正体は、フェロモンという化学物質で、同じなかまに情報をつたえる働きをします。1匹では持ち帰れない大きな食べ物を見つけたとき、アリは地面にフェロモンでしるしをつけながら巣に帰ります。なかまのアリたちは、そのにおいを伝って食べ物にたどりつきます。においは数分で消えますが、食べ物を持ちかえるアリが次々とフェロモンを出すので、においはどんどん強くなり、アリの行列ができあがります。なかまに危険を知らせたりするときもフェロモンを出します。女王アリが働きアリに卵を産めなくさせるのも、フェロモンの働きが関係します。アリだけではなく、いろいろな昆虫がフェロモンを出します。メスがオスをよんだり、なかまをよびあつめたりするのです。

▲アミメアリの行列。フェロモンをたどって歩いている。

▲アリの行列を指でこすって切ってみる。

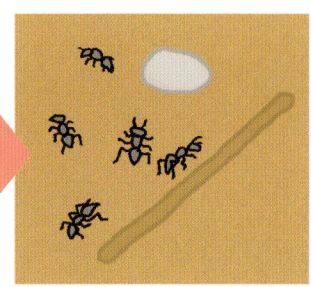

▲フェロモンをたどれなくなり、列が乱れてしまった。

アリとアブラムシ

　アリには、アブラムシが腹部の先から出す液体を食用にするものがいます。この液体は植物の糖分をふくむため甘く、甘露とよばれます。アリがアブラムシの腹部の先を触角で軽くたたくと、刺激で甘露を出します。アリは甘露がほしいので、アブラムシを食べる天敵のテントウムシなどが近づくと、攻撃して追いはらいます。また、アブラムシを食べ物がある場所に運んだりします。アブラムシは、アリが甘露を食べるので、からだが清潔になります。アリがいないと、甘露がたまって死んでしまうアブラムシもいるのです。このように、異なる種類の動物が互いに助けあう関係を、共生関係といいます。

　アブラムシと同じように甘い液体を出すカイガラムシや、シジミチョウの幼虫の世話をするアリもいます。木くずでおおって敵から隠したり、自分の巣の中で育てることもあります。

▲アブラムシから甘露をうけとるトビイロケアリ。アブラムシの腹部の先から出ている透明な液体が甘露。

▲アブラムシを食べにきたナナホシテントウに、トビイロケアリがかみついて追いはらう。

サムライアリのどれい狩り

サムライアリはクロヤマアリの巣をおそって、さなぎや終齢幼虫をさらってきて、羽化したアリをどれいとして働かせることが知られています。これをどれい狩りとよびます。サムライアリとクロヤマアリは同じヤマアリ亜科で、大きさも色もかたちもよく似ています。

サムライアリの働きアリは、夏になると、クロヤマアリの巣に集団でなだれこみます。クロヤマアリはさなぎや幼虫を守ろうとしますが、強くてするどい鎌のような大あごをもつサムライアリにはかないません。サムライアリは、さなぎや幼虫をくわえて、自分たちの巣に持ち帰ります。

働きアリはふつう、幼虫を育てたり、食べ物をさがしたりしますが、サムライアリの働きアリは、どれい狩り以外は何もしません。さらったクロヤマアリの働きアリに、卵や幼虫、女王の世話などをさせ、自分たちは巣の中で何もしないでくらします。食べ物もクロヤマアリが集めてくるので、どれい狩りのため以外には巣を出ることもありません。

毎年7月ごろ、サムライアリの新女王の結婚飛行が行われます。新女王アリは、オスアリと交尾をすると、1匹でクロヤマアリの巣をおそいます。クロヤマアリの女王をかみ殺して巣をのっとるのです。もちろん、クロヤマアリの働きアリも戦いますが、自分たちの女王が殺されると、サムライアリの新女王の世話をするようになります。新女王アリはどんどん卵を産み、クロヤマアリがそれを育てます。サムライアリの数がふえると、その世話をするクロヤマアリの働きアリが足りなくなります。そこでどれい狩りを行い、クロヤマアリのさなぎをさらうのです。

巣ののっとりは、トゲアリ、アメイロケアリ、クロクサアリなどでも見ることができます。

▲サムライアリの行列。攻撃をするために働きアリが巣から出てきた。

▲クロヤマアリ（右）のまゆを奪うサムライアリ（左）。互いによく似た大きさだがクロヤマアリはサムライアリにかなわない。

▲結婚飛行のために巣の外に出てきたサムライアリのオス（はねがあるアリ）。どれいのクロヤマアリがそのまわりで働いている。

共生と寄生

地球上には、さまざまな生物がくらしています。生物同士は、いろいろなかたちで関わりあっています。その関係は、得をする、しない、あるいは損をするという観点で理解することもできます。「食う、食われる」の関係がもっとも普通に見られるものですが、「共生」と「寄生」も昆虫同士によく見られます。

共生

ふたつの種の関係が、どちらも得をするか、または、一方が損しない関係を「共生」とよびます。両方に利益がある共生を相利共生といい、一方は利益があり、もう一方は利益も被害もない共生を、片利共生といいます。

相利共生

アリのなかには、アブラムシが出す甘露という栄養の高い液体をもらうかわりに、テントウムシなどの敵からアブラムシを守るものがいます。アブラムシは敵から守ってもらうかわりに、甘露をアリにあたえています。カイガラムシやツノゼミ、シジミチョウの幼虫とも共生の関係を結ぶアリもいます。

植物と昆虫の相利共生も見られます。海外では、植物が茎や葉に空間をつくり、そこにアリをすまわせ、葉を食いあらす敵から守ってもらう種があります。

▲アブラムシを食べにやってきたナナホシテントウにかみついて追いはらおうとするクロヤマアリ。

▲アリノトリデ。熱帯アジアとオーストラリア東部の林に生育する植物。幹の根元がボールのようにふくらみ、中にトリデルリアリが巣をつくっている。アリノトリデにふれるものがいると、アリが巣から出て攻撃する(断面写真)。

ミツバアリと、アリノタカラカイガラムシは、一方がいないと生きていけません。このカイガラムシがくらすのは、ミツバアリの巣の中だけです。ミツバアリは、巣の中に植物の根が出るように巣をつくります。このカイガラムシは、安全なアリの巣で根から植物の液を吸います。ミツバアリはカイガラムシを状態がよい根に運ぶなどの世話をやいて、巣から外に出ることもなく、カイガラムシの出す甘露だけを食べて生きていきます。

　新女王のミツバアリが春に新しい巣をつくるとき、先祖代々伝わる宝物であるかのように、アリノタカラカイガラムシを1匹くわえていきます。このカイガラムシは受精せず子どもを産むので、1匹つれていけば、増やすことができるのです。

▲ミツバアリの新女王とオスアリの交尾。新女王アリ（左）は、古巣からもってきたアリノタカラカイガラムシを口にくわえている。

◀ミツバアリといっしょにアリの巣の中にいるアリノタカラカイガラムシ。ミツバアリは、ススキやサトウキビなどの根についたアリノタカラカイガラムシから、甘露をもらって生活している。

片利共生

　アリヅカコオロギやアリシミのように、アリの巣の中で生活する昆虫がいます。敵におそわれることがなく、アリの食べのこしなどの食べ物も簡単に手に入ります。しかし、アリにとってはこれらの昆虫がいても、とくに利益を得ることはありません。

▶サトアリヅカコオロギ。トビイロシワアリの巣の中で生活している。アリの食べ物などを食べているが、アリにとって利益になることはないようである。

寄生

寄生は、一方が利益を得てもう一方が被害を受ける関係です。しかも時間をかけて相手から栄養分をうばいとります。栄養分をうばう側を寄生者、うばいとられる側を寄主とよびます。

外部寄生と内部寄生

寄生には、寄生者が寄主のからだの表面に取りつく外部寄生と、内部に侵入する内部寄生とがあります。ヒトの皮膚で生活するヒトジラミやケジラミ、鳥や哺乳類に見られるシラミバエやハジラミなどは外部寄生者です。ブユやカなど、必要なときだけ血などを吸う昆虫も外部寄生者に入ります。寄生バチや寄生バエのように、ほかの昆虫のからだに入りこむものは内部寄生者に分けられます。

▲イワツバメの眼の近くについて、血を吸うイワツバメシラミバエ。

▲寄生していたアゲハのさなぎの中で、アゲハを食べて成長し、脱出するアゲハヒメバチ。

◀クリオオアブラムシにアブラバチが卵を産みつけるところ。ふ化したハチの幼虫は、アブラムシの命をうばわないように脂肪などから食べはじめ、最終的に体内を食べ尽くしてしまう。アブラムシの死がいの中でまゆをつくってさなぎになり、成虫になって脱出する。

植物に寄生

タマバエやアブラムシは、植物の葉や実に卵を産みつけます。その刺激で、植物は、こぶのように変形します。卵からかえった幼虫は、この虫こぶの中で敵におそわれることなく、植物を食べて成長できます。

▶虫こぶ。ヨモギの葉についたヨモギハシロケフシタマバエの幼虫が、丸いボールのような虫こぶをつくった。共生とのちがいは、植物が昆虫から利益をもらわず、むしろ被害をこうむっていること。

働かせる寄生

ほかの生物のからだに取りつくのではなく、ほかの生物が集めてきた食べ物をうばうといった、相手を働かせる一種の寄生を労働寄生とよんでいます。

トガリハナバチやハラアカハキリバチヤドリというハチは、オオヤニハナバチの巣に侵入して産卵し、ふ化した幼虫はオオヤニハナバチの親が自分の子どもたちのために集めてきた花粉だんごを食べて育ちます。ツチハンミョウは、幼虫がハナバチの巣に侵入し、花粉だんごを食べて育ちます。

◀ケブカハナバチのあしにくっつくマルクビツチハンミョウの幼虫。あしについたままハチの巣まで行き、花粉を横取りする。

▲あざみの花にのぼったマルクビツチハンミョウの幼虫。ハナバチがやってくるのを待つ。

▲◀（左）ハラアカハキリバチヤドリが、寄生をしようとする巣からオオヤニハナバチの幼虫を捨てようとしているところ。（右）産卵のため、オオヤニハナバチの巣に侵入したハラアカハキリバチヤドリ。まわりの黄色いかたまりはオオヤニハナバチが自分の幼虫のために集めた花粉だんご。

チョウ目（チョウ・ガ）

チョウ目の昆虫には、チョウとガがふくまれます。チョウ目の特徴は、大きく広がったはねです。はねには粉のような鱗粉がついていて、独特の色やもようをつくっています。大きさは、はねを開いた幅が2mmほどの小さなものから30cmもある大きなものまでいます。なかにはフユシャクというガのメスのように、はねを退化させて失った種もいます。

世界に約15万種が知られます。日本では、風などに運ばれて偶然日本に飛来したものを除いて、チョウが約240種、ガが5500種以上います。一般にチョウとガに分かれますが、分類上は同じなかまで厳密に区別することはできません。

チョウ目の昆虫のからだは円筒形でやわらかく、はねに比べて小さいものが多いのですが、スズメガのなかまのように腹の太いものもいます。触角は細長く、先端のかたちはこん棒状や、糸状、くしの歯状など、さまざまです。大あごは退化し、小あごはストロー状の長い管に変化しました。この管を口吻とよび、これで花の蜜などの液体を吸って食べ物にします。使わないときはぜんまい状に巻いて口もとにおさめています。原始的といわれるコバネガでは大あごがあり、歯でかむことができます。また、ヤママユガ科などのように口吻が退化していて、成虫になると食べ物をとらないものもいます。

チョウ目の幼虫は、イモムシや毛虫とよばれていて、多くは植物を食べて成長します。食べる植物は、種類によって決まっています。この植物を、それぞれのチョウの「食草」あるいは「食樹」とよびます。

すべて完全変態で、幼虫から脱皮をくりかえし、やがてさなぎになります。さなぎになるときに、糸をはいて自分のまわりに部屋をつくって、その中でさなぎになるものもいます。さなぎが入る糸の部屋をまゆといいます。

チョウのからだ

前ばね — チョウのはねには鱗粉がびっしりならび、あざやかな色やもようをつくっている。

触角

頭部

前あし — ツマグロヒョウモンなどタテハチョウのなかまは前あしが退化し、小さくなって折りたたまれているため、4本あしに見える。

複眼

口吻 — 花の蜜を吸うときにはストローのようにのびるが、ふだんはくるくると巻いている。

中あし

チョウ目　チョウ・ガ

鱗粉とは何か

　チョウやガのはねには、鱗粉という粉のようなものがついています。鱗粉一つひとつが１色ずつ色をもっているので、たくさんならぶと、はねの色やもようがつくられます。チョウのはねそのものには色はついていないので、鱗粉をとってしまうと、はねは透明になります。鱗粉は水をはじくことができるので、雨にうたれても、はねはぬれません。雨でチョウが飛べなくなることを防いでいます。

▲鱗粉をとったキアゲハのはね（右側）は、すきとおっている。

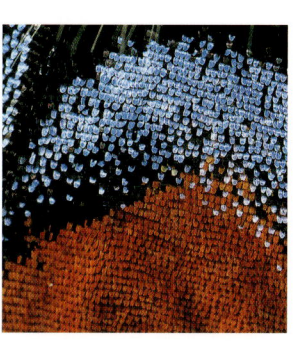

▲はねのもようの拡大写真。一つひとつの鱗粉がわかる。鱗粉は、色がついた鱗のようなもの。

チョウとガのちがい

　チョウとガの成虫には、めだったちがいがあります。たとえば、チョウは昼行性ですが、ガは夜行性です。また、チョウははねを立ててとじた状態で休止しますが、ガははねをおろし、水平に開いた状態で休止します。さらに、チョウの触角の先端はこん棒のようなつくりですが、ガの触角はくしの歯状や糸状になっています。

　しかし、これらのちがいには例外もたくさんあって、実はチョウとガをはっきりと区別することはできません。本来、チョウとガはひとつのまとまったグループなのです。15万種が知られているチョウ・ガのうち、9割以上がガのなかまとされ、チョウはごく一部になります。一般に、チョウ目のなかでおもに昼間に活動する生活様式をもつようになったグループをチョウとよんでいます。

後ろあし　後ろばね

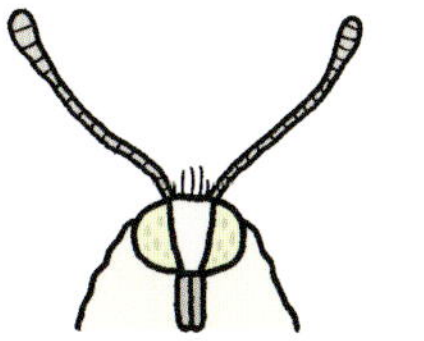

▲チョウの触角。先端がふくらんでこん棒のようになっている。

▲ガの触角。くしの歯状のもの。ほかに糸状のものもいる。

▲吸蜜するツマグロヒョウモン。もとは西日本に生息していたが、じょじょに北上し、関東地方でもすがたを見るようになった。幼虫の食草はスミレのなかまで、メスは庭に植えてあるパンジーなどにも産卵する。

チョウのからだのしくみ

チョウ目 チョウ・ガ

チョウの視覚

　チョウの成虫は昼間に活動する昼行性で、花を探すときや、オスがメスを探すときに視覚を使います。たとえばアゲハ（ナミアゲハ）のオスは、黄色と黒のしまもようを手がかりにしてメスをさがし、黄色と黒のしまもようの物を見つけると、近づいて本当にメスかどうか確かめます。チョウの前あしには、においや味を感じる感覚毛という毛が生えています。感覚毛は、オスが近づいた物に触ってメスかどうか確かめるときや、メスが産卵する植物を探すときに役立ちます。チョウは、オスがメスを探すときに、まず視覚を使うので、めだつ色のはねをした種が多いのです。また、チョウと私たちでは、色の見え方がちがいます。紫外線など人間とちがう周波数の色でもまわりを見ているからです。人間には地味に見えるチョウでも、チョウどうしでは、はっきりめだって見える場合もあります。

▲紫外線で写したモンシロチョウのオス（上）とメス（下）のはねの表側。オスは黒っぽく、メスは白く光って見える。モンシロチョウの目は、紫外線を感じることができるので、オス、メスの区別ができる。

▲自然光で写したモンシロチョウのオス（上）とメス（下）のはねの表側。人間には、色のちがいがほとんど感じられないので、区別は難しい。

▲アゲハのオスは、まん中のしまもようを書いた紙に近づき、メスかどうか確かめる。3つの紙のなかでは、しまもようだけがチョウのはねと同じもようなので、アゲハのオスははねの色やもようを見てメスをさがしていることがわかる。

チョウの成長（アゲハの卵から羽化まで）

アゲハの幼虫は4回脱皮をしてさなぎとなり、成虫へと羽化します。ふ化から成虫まで、50日ほどです。

❶ ▲カラタチの葉に産みつけられたアゲハの卵。幼虫はかんきつ類の葉を食べる。

❷ ▲葉を食べる終齢幼虫。4回脱皮して5齢（終齢）になる。

❸ ▲ふ化してから1か月ほどでさなぎになる。糸を使って木の枝などに固定する。

腹部の端にある目

チョウの目は頭部にあるだけではありません。腹部の先端にも目のはたらきをする器官をもっています。この目では、物のかたちを知ることはできませんが、明るさを感じることができます。

オスは、メスと交尾するときに、自分の交尾器官がメスの交尾器官としっかりつながっているかどうか、この目を使って確かめることができます。きちんとつながっていれば暗く感じ、つながっていなければ明るく感じるのです。

メスは産卵するときには、自分の産卵管がこれから卵を産みつけようとする葉にきちんとついているかどうか、腹部の端にある目で確かめています。産卵管には、目だけではなく、物に触った感触を感じる毛（感覚毛）も生えています。メスは、葉に触った感触と、目で感じる明るさをたよりにして、大事な卵を葉に産みつけるのです。

▲オオゴマダラの産卵。産卵管の端の目が暗く感じれば、産卵管が葉にしっかりとついていることになる。

ストローのような口

多くの昆虫の口は、大あごが発達して物をかむことができるようになっていますが、チョウやガの成虫の口はストローのようになっていて口吻とよび、液体を吸うのにむいています。口吻は、ふだんはぜんまいのように巻かれていますが、花の蜜などを吸うときは長くのびます。成虫が羽化したばかりのとき、口吻はふたつに分かれていますが、やがてくっついて1本のストロー状になります。なお、ガのなかには、口吻が退化して、成虫になると何も食べないものもいます。

◀羽化直後のモンシロチョウ。口吻はふたつに分かれていることがわかる。

▲くるくると巻かれているモンシロチョウの口吻。

▲蜜を吸うときにはストローのようにのびる。

チョウ目　チョウ・ガ

▲さなぎになり1～2週間で羽化がはじまる。鳥などにねらわれないよう早朝に羽化する。

▲羽化直後は、はねがくしゃくしゃになっていて飛ぶことができない。

▲体液がからだにいきわたって羽がのびる。羽化がはじまり30分ほどで飛べるようになる。

チョウ目 チョウ・ガ

シロチョウのなかま

　シロチョウのなかまは、モンシロチョウのように、畑や家の庭、公園などで生活する種が多く、私たちにとってたいへん身近なチョウです。日本に分布するシロチョウは30種ほどで、どの種でも成虫は白か黄色のはねをもっています。

　シロチョウの幼虫は、アブラナやキャベツなどアブラナ科の植物を食べるものが多く知られています。卵からふ化したばかりの1齢幼虫は黄色ですが、2齢から5齢幼虫は緑色なので、「アオムシ」とよばれます。5齢幼虫が脱皮してさなぎになりますが、このとき、さなぎはまわりの色と同じ色になります。まわりの環境にとけこむことで、鳥などの天敵から見つかりにくくなるのです。

モンシロチョウのさなぎの色変わり

▲キャベツの葉の上では緑色になる。

▲木の枝につくと茶色になる。

▶モンシロチョウ。3月ごろから飛びまわる。幼虫はキャベツやアブラナなどアブラナ科の植物を食べる。

▲地面で水を吸うキチョウ。シロチョウをはじめとするチョウは、水を吸うことでミネラル分も補給する。動物のふんや人の汗を吸うすがたも見られる。

チョウの季節型

チョウのなかには、1年のうちに数世代がくりかえされて、成虫が数回見られる種がいます。そのなかには、同じ種類なのに季節によって大きさやはねの色、かたちがちがうものがいます。たとえば、モンシロチョウでは春に羽化した成虫のからだは小さく、はねの黒い紋は薄くなっています。しかし、夏に羽化した成虫は大きく、はねの黒い紋は濃くなります。このようなちがいを季節型といいます。春に羽化したものを春型、夏に羽化したものを夏型とよんで区別します。秋型が見られる種もあります。

季節型は、シロチョウのなかまだけではなく、アゲハチョウやシジミチョウなど、さまざまなチョウのなかまで見られます。

◀キチョウの夏型（上）と秋型（下）。夏型のほうが黒い部分が多い。羽の裏側の色や模様も秋型と夏型とで異なる。夏型は6月ごろ、秋型は10月ごろから見られる。キチョウは、はねは黄色いがシロチョウのなかま。

虫ムシウォッチング

都会へ進出するスジグロシロチョウ

東京の都心部など、都会で見られるシロチョウは、すべてモンシロチョウだと思っている人が多いようです。しかし、実はモンシロチョウは少なく、よく似たスジグロシロチョウのほうが多いのです。

モンシロチョウが畑や草原などの開けて明るい場所にすむのに対して、スジグロシロチョウは林などの暗い場所にすみます。

都会では、畑や空き地にかわって、たくさんのビルが建ちならぶようになりました。明るい場所が減り、キャベツやアブラナなどの食草も減ったため、モンシロチョウが減っていきました。これに対し、建物のかげなどの暗い場所にはスジグロシロチョウがすみやすく、また食草のイヌガラシなどが都会でも生育しています。スジグロシロチョウにとって都会はそれほどくらしにくい場所ではなく、むしろ増えることができる場所なのです。

◀マンションの隣にある小さな空き地で生活しているスジグロシロチョウ。モンシロチョウとよく似ているが、はねの脈にそって黒いすじが入っている。

チョウ目　チョウ・ガ

チョウ目　チョウ・ガ

アゲハチョウのなかま

　山地から都会の公園までさまざまな場所に生息する黒と黄白色の大きなアゲハ（ナミアゲハ）や、森の中で春のはじめにだけすがたを現すギフチョウなどは、アゲハチョウのなかまです。クロアゲハやカラスアゲハのように黒いはねをもつものや、黄色と黒のキアゲハなどあざやかな色のものもいます。アゲハチョウのなかまは大型のチョウが多く、世界に約600種、日本には20種ほどが生息しています。
　食草はサンショウなどのミカン科やカンアオイなどウマノスズクサ科、クスノキ科、ケシ科などです。卵からふ化した幼虫は、食草の葉を食べて成長します。アゲハやクロアゲハなどの幼虫は、初めのうち黒っぽい色をしています。しかし、さなぎになる前の5齢幼虫になるとキアゲハ以外は、緑色になります。ギフチョウなど、幼虫が毛虫のすがたをしている種類もいます。幼虫を指でつつくと、頭部の上から角を2本出します。これは臭角といって、とてもくさいにおいが出ます。

▶赤い花に訪れることが多いアゲハ。4〜10月ぐらいまで成虫のすがたを見かける。幼虫の食草はミカン科植物。公園のカラタチやサンショウなどにも産卵し、市街地でも見られる。

尾状突起
アゲハチョウのなかまには、うしろばねに尾状突起（尾のようにのびた部分）がある種が多く見られる。

幼虫の身の守り方

　アゲハ（ナミアゲハ）の1〜4齢幼虫は、黒っぽい色をしていて、鳥のふんに擬態しています。また、幼虫は敵におそわれたとき、頭部と胸部の間からオレンジ色の臭角を出します。幼虫は、敵におそわれると臭角を出して、くさいにおいで敵を追いはらおうとするのです。また、5齢幼虫では頭の後ろに眼状紋という目玉のもようがあります。このもようは敵を脅す効果があるといわれています。

▲アゲハの4齢幼虫。鳥のふんにそっくり。

◀敵におそわれるとくさいにおいが出る臭角を出す。

チョウ目　チョウ・ガ

交尾したオスがメスに栓をする

アゲハチョウのなかまには、交尾をしたあとにオスがメスの交尾器をふさいで、ほかのオスと交尾できないようにしてしまう種がいます。オスは、自分のからだから出る粘液をメスの交尾器に塗ってかためて、ふたをするのです。このふたを、交尾栓といいます。

アゲハなどの交尾栓は小さく、よくはずれてしまいます。しかし、ギフチョウやウスバシロチョウ（ウスバアゲハ）のオスは、メスの交尾器から外にはみ出すほどの、とても大きな交尾栓をつくります。このような交尾栓のことを、特に「スフラギス」といいます。スフラギスがメスの交尾器からはずれることはめったにありません。

◀ウスバシロチョウのメス。腹部からはみだしている三角形のものがスフラギス。

虫ムシウォッチング　北に進む昆虫たち

ナガサキアゲハは、ナガサキ（長崎）という名前からわかるように、もとは九州以南に分布していましたが、だんだんと分布を北に広げています。このような昆虫は、ほかにも多くいます。

これは地球の温暖化によって平均気温が上がり、本州でも生活できるようになったからです。反対に、暖かいところでは生活できない昆虫は、北へ移動するため、だんだん生息場所が狭くなっています。

◀東京で見られたナガサキアゲハのメス。

シジミチョウのなかま

チョウ目 チョウ・ガ

　シジミチョウのなかまは小さなチョウで、いちばん大きな種類でもはねを広げた幅が4cmほどです。いろいろな色のはねをもち、金属的な光を放つ青色や緑色のはねのものもいます。ただし、はねの表と裏では、色やもようが異なります。あざやかな色は表側だけで、裏側は褐色など地味な色合いです。また、オスとメスではねの色ともようが大きくちがう種も少なくありません。

　生息環境はさまざまで、日当たりのよい公園から、雑木林、針葉樹林、河川敷などです。

　シジミチョウの半数以上はアリとの関わりをもちます。幼虫はアリを誘うために分泌液を出します。シジミチョウの出す分泌液には糖のほかに、さまざまなアミノ酸やタンパク質がふくまれています。この分泌液が欲しいアリは、幼虫を捕食者から守ったり食べ物を与えたりします。特定の種のアリがいないと、育つことができないシジミチョウもいます。そのほか、アブラムシを食べて育つ種など、シジミチョウの幼虫にはほかのチョウとちがうくらしぶりをするものがいます。

▼食草であるカタバミにとまるヤマトシジミ。オスのはねの表側はあざやかな青色、裏側は灰白色。メスのはねの表側は黒色がかった茶色で青色の部分がある。春から秋の終わりにかけて、草原や身近な庭や公園でも見ることができる。

◀ミドリシジミ。オスは金属のように輝くはねをもつ。シジミチョウには青や緑の金属光沢のはねをもつものがいる。

虫ムシウォッチング 動物食のシジミチョウ

　チョウの幼虫は植物を食べる植物食です。しかし、シジミチョウのなかには、食べるものが動物食に変わった種類がいます。

　たとえば、ゴイシシジミの幼虫は、ササ類についているササコナフキツノアブラムシや、ホウライチクに見られるタケツノアブラムシを食べて育ちます。成虫になっても花の蜜を吸わず、アブラムシの出す分泌液である甘露を吸いにきます。シワクシケアリというアリの巣の中で、アリの卵や幼虫を食べ物とするゴマシジミやオオゴマシジミも動物食のシジミチョウです。

◀ササコナフキツノアブラムシを食べるゴイシシジミの1齢幼虫（矢印）。白い綿ぼこりのようなものがすべてアブラムシ。

アリに育てられるシジミチョウ

　ほとんどのチョウの幼虫は、食草である葉を食べて育ち、羽化します。ところがシジミチョウのなかには、ほかの昆虫の力を借りて成虫になる変わり者がいます。このようなシジミチョウの成長には、アリの存在が欠かせません。アリの巣の中でくらして、アリから食べ物をもらったり、アリの幼虫を食べたりするのです。

　クロシジミは、アリに育ててもらいながら、自分からも食べ物をあたえます。シジミチョウのメスは、クロオオアリを見つけてから、その巣の近くに生えている植物に産卵します。ふ化した幼虫は、2齢になるまでは、植物の葉についているアブラムシやキジラミが出す甘露という分泌液を食べて育ちますが、3齢幼虫になると、クロオオアリに運ばれて、アリの巣に入ります。

　クロオオアリの働きアリは、アリの幼虫に食べさせるのと同じように、自分が消化した食べ物をクロシジミに口移しであたえて育てます。しかし、クロシジミもアリを助けています。クロシジミをはじめ、シジミチョウの幼虫は、分泌液を出す器官をもっています。アリは、チョウの幼虫が出す分泌液を食べるのです。クロシジミは、終齢である5齢になるまでアリに育ててもらい、アリの巣の中でさなぎになって羽化し、地上に出ます。

　クロシジミとちがって、ゴマシジミは、アリの幼虫を食べるので、アリには迷惑な存在です。ゴマシジミは、3齢になるまではワレモコウの花を食べていますが、4齢になると、シワクシケアリというアリに、巣へ運ばれます。そこでアリの幼虫を食べて育つのですが、なぜゴマシジミがアリに追いはらわれないのか、よくわかっていません。アリと類似した化学物質をからだの表面にもつことで、アリに化けているとも考えられています。アリの巣の中で羽化しますが、成虫になると急いで外に脱出します。そうしないとアリにおそわれて食べられてしまうからです。アリの幼虫を食べるシジミチョウは何種類かいます。ひどいときには、アリの巣を全滅させてしまうこともあります。

クロシジミの成長

◀アブラムシのいる草に産卵にやってきたクロシジミ。アブラムシが分泌する甘露をもとめてクロオオアリも来ている。❶

◀クロシジミの幼虫が出す分泌液を食べるクロオオアリ。幼虫は3齢を過ぎるとアリにくわえられて巣に運ばれる。❷

◀クロオオアリから食べ物をもらうクロシジミの幼虫。❸

◀さなぎからかえって成虫になると、はねがのびきる前にアリの巣からすばやく外に出る。❹

チョウ目　チョウ・ガ

チョウ目

チョウ・ガ

マダラチョウのなかま

マダラチョウのなかまは、体重に比べてはねがとても大きく、風に乗って、ほとんどはばたかずに飛びます。飛ぶためにあまりエネルギーがかからないので、非常に長い距離を飛んで移動することができます。風に乗って海をわたり、外国から日本にひんぱんに迷いこんでくるもの（迷蝶）がいるほどです。日本に分布するマダラチョウでは、アサギマダラが毎年、春と秋の年2回、大移動をすることが知られています。

また、奄美大島のリュウキュウアサギマダラのように、集団で越冬する種がいます。

かつてマダラチョウのなかまは、タテハチョウのなかまとは別とされてきましたが、近年では、タテハチョウと同じなかまとして考えられるようになっています。

▼オオゴマダラは、日本では沖縄県にだけ生息する。前ばねの長さが7cmにもなる大型のチョウ。比較的、飼育がしやすいので、日本各地の昆虫園などですがたを見ることができる。

においをつけるヘアペンシル

マダラチョウやシロチョウのオスの成虫は、腹部の先端に、筆やはたきのようなかたちをしたヘアペンシルという器官をもっています。ヘアペンシルはフェロモンを放出する器官で、ふだんは腹部の中にしまわれていますが、オスがメスと交尾しようとするときに、腹部の外に出されます。オスは、メスを見つけるとそばに近づき、ヘアペンシルを出してフェロモンを放出します。フェロモンのにおいを感じたメスは、オスと交尾をします。

また、アサギマダラのオスは、ヘアペンシルを自分の後ろばねにこすりつけてフェロモンを塗りつけてから、メスに近づきます。こうしてメスの気を引きやすくしています。

▲オオゴマダラのオスのヘアペンシル。

チョウ目　チョウ・ガ

▲奄美大島から南に生息するリュウキュウアサギマダラの越冬集団。冬になり気温が15℃より下がるころから活動しなくなり、風のあたらないところに集まって冬を越す。奄美大島では、12月ごろ、がけの下などに50匹以上の成虫が集まって越冬する。多いときは、数百匹もの集団ができる。

虫ムシウォッチング　金色に輝くさなぎ

　マダラチョウのさなぎは金属光沢のある美しい色をしていて、オオゴマダラのように金色に輝くものもあります。さなぎが派手な色をしているのは、自分が毒をもっていることを天敵に知らせるためだといわれています。マダラチョウの幼虫が食べる植物の葉の中には有毒の成分が入っていて、マダラチョウの幼虫はそれを体内にたくわえています。毒は、さなぎや成虫の体内にも受けつがれます。

▲金色に輝くオオゴマダラのさなぎ。

旅するチョウ、アサギマダラ

　アサギマダラは旅をするチョウで、日本列島を南から北へ、北から南へと縦断します。高温が苦手なアサギマダラは気温が高くなる春から初夏に、南の地方から北の地方に飛んで移動して、着いた場所で産卵します。ふ化した幼虫はその場所で成虫になり、気温が低くなる秋に、今度は南の地方に飛んで移動します。アサギマダラのはねに印をつけて放し、その個体を見つけると、どこから移動してきたか調べることができます。これまでに、2246kmも移動していた例が見つかっています。

◀移動を調べるために、はねに番号を書く。大阪で放したチョウと同じ番号が沖縄で見つかったら、そのチョウは大阪から沖縄に移動したことになる。

◀アサギマダラの移動。春から初夏には鹿児島県から愛知、静岡、東北まで北上した例がある。

秋には南下するが、中部から紀伊半島や四国、九州に移動したもの、東北から沖縄にわたったものもいた。

北上　南下

タテハチョウのなかま

チョウ目 チョウ・ガ

　タテハチョウのなかまは、少しはばたいては、はねを広げて滑空するという、独特の飛び方をします。また、成虫の前あしが退化して短くなっていて、6本あしではなく4本あしに見えることも特徴です。前あしは頭部と中あしのあいだに折りたたまれています。前あしは歩くことには使えませんが、あしの先の感覚毛で食べ物を確認することはできます。

　日本の国蝶であるオオムラサキをはじめとして、多くの種は林やその周辺で生活しています。林で生活するタテハチョウの成虫は、花だけでなく、樹液やくさった果実、動物のふんや死がいにもやってきて、汁を吸います。さなぎは、枝などに逆さまにぶら下がっています。

　タテハチョウの、比較的多くの種では、成虫は年に1回しかあらわれません。

　たとえば、オオムラサキの産卵は7月ごろで、幼虫はエノキなどの葉を食べます。秋になると、緑色だった幼虫のからだが、茶色に変わります。枯れ葉に擬態していると考えられています。冬のあいだは、木から降りて、枯れ葉の下で越冬します。春になると冬眠からさめて成長を再開し、6月ごろ成虫になります。

▶樹液を吸う国蝶オオムラサキ。前ばねの長さが7cmにもなる、大きくて美しいタテハチョウ。樹液だけではなく、動物のふんや死がいからも汁を吸う。最近、生息地である雑木林が少なくなり、個体数が減ってきている。

セセリチョウ・ジャノメチョウ・テングチョウのなかま

チョウ目

チョウ・ガ

セセリチョウ

　セセリチョウのなかまは、前ばねの長さが1〜2cmほどの小さいチョウです。頭部をふくめてからだが太く、はねは黄土色や褐色の地味な色彩のものが多く見られます。成虫は日当たりのよい場所を好み、公園や畑で飛びまわるすがたをよく見かけます。成虫は、花の蜜を吸うだけではありません。かわいた鳥のふんなどを見つけると、腹の端から液体を出してふんをとかし、その汁を吸います。この腹部から水分を出すことをポンピングといいます。

　幼虫の食べ物は、イネやヤマイモ、ススキやタケなどの葉です。多くの種の幼虫は、葉をつづって巣をつくり、その中で生活します。

▲キマダラセセリがポンピングをして汁を吸う。

▼キマダラセセリの幼虫。糸をはいてササの葉を丸めて巣をつくり、中に入っている。

ジャノメチョウ

　ジャノメチョウは、タテハチョウに近いなかまです。「ジャノメ」とは、はねに「蛇の目（ヘビの目）模様」があることからつけられました。成虫は茶色っぽい色をしていて、森林や草原でよく見られます。幼虫の食べ物はイネやササなどの植物の葉です。

　地味なチョウですが、成虫がぴょんぴょんとジャンプするような飛び方をするヒメジャノメや、高山にすみ幼虫期間が2年もあるクモマベニヒカゲなど、おもしろい生態をもつ種が多くいます。

▲ヒカゲチョウ。ジャノメチョウのなかまの代表。はねにある目玉模様は天敵をおどろかせる効果があるといわれる。

▼アズマネザサについたヒカゲチョウの終齢幼虫。葉とそっくりの緑色で、背中の茶色い模様は葉に穴があいているように見える。

テングチョウ

　テングチョウは、下唇のひげが突きでて、天狗の鼻のように見えることからつけられた名前です。

　テングチョウの分布は広く、日本全国で見ることができます。成虫はおもに初夏に活動し、幼虫はエノキの葉を食べます。幼虫のからだは、まわりにほかの幼虫があまりいない場合には緑色に、たくさんの幼虫がいる場合には黒っぽい色になることが知られています。幼虫は鳥などにおそわれると、口から糸をはいて落下し、敵の目をのがれます。

▲日光浴をするテングチョウ。天狗のような顔をしたチョウは、このなかまだけ。

チョウ目

ガのなかま

チョウ・ガ

　チョウ目全体のうちの9割以上が、ガのなかまとされる種です。ガの成虫の多くは夜行性です。夜は暗いため、オスがメスを探すときは、昼行性のチョウのように視覚を手がかりにはできません。そこで性フェロモンのにおいで相手を探します。ガのメスは、夜になると腹部先端の器官から性フェロモンを出してオスをよびます。

　オスがメスを探すときに視覚を使わないこともあって、ガには体色が地味なものが比較的多いです。成虫は、チョウと同じようにストロー状の口吻をもっていて、花の蜜や果実の汁などを吸って食べます。また、口吻が退化していて、成虫が何も食べない種もいます。なお、ガにはカブトムシなどと同じように光に向かって飛ぶ習性があるので、電灯などによく集まります。

　ガの幼虫の多くは、植物を食べます。葉を外から食べるものだけでなく、葉の中に入りこんで内部を食べるものや、木の幹に入りこんで木材部分を食べるものもいます。また、小さなキノコを食べるものや、なかには動物食の幼虫もいます。幼虫が十分成長すると、さなぎになります。幼虫が自分ではいた糸でまゆをつくり、中でさなぎになるものもいます。

触角 夜に活動するガの触角は、においを感知しやすいように細かいくしの歯状のつくりになっているものが多い。

オスはメスをにおいで探す

オスは、メスを探す手がかりとしてにおいを利用します。そのにおいは、メスの出す性フェロモンです。メスは、夜になると腹部の先端からフェロモン分泌器官を出します。そこから、性フェロモンが発散されます。性フェロモンは空気中に広がっていきます。オスは、メスの性フェロモンのにおいを触角で感じとると、においの強い方向に向かっていきます。そして、メスのもとにたどり着きます。オスは、性フェロモンのにおいが弱くても感知できるように、メスに比べて触角が大きく発達しています。

また、昼間に行動する昼行性のガは、夜行性のものとはメスの探し方がちがいます。昼行性のガのオスには、メスに近づくと、チョウと同じように視覚でメスを見つけるものもいます。昼行性のガの華やかな色は、このようなときに役だちます。

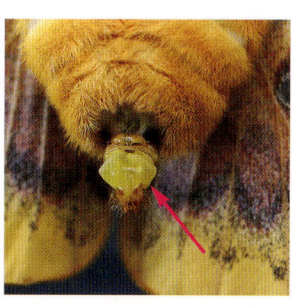

▲ウスタビガのメスの腹部の先。フェロモン分泌器官をのばしている。ここからオスをよびよせるフェロモンが出て、風に運ばれていく。

▼細かい羽毛のようなウスタビガのオスの触角。メスの性フェロモンを敏感に感じることができるよう、大きく広がっている。種類によっては、何kmも離れたメスのフェロモンを感知する。

昼行性のガは華やか

ガの成虫は夜行性のものがほとんどですが、なかには昼行性のものもいます。夜行性のガは地味な色のものが多いのに対して、昼行性のガは、派手な色のものが多くなっています。

たとえば、マダラガのなかまは毒をもっていて、派手な体色をすることで、自分が有毒であることを敵に知らせています。また、アゲハモドキ類は、自分自身は毒をもっていませんが、ジャコウアゲハという有毒成分をもつチョウに擬態しています。このように、昼行性のガのなかには、からだの色を使って、天敵から身を守るものも見られます。

◀ヤママユ。大型の美しいガ。ヤママユはカイコに近いなかまで緑色のまゆから、絹糸がとれる（→p76）。山のなかにいるカイコ（蚕）という意味で、山蚕（やまこ）ともよばれる。

◀アゲハモドキ。毒をもつチョウであるジャコウアゲハにそっくりなので、敵からおそわれにくいと考えられている。

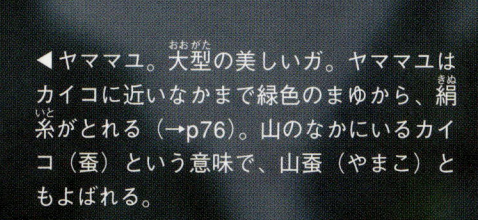

チョウ目

チョウ・ガ

チョウ目　チョウ・ガ

ミノムシはガの幼虫

木の枝からぶらさがっているミノムシは、ミノガというガのなかまの幼虫です。ミノガの幼虫は、みのとよばれる、ふくろ状の巣にかくれることで、天敵から身を守っています。

ミノガのメスの成虫は、はねやあしが退化していて、みのの外に出ることはありません。一方、オスは羽化すると、はねやあしのあるふつうのガのすがたになり、メスのいるみのを探して飛びまわります。

メスを発見すると、みのの下部に空いた穴に腹部を差しこんで、メスと交尾します。メスは、みのの中で数千個もの卵を産み、まもなく死んでしまいます。卵からふ化した幼虫は、母親のみのから出て、植物をかじって小さな破片をつくり、糸をはいてつなぎあわせて自分のみのをつくります。幼虫は大きくなるにしたがって材料をくわえ、みのを大きくしていきます。

▲ミノムシのミノ。オオミノガはみのの中で越冬し、春になると成虫が出てくる。

▶ミノをわったところ。オオミノガの幼虫が入っている。

▲羽化したオオミノガ。オスははねがあって飛ぶことができる。

▲オスが腹部をみのの中に入れて、メスと交尾している（断面写真）。

ヘリコプターのようなスズメガたち

スズメガのなかまは、太い胸部と腹部をもっています。たいへん速く飛びまわることができ、花に飛んできたときは、はねをたくみに動かして、まるでヘリコプターのように空中で静止しながら蜜を吸うこともできます。そのときは空中から長い口吻をストローのように花にのばします。植物のなかには、スズメガによって受粉をおこなうように、花が筒状になり、蜜が深いところにあるものがあります。そのような植物は、花の蜜腺までの深さが、花に飛んできてほしい特定のスズメガの口吻の長さに対応した花をつけます。

スズメガの多くの種は夜行性ですが、なかには昼行性のものも見られます。昼行性の種には、オオスカシバのようにはねが透けているものがあります。これらの種では、羽化直後には鱗粉がありますが、飛びたつとすぐに落ちて透明になります。

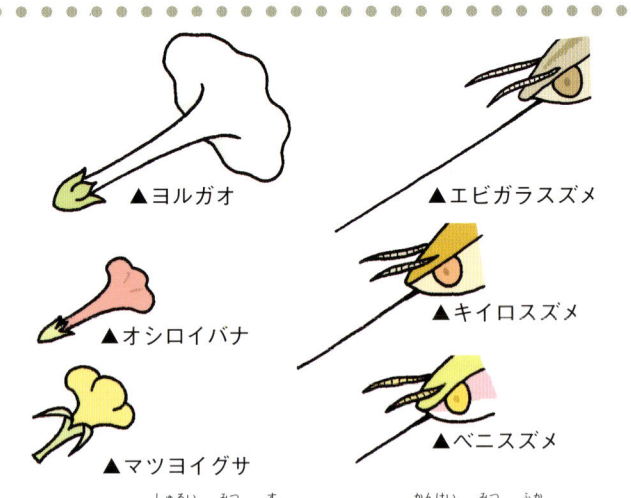

▲ヨルガオ　▲エビガラスズメ
▲オシロイバナ　▲キイロスズメ
▲マツヨイグサ　▲ベニスズメ

▲スズメガの種類と蜜を吸いに来る花の関係。蜜が深いところにある花には口吻の長いスズメガが来る。反対に、蜜が浅いところにある花には口吻が短いスズメガが来る。

◀ヒャクニチソウの蜜を吸うヒメクロホウジャク。はねを激しく動かして空中に静止し、蜜を吸っている。

シャクガとシャクトリムシ

シャクガのなかまの幼虫は「シャクトリムシ」とよばれています。シャクトリムシは、からだをまげてちぢめてはのばすという、独特の歩き方をすることで有名です。また、からだをのばして静止すると、まるで木の枝そっくりの格好になります。からだの色も枝に似せています。シャクトリムシは、木の枝に擬態して、天敵に見つからないようにするのです。

シャクガのなかに、フユシャクというなかまがいます。多くの昆虫は、冬になると死んでしまうか、冬眠しますが、フユシャクは成虫が冬に活動し交尾・産卵をします。フユシャクのメスの成虫は、はねが退化していて、飛ぶことができません。メスは樹皮などに静止してフェロモンを出し、オスが飛んでくるのを待ちます。

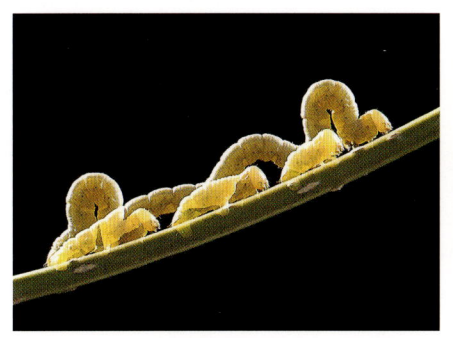

▲シャクトリムシはからだのまげのばしをしながら歩く（連続写真）。

▲コナラの枝についたハミスジエダシャクの幼虫（右側）。枝に擬態している。

▲フユシャクのオス（右）とメス（左）が交尾する。冬になると活動する昆虫のひとつ。

毒毛虫に注意！

ガの幼虫である毛虫のなかには毒をもつものがいます。チャドクガなどの幼虫は、長い毛のほかに、毒針毛という長さ１mm以下の毒のある短い毛があります。また、イラガのなかまの幼虫はからだの表面に毒のとげをもちます。

◀クロシタアオイラガの幼虫。カキやナシ、クヌギなどの葉を食べる。毒のとげだけではなく毒針毛ももつ。毒のとげにさわると、はげしい痛みを感じる。

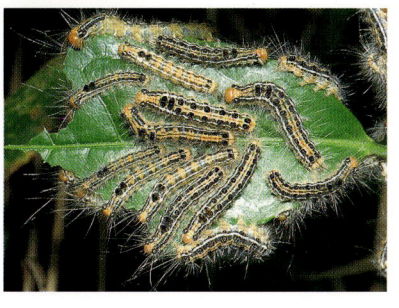

▶チャドクガの幼虫の群れ。幼虫は毒針毛をもち、チャやツバキ、サザンカなどの葉を食べる。ふれると、赤くはれ、炎症を起こす。成虫も毒をもつ。

虫ムシウォッチング 世界最大のガ・ヨナグニサン

与那国島をはじめ、沖縄県の八重山諸島に分布するヨナグニサンは、世界最大のガのひとつです。片方の前ばねの長さは14cmほどもあります。前ばねの先端はヘビの頭のように見えます。幼虫はアカギという樹木の葉などを食べて育ちます。ヨナグニサンは、開発などの影響によって数が減っており、沖縄県の天然記念物に指定されています。

▲はねを広げたヨナグニサン。

チョウ目　チョウ・ガ

チョウ目 チョウ・ガ

まゆから絹をとるカイコ

カイコガの幼虫がまゆをつくるときにはく糸は絹とよばれ、服をつくるための糸として大昔から人間に利用されてきました。カイコガ（おもに幼虫）は、一般にカイコ（蚕）とよばれています。幼虫の体内には、絹糸腺という絹糸のもとになる物質をたくわえている器官があります。幼虫は、口から絹糸をはいて、自分のまわりにまゆをつくり、さなぎになります。そのままにしておけば、成虫が羽化します。

カイコの幼虫は、あしの力が弱く、木にしがみつくことができず、人間が食草であるクワの葉をあたえなければ食べ物にありつけません。また成虫には、はねがありますが飛べません。カイコは数千年にわたって人に飼育されているうちに、人間が世話をしないと生活できないようになってしまったのです。野生のカイコはいません。

野生のガであるヤママユのまゆからも絹糸がとれます。この場合、幼虫をあみで囲ったクヌギやコナラの林にはなして、まゆをつくらせ、そのまゆを利用します。

◀カイコの飼育にはクワの葉がなくてはならない。

カイコの飼育

カイコの幼虫は白いからだをしていて、クワの葉を食べて成長します。幼虫は4回脱皮をくりかえし、5齢になると10日ほどかけて、まゆをつくります。絹をとるには、まゆを熱湯につけて、ほぐれてきた糸を回収します。

❶ ▲カイコガの交尾。左がメス。成虫は飛ぶことができない。

❷ ▲クワの葉を食べるカイコの幼虫。4齢、5齢になると、毎日たくさんの葉を食べる。

❸ ▲まゆをつくる時期に、幼虫を1匹ずつ約4cm四方の木や紙製の枠の中に移す。

ヤママユの飼育

ヤママユは6月ごろに黄緑色のまゆをつくります。ヤママユの糸はつやがあって美しく、高級品として重宝されます。日本では江戸時代から飼育されています。カイコとちがって室内飼育と野外飼育を組み合わせて、幼虫を育てます。生産量は多くありません。

❶ ▲竹かごの中にオスとメスを1匹ずつ入れて交尾させ、メスが産んだ卵をとりだして飼育する。

❷ ▲集められたヤママユのまゆ。終齢幼虫のときに日光を浴びると黄緑色になる。

❸ ▲ヤママユの絹糸。これだけの糸をつくるのに1000個のまゆが必要となる。

トビケラ目

　トビケラの触角は糸状で長く、からだはガによく似ています。しかし、はねには鱗粉がありません。からだ全体は細かい毛でおおわれており、口器は多くの種で退化しています。トビケラ目の昆虫は世界に1万1000種、日本では約300種が記録されています。
　河川や池、湖の周辺に生息します。交尾したメスは水にもぐって、ゼリー状の卵のうにつつまれた卵を産みます。幼虫はすべて水生で、糸をはいて、葉や枝や小石をつなぎあわせ筒巣をつくり、川底の石にくっついて生活します。筒巣のかたちは種によって特徴があり、円筒形から、平たい筒形、カタツムリの殻のようなかたちまでさまざまです。幼虫は、水中の小さな昆虫などを捕らえて食べます。完全変態の昆虫で、筒巣の中でまゆをつくり、羽化します。成虫の寿命は、数日から数週間ほどです。

◀ニンギョウトビケラの交尾。生息する場所も広く、数も多いトビケラ。川の上流から下流に見られ、湖でもくらす。

◀ニンギョウトビケラの筒巣。石をあつめて筒状の巣をつくる。巣は川底の石の表面に付着している。

◀エグリトビケラの幼虫の巣。口から糸を出して切り取った枯れ葉をくっつけて巣をつくっている。

◀トビケラは水がきれいな流れにすむ。生息数により水の汚染の程度を知ることができる、指標生物でもある。幼虫は渓流釣りの生き餌にも使われる。

トビケラのからだ

- 触角
- 複眼
- 前あし
- 中あし
- 後ろあし
- 前ばね

からだの上でセミのように屋根状におりたたむ。

昆虫がささえる環境

「食べる、食べられる」関係

　生物は、栄養分の取り方で、光合成をして成育する植物のような生産者、ほかの生物を食べて栄養にする消費者、生物の死がいや排せつ物から栄養分を取る分解者に分けられます。これらの生物と生息地の温度や湿度という環境条件を考えあわせたものが生態系です。

　生態系の中の生物同士は、「食べる、食べられる」という複雑な関係にあります。昆虫は、動物食の動物にとって大事な食べ物となります。魚類、両生類、爬虫類、鳥類、哺乳類、すべての生物が昆虫を食べます。たとえばキツネやクマは、ほかの哺乳類や魚類を食べますが、昆虫もよく食べます。昆虫は数も種類も多いので、ほかの動物の栄養源となり、生態系をささえています。同時に、落ち葉や生物の死がいを食べて、掃除屋としての役目も果たしています。昆虫がいなければ、生態系はくずれてしまうでしょう。

消費者

▲コナラの葉を食べるサクラコガネ。

食べ物となる

枯れた植物や落ち葉が

ふんや土が

生産者

　光合成をして成長する植物などを生産者とよびます。昆虫以外にも、さまざまな動物の食べ物となります。分解者が生産した土や土の中の栄養分を使って大きくなります。

▲カントウヨメナ。

▲ キアゲハを捕らえたオオカマキリ。

昆虫と環境

生物たちは生態系の中で、環境の影響を受けつつ生活しています。そのために、気温が変われば、そこで生活できないものが出てきたり、新たに分布を広げるものもいます。また、ある生態系に、大量に殺虫剤や除草剤などの薬剤をまくと、環境が変わり、絶滅する種が出たり、特定の種が大発生することもあります。

大型の哺乳類や鳥類が、環境のせいで数を減らしたりすると目につきやすいので問題になります。しかし、つねに環境の影響を受けているのは昆虫です。からだが小さいため、なかなか気がつかないだけなのです。昆虫の行動や分布が変わってきたら、その地域の環境が変化しているのだと、いち早く予測することができます。昆虫は環境の変化の目安になるのです。

また、昆虫は種類によってすめる場所が限られています。さまざまな昆虫がすむ環境は、変化にとんだ自然がある場所ともいえます。

生産者（植物）を食物としている植物食動物と、ほかの動物を食物としている動物食動物に分けることができます。昆虫をはじめ、さまざまな動物が消費者にあたります。昆虫を食べる昆虫もいますが、その昆虫もほかの動物に食べられてしまいます。

死がいやふんが食べ物となる

分解者

動物の死がいや、ふんなどの排せつ物、落ち葉を食べます。そのふんは、土や土の中の栄養分となります。細菌類やカビなどの菌類のはたらきも分解者として重要です。分解者が活動することで、落ち葉や動物の死がいが土にかえります。生態系を維持するうえで、重要な役割をになっています。

▲ 枯れ葉を食べるオカダンゴムシ。

ハエ目（ハエ・カなど）

ハエ目は身のまわりで見られるハエやカをふくみます。ハエ目の昆虫には、はねが2枚しかありません。後ろばねは小さく退化して、平均棍という飛んでいるときにバランスをとる器官になっています。平均棍のおかげでハエ目の昆虫は、優れた飛行能力をもつことができました。数多い昆虫のなかでもハエ目しかもっていない器官です。口器は、ハエの吸汁型やカの針状など特殊なかたちに変わっているものが多く見られます。世界に約12万種、日本に約5200種が記録されている大きいグループで、触角が糸状で長いカ亜目と、触角の短いハエ亜目にわかれます。すべて完全変態です。

川や湖、林、草原、人家の周囲など、地球上のあらゆるところに生息し、なかには哺乳類のからだの表面で寄生生活をおこない、はねを完全に退化消失させたものもいます。幼虫は陸上だけではなく、水中で育つものも多くいます。幼虫のときに2回脱皮し、さなぎを経て、羽化します。

人間や哺乳類の血液を吸うカやアブ、動物のふんなどから細菌を運んでくるハエのような衛生上の害虫もいますが、全体からするとごく一部です。

カ・ハエのからだ

平均棍 後ろばねが退化してできたバランスをとる器官。ハエ目だけにある。

胸部

口器

前ばね

触角

前あし

腹部

後ろあし

中あし

▲アカイエカ。血を吸うのできらわれるが、血を吸うのは、卵を産むために栄養が必要なメスだけである。いろいろな動物の血を吸い、人が刺されることも多いが、実際には鳥の血を好む。

複眼 大きく発達しており、4000個ほどの個眼が集まったもの。昼間に活発に飛びまわるため、視力がよい。

胸部 大きく、前ばねをすばやく動かすための筋肉が発達している。

腹部

胸弁 ハエやアブに特徴的な部分。

後ろあし

前ばね

頭部

中あし

前あし

口器 ふだんは折りたたまれている。食べるときにはのびて、左右一対のやわらかい唇弁になる。

◀イエバエ。家の中やゴミ捨て場で、ふつうに見られるハエ。くさった食べ物や動物のふんを食べるときに細菌や寄生虫をからだにつけ、そのまま人間の食べ物にとまって、移してしまうことがある。

ハエはどんな昆虫か

ハエ類にはたくさんの種類が見られ、さまざまな場所にすんでいます。頭部に大きな複眼があり、飛行能力にすぐれています。ショウジョウバエなどの小型のハエを「コバエ」とよぶこともあります。

人間の生活に身近なイエバエ類の成虫の多くは花の蜜を食べますが、一部には動物のふんや死がいを食べたり、人間や家畜の血を吸う種などもいて、衛生上の害虫にもなります。

ハエの幼虫は、一般に「ウジムシ」とか「ウジ」とよばれています。あしはなく、からだ全体を使ってよく動きます。3齢幼虫は、脱皮しないままさなぎになるので、さなぎは幼虫の皮につつまれています。幼虫の多くは植物や動物のふんや死体などを食べて育ちます。

退化した後ろばね

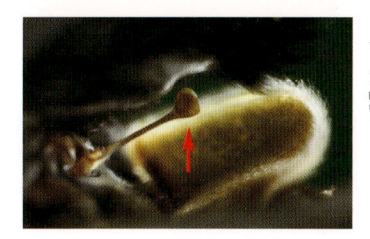

◀黄色い棍棒のようなものがオオクロバエの平均棍。非常に小さい。

ふつう、昆虫には4枚のはねがありますが、ハエやアブ、カのなかまは、はねが2枚しかありません。このはねは前ばねです。前ばねのすぐうしろには、小さな細い棍棒のようなものがあります。平均棍といって、後ろばねが変化したものです。平均棍は、飛ぶときにバランスをとるのに役立ち、からだを安定させながら、すばやく飛びまわることができます。アブやハナアブには飛びながら空中の一点で静止するホバリングが上手な種類も多く見られます。

ハエは何を食べるか？

ハエの食べ物は、種やグループによってさまざまです。成虫は、花の蜜、樹液、くさった果実や植物、動物の汗、血液、ふん、死体、アブラムシが出す甘い汁、生きた小さな昆虫などを食べます。

幼虫も同じようなものを食べますが、なかには植物の中にもぐりこんでその組織を食べるもの、動物に寄生してそのからだを食べるもの、動物のからだの表面に寄生して血液を吸うものなどもいます。

昆虫などをつかまえる
◀カマキリの鎌のような前あしでムラサキトビムシをねらうミナミカマバエ。体長4mmほどで非常に小さい。水辺にすみ、ショウジョウバエなどもつかまえる。

ふんをたべる
◀イヌのふんにたかるニクバエとキンバエ。キンバエやニクバエ、イエバエのなかまは、幼虫のときも成虫になっても、動物のふんや死体、くさった植物などを食べる。

花の蜜を吸う
◀マーガレットを訪れたキンバエ。花の蜜を吸うハエは多い。金属のような光沢があるキンバエは、ふんや動物の死体も食べるが、花の蜜も吸う。

葉を食べる
◀ハモグリバエの幼虫が葉の内部を食べたあと。日がたつと、食べあとが白くなって、いたずら描きのようになるので、ハモグリバエの幼虫は「絵描き虫」ともよばれる。

ハエ目

ハエ・カなど

さまざまなハエの生態

ハエ目　ハエ・カなど

卵でなく幼虫で産まれるハエ

　死んだ動物の肉を食べるハエのなかまにニクバエがいます。成虫はおもに夏に活動し、メスは動物の死がいに卵ではなく、ウジムシを産みつけます。卵はメスの体内でふ化し、幼虫であるウジムシが産みおとされます。幼虫は、ゴミ捨て場や便所でも見られ、冬はさなぎの状態で休眠します。

◀白い幼虫を次々と産み出しているニクバエ。

ヤドリバエの寄生方法

　ヤドリバエの幼虫は、ほかの昆虫やムカデの体内に寄生して、そのからだを食べます。寄生したヤドリバエが成虫になるまでに、寄主は死んでしまいます。成虫の産卵方法は、卵を寄主の体内や皮ふに産みつける、卵を寄主の食べ物に産みつけて食べ物と一緒に寄主に食べさせる、卵を寄主がいそうな場所に産みつけて、ふ化した幼虫が寄主を待ちぶせしたり寄主を探し出したりして寄生する、の3通りがあります。

▶アカタテハの幼虫へ腹部をのばして産卵するホオヒゲヤドリバエのメス。

ふしぎな頭のシュモクバエ

　シュモクバエは、頭部がいちじるしく左右にのび、その先に複眼がついているハエのなかまです。日本では、沖縄県の石垣島と西表島にヒメシュモクバエ1種のみが生息しています。海外のシュモクバエでは、オスどうしがメスをとりあって頭部をつきあわせて、幅が広いほうのオスが勝つという報告もあります。日本のヒメシュモクバエでは、まだこのような行動は観察されていません。

▶ヒメシュモクバエ。「シュモク（撞木）」とは鐘などをたたくT字形の棒をさす。長くのびた撞木のような頭を突きあわせている。

プレゼントするハエ（アブ）

　オドリバエは、細長いからだをしたアブのなかまで、小さな昆虫をとらえて食べます。オドリバエのオスは、メスと交尾をするために、自分がつかまえた食べ物をメスにプレゼントをします。この行動を「婚姻贈呈（求愛給餌）」とよびます。メスがプレゼントをされた食べ物を食べているあいだに、オスはメスと交尾をします。

◀オドリバエの交尾。下のメスはオスからのプレゼントを食べている。

ショウジョウバエはどんなハエか

熟した果実や生ゴミに、いつのまにか小さいハエがわいていることがあります。このハエは、ショウジョウバエです。体長は3mmほどしかありません。おもに森林で生活しますが、人家のまわりにもたくさんすんでいます。キイロショウジョウバエやクロショウジョウバエは家の中にも入りこんできます。

ショウジョウバエは発酵したものに集まります。ショウジョウバエの食べ物は酵母菌という菌類の一種で、酵母菌は発酵したものの中に多く存在するからです。くさって発酵した果実以外に、発酵食品である漬け物や酒にもよくよってきます。「しょうじょう（猩猩）」とは酒の大好きな想像上の動物のことで、このことから名づけられました。森にすむショウジョウバエには、熟した果実のほかに、樹液をなめる種やキノコを食べる種が多くいます。

実はショウジョウバエは、科学の発展に欠かせない実験材料です。キイロショウジョウバエは、産卵数が多い、幼虫期間が短くてすぐ成虫になる、飼育が簡単、などの特徴があります。それで昔から遺伝子の研究材料によく使われています。遺伝子は細胞の中の染色体というものに入っています。ショウジョウバエの口の中にあるだ液腺という部分の染色体は、例外的に大きく、顕微鏡でもよく観察することができます。ショウジョウバエの遺伝子を研究することで、遺伝子に関してさまざまなことがわかってきました。

2000年にはショウジョウバエのすべての遺伝子が調べられ、ショウジョウバエの遺伝子と人間の遺伝子はよく似ていることが明らかになりました。

◀キイロショウジョウバエ。果実にたかっている小さいハエは、この種類が多い。

▲キノコにたかるフサショウジョウバエ。幼虫はキノコを食べ、成虫は胞子を食べる。

▲クヌギの樹液をなめるトビクロショウジョウバエ（矢印）。

虫ムシウォッチング　ウリミバエとのたたかい

ミバエのなかまには、幼虫が果実の中に入り、果肉を食べて生活する種が多くいます。ウリミバエは、大正時代に海外から沖縄県にもちこまれて大量に増え、農作物に大きな被害をあたえました。分布が広がらないようにするためには、沖縄のウリミバエを1匹残らず駆除する必要があり、交尾してもふ化しない卵しか作らない性質の精子をもつオスを大量に放す方法で成功しました。

飼育しているウリミバエのオスに放射線をあて、受精できなくし、野外にいるウリミバエより圧倒的にたくさん放します。すると正常なウリミバエどうしが交尾して卵が産まれる確率が低くなります。ウリミバエのメスは1回しか交尾しないので、不妊のオスと交尾すると、そのメスは産卵できなくなります。これを何回もくりかえせば、ウリミバエは子孫を残せず、最後は1匹もいなくなります。1993年、ついに沖縄県のウリミバエはいっそうされました。

◀ウリミバエの成虫。1cmほどの大きさで、ハチに似た姿をしている。

ハエ目　ハエ・カなど

ハエ目

ハエ・カなど

アブとハナアブのなかま

　アブもハナアブもハエ目ですが、それぞれちがうグループです。アブ類は、カと同じようにさなぎから羽化するときは背中がたてに割れます。いっぽうハナアブ類は、見かけがアブに似ているので「アブ」と名前がついていますが、進化の道すじをみると、ハエに近いなかまです。

　アブといえば、吸血性のものがよく知られていますが、実際にはいろいろな物を食べます。ムシヒキアブやオドリバエのなかまは昆虫を捕食し、ツリアブのなかまは花の蜜を吸います。幼虫は土の中や樹皮の下にすんでいて、くさった植物や死んだ動物、ふんなどを食べます。ツリアブの幼虫はバッタの卵やハナバチのさなぎなどに寄生し、コガシラアブの幼虫はクモに寄生します。

　アブとハナアブには、ハチに似た色彩のものが多く見られます。ずんぐりしたからだのアブはハナバチに似ていますし、ほっそりしたアブはヒメバチに似ています。

　ただし、ハエとアブを比較した場合に、外見だけでは判別が難しい場合もあります。

アブのからだ

複眼
アブのなかまの複眼はたいへん大きく発達していて、視力がよい。

◀イヨシロオビアブ。野山や牧場、沢沿いなどにすむ。最初の産卵前には刺さないが、そのあと、人や家畜から吸血して、2回目の産卵をする。刺されたあとは非常にかゆくなる。

▲シロフアブ。全国に分布する。腹部の中央に白いもようがあるのが特徴。

▲ウシアブ。へらのような口器をのばして水分をなめている。

花に集まるハナアブ

　ハナアブ類は、その名のとおり、ほとんどの成虫が花の蜜を食べます。幼虫は、水の中で生活するものが多く、呼吸管を水面からつきだして呼吸しながら、くさった植物などを食べて育ちます。

　また、枯れ木の中で生活するものもいます。ベッコウハナアブのなかまは、スズメバチやマルハナバチの巣に入りこみ、ハチの食べ物やハチの幼虫、さなぎを食べて成長し、さなぎになって羽化します。

　ハナアブは冬は土に穴を掘って中に入り、成虫で冬をこします。

◀飛びながら空中で静止するホバリングをしているハナアブ。ハチとまちがえやすい。

◀樹皮に産卵するスズキナガハナアブ。ハチそっくりのすがたをしている。ハナアブはハチに擬態しているものが多い。

ハエ目　ハエ・カなど

虫ムシウォッチング　アリの巣でくらすアブ

　アリスアブのなかまの幼虫は、昆虫の幼虫とは思えないような奇妙なかたちをしています。若齢幼虫はのこぎり状のするどい歯をもっていて、これを使ってアリのまゆをこじ開け、中のさなぎを食べて育ちます。体の表面にアリと同じ成分をもつため、アリは幼虫を侵入者と判断できず、アリからの攻撃を受けません。しかし、羽化した成虫はアリに攻撃されます。アリスアブの羽化は早朝に行われ、アリが活動をはじめる前に急いで巣からはなれます。

　アリスアブのくらしはトビイロケアリの巣で観察されており、メスは初夏にアリの巣の入り口付近に産卵を行い、幼虫は自分でアリの巣に入っていくようです。

❶◀トビイロケアリの巣でくらすアリスアブの幼虫。アリがのっているドーム形のものが幼虫である。

❷◀アリスアブの羽化のはじまり。頭のほうが割れて、顔がのぞいている。

❸◀成虫の前部が脱出した。このあと急いでアリの巣から地上に向かう。

❹◀アリスアブの成虫のメス。

ハエ目

ハエ・カなど

カのなかま

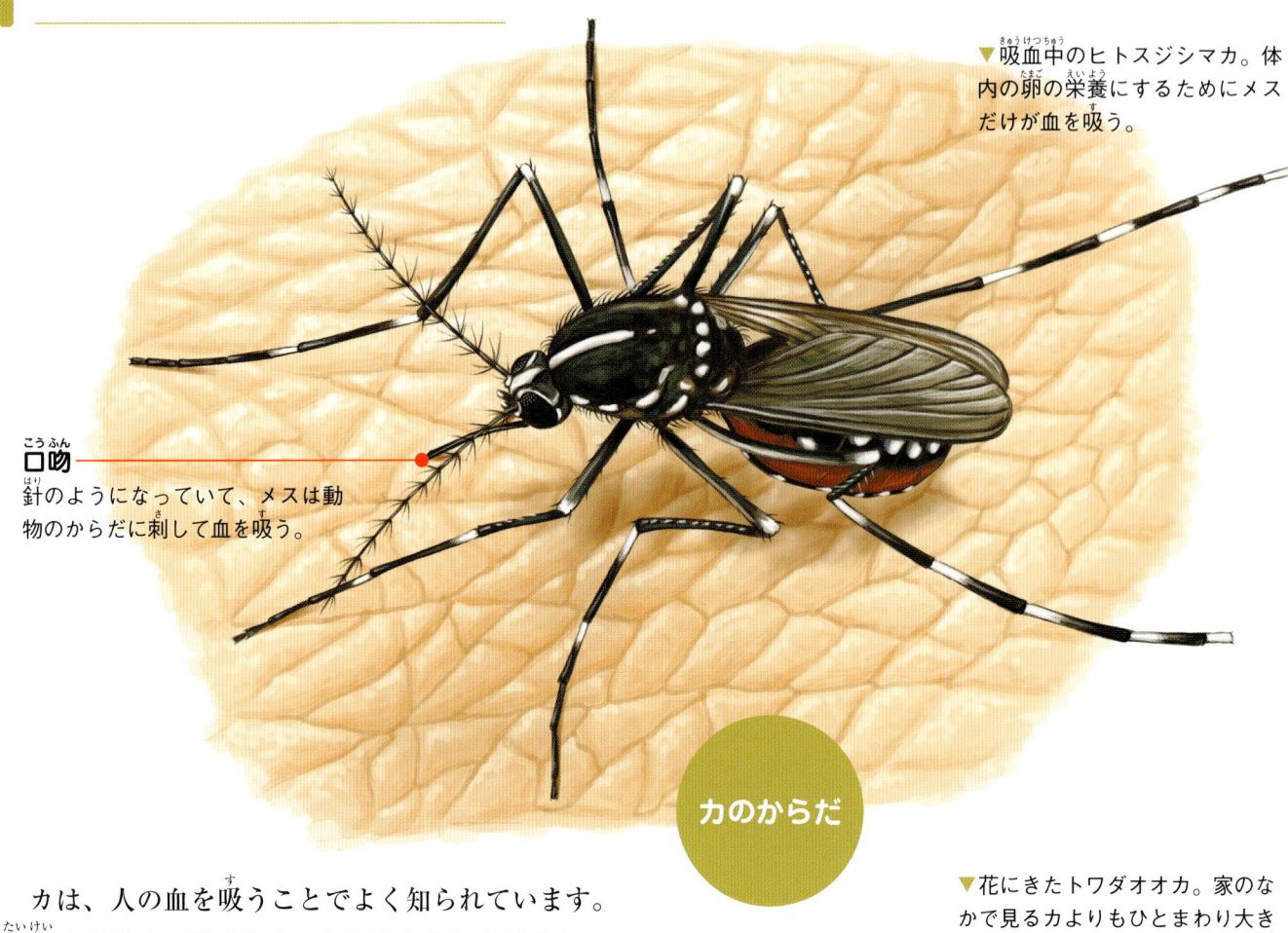

▼吸血中のヒトスジシマカ。体内の卵の栄養にするためにメスだけが血を吸う。

口吻
針のようになっていて、メスは動物のからだに刺して血を吸う。

カのからだ

▼花にきたトワダオオカ。家のなかで見るカよりもひとまわり大きい。オオカはオスもメスも花の蜜を吸い、血は吸わない。

口吻
長く発達している。

　カは、人の血を吸うことでよく知られています。体型は細長く、頭は丸く、あしは6本とも長くなっています。血を吸うのはメスだけで、オスは吸いません。メスが血を吸うのは、産卵のためです。飛びまわるためのエネルギーは、オスもメスも花の蜜や樹液を吸って手に入れます。メスは血を吸うので針のような口吻をしていますが、オスは針のような口吻はしていません。人やウシ、カエル、ヘビ、カタツムリなど、いろいろな動物の血を吸います。種によって吸血する相手はだいたい決まっています。実は、多くのカは人間よりも鳥やほかの動物の血を吸います。

　種によって吸血する時間帯もちがいます。ヤブカは昼間に吸血しますが、アカイエカなどは夜間に吸血します。昼夜どちらも活動できる種もいます。

　カの幼虫は水中で生活し、プランクトン（水中をただよう小さな生物）などを食べて成長します。

カのさなぎはよく動く

産卵の準備がととのったカのメスは、水中や水面に卵を産みます。小さな池、田んぼ、どぶ、木のうろや岩のくぼみ、捨てられたタイヤなどの水のたまったいろいろなところに産卵します。

カの幼虫は「ボウフラ」とよばれます。多くの種のボウフラはプランクトンなどを食べて成長しますが、ほかのボウフラやユスリカの幼虫を食べる種もいます。ボウフラは腹部の先端にある気門を水面からつきだして呼吸をします。ずっと水中にもぐっていることはできません。

ふ化してから数日でさなぎになります。さなぎは、胸部に2本の角のような呼吸器官をもっているので、「オニボウフラ」とよばれます。オニボウフラは、ほかの昆虫のさなぎとちがってよく動きます。

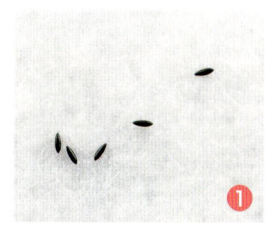

① ▲ヒトスジシマカの卵。卵のままで冬をこして、春に幼虫がかえる。

② ▲幼虫。気門を水面につきだしている。微生物などを食べる。

③ ▲さなぎ。頭と胸がひとかたまりになる。羽化が近づくと体が黒くなる。

④ ▲羽化。のびあがるようにして出る。はねがのびるまで、水面にうかぶ。

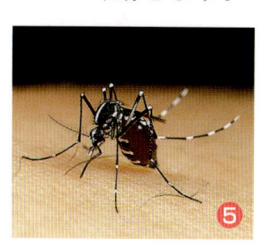

⑤ ▲ヒトスジシマカの成虫。ヤブカの代表で、庭先や林に多くすんでいる。

虫ムシウォッチング 地下にすむカ

チカイエカは、ビルの地下や地下街、地下鉄の駅などに生息し、外に出ないで一生をおくります。よく似たアカイエカと同じ種とすることもありますが、性質がちがい、オスの生殖器のかたちと複眼をつくる個眼の数もちがうので研究者によっては別種とします。

アカイエカは早春から晩秋まで活動し、冬は休眠に入って成虫で越冬します。チカイエカは、冬も休眠しないで活動し、真冬でも人を刺します。チカイエカのメスの成虫はアカイエカとちがって、羽化したときに多くの栄養が体内にあるために、動物の血を吸わないで最初の産卵をすることができます。2回目の産卵は吸血してからおこないます。アカイエカより人の血を好むようです。

▲チカイエカ。

蚊柱とはなにか

カのオスが数百匹も集まって、柱のようにみえる状態になって飛ぶことがあります。これを蚊柱といい、オスがメスと交尾するためにつくります。蚊柱のかたちや、蚊柱の中のオスの羽音がメスを蚊柱へさそいよせます。オスは、蚊柱に近づいてきたメスの羽音を手がかりにしてメスを見つけ、交尾をします。

多くの種類のカが蚊柱をつくりますが、カだけではなく、ユスリカやガガンボも蚊柱をつくります。

▲蚊柱。すべてオスのカ。

ガガンボ・ユスリカのなかま

ハエ目

ハエ・カなど

ガガンボ

　ガガンボはハエ目のなかでも、たいへん種類が多い昆虫です。成虫のあしがとても長く、大きなカのような姿をしていて、「カトンボ」とよばれることもあります。しかし、動物の血は吸いません。成虫はあまり食べ物をとらず、長く生きられません。長い距離を飛んで移動することはなく、多くは幼虫が育った場所の近くにいます。幼虫の食べ物はいろいろで、水中にすんで水草などを食べるもの、キノコを食べるもの、朽ち木を食べるもの、植物の葉を食べるものなどがいます。

▲ミカドガガンボ。日本最大のガガンボであしの先まで入れると全長は15cmをこえる。北海道、本州、四国、九州の森や林に生息し、夜、あかりに集まる。幼虫は渓流にすむ。

ユスリカ

　ユスリカは、カと同じぐらいの大きさですが、動物の血は吸いません。成虫の寿命は短く、数日間のようです。交尾をするときは、たくさんのオスが集まって群飛して、オスのカと同じように「蚊柱」をつくり、やってきたメスと空中で交尾をします。ユスリカの幼虫は「アカムシ」とよばれ、赤い色をしています。赤い体色はユスリカの血液の色です。ユスリカの血液には、効率よく酸素を運ぶ成分が含まれ、酸素が少ない汚れた川や湖でも生きられます。

▲アカムシユスリカの成虫。成虫は秋から冬にかけて見られる。

▲アカムシユスリカの幼虫。釣りのえさに使われることが多い。夏の暑い時期は、湖の底などにもぐって、水温の上昇を避ける。

虫ムシウォッチング　ハエ目の昆虫の口器

　ハエ目の昆虫の口器は、ほかの昆虫とちがいます。ほとんどの種で、大あごが退化してなくなり、そのかわりに唇が細長くのびて、種類ごとに特殊なかたちの口器に変わっています。そのかたちは、食べ物のとり方によってちがいます。大きく分けて、食べ物をなめて吸収するハエ形、鋭い口器を突きさして体液を吸うアブ形、針のような口吻を突き刺して血を吸うカ形の三つに分かれています。

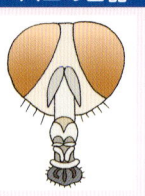

ハエの口器
▲先が広がって毛におおわれている、やわらかい唇弁で、食べ物をなめる。

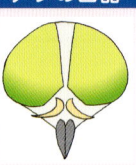

アブの口器
▲鋭い口器を動物のやわらかい部分に突き刺して、流れでる血液や体液を吸う。

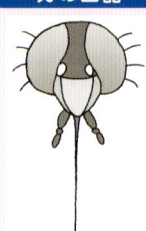

カの口器
▲注射針のような鋭い口吻を動物に刺して血を吸う。

血を吸う虫たち

　ハエ目には、カ、アブ、ブユ、サシチョウバエ、ヌカカなど血を吸う昆虫がいます。これらの昆虫は動物が呼吸をしてだした二酸化炭素を感知し、それを手がかりにして動物を探しあてます。ですから、暗闇でも間違いなく動物の皮ふを刺して吸血するのです。ほとんどの吸血昆虫は、メスが体内の卵に栄養をあたえて成熟させるために血を吸います。

　カのなかまは針のような口を相手の皮ふに差しこんで血を吸います。同時に、自分のだ液を注入します。だ液には、吸血しているあいだ、血がかたまらないようにする効果があります。また、血を吸っていることを相手に知られないように、痛みを麻痺させる物質も入っています。このだ液が、吸血された動物の体内でアレルギー反応を起こすために、かゆくなったり、はれたりするのです。

　ハマダラカのだ液には、病原体が入っていることがあります。熱帯地方ではこれらのカに刺されてマラリアなどの危険な病気にかかる人が多く、大きな問題になっています。日本脳炎、フィラリア、デング熱などもカの吸血で引きおこされます。

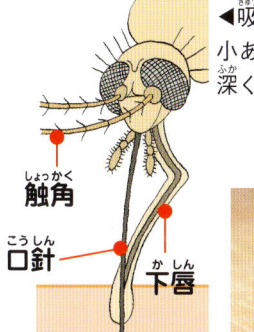

◀吸血中のカの口器。口針は上唇、大あご、小あごなどが変化してできた。下唇は口針が深く入るようにささえる。

触角
口針
下唇

◀ヒメアシマダラブユの吸血。ブユの口器はアブ形で、切りさいてから流れる血をなめる。

ネジレバネ目

　ネジレバネは寄生生活をします。メスは寄生した相手の寄主のからだから、一生、外に出ません。オスの成虫は、はねがあり、メスを探して移動し、交尾します。はねは特殊で、前ばねが退化してなくなり、後ろばねだけで飛びます。オスとメスとで寄主がちがう種類もいます。世界に550種、日本に30種が記録されています。完全変態の昆虫です。

　ネジレバネのメスは数十万個もの卵を産みます。ふ化した幼虫は、活発に動き、寄主が花などにとまったときに花に移動し、花にやってきた別の寄主にのり移り、体内に入って寄生します。なかには寄主の巣まで運ばれ、寄主の幼虫に寄生するものもいます。ネジレバネがどの昆虫のなかまに近いのか、謎につつまれていましたが、近年、コウチュウ目に近縁であることが明らかになりました。

ネジレバネのからだ

◀スズメバチの腹部の節から頭部を出したスズメバチネジレバネ。終齢幼虫は寄主のからだから頭部をのぞかせる。

後ろばね

◀スズメバチネジレバネのメス。

◀スズメバチネジレバネのオス。

アミメカゲロウ目

アミメカゲロウ目の昆虫は、やわらかいからだをしており、はねは頑丈ではありません。はねの脈はたいへん細かい網目状ですが、なかには脈の数が少ない種も見られます。からだは弱々しく見えますが、大あごが発達し、動物食で小さな昆虫などを捕らえて食べます。中胸と後胸が発達し、同じようなかたちになっています。世界に約6000種、日本に約140種が見られます。完全変態の昆虫です。

幼虫は動物食で陸生ですが、一部で水生のなかまがいます。

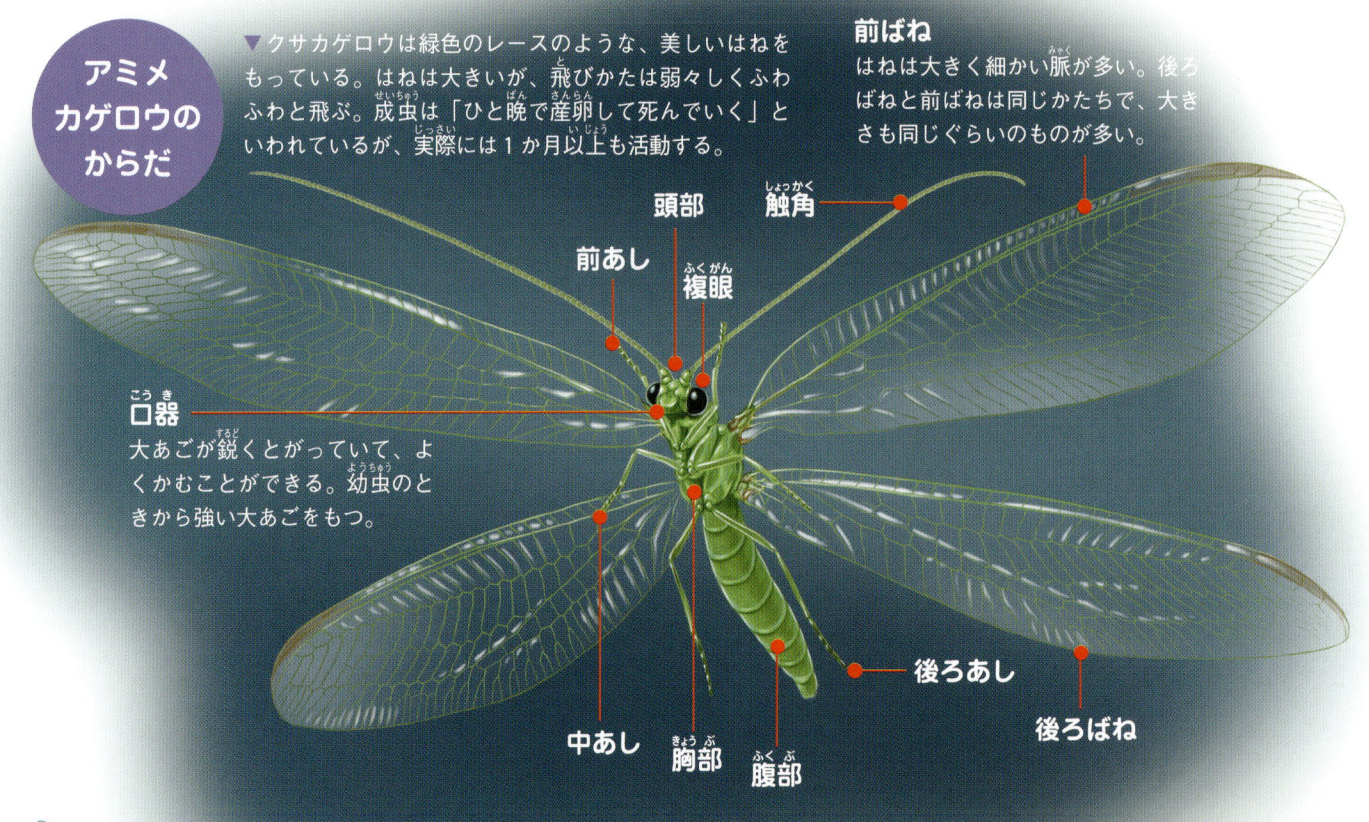

アミメカゲロウのからだ

▼クサカゲロウは緑色のレースのような、美しいはねをもっている。はねは大きいが、飛びかたは弱々しくふわふわと飛ぶ。成虫は「ひと晩で産卵して死んでいく」といわれているが、実際には1か月以上も活動する。

前ばね
はねは大きく細かい脈が多い。後ろばねと前ばねは同じかたちで、大きさも同じぐらいのものが多い。

口器
大あごが鋭くとがっていて、よくかむことができる。幼虫のときから強い大あごをもつ。

頭部・触角・前あし・複眼・中あし・胸部・腹部・後ろあし・後ろばね

クサカゲロウ

クサカゲロウの卵は、「うどんげの花」とよばれています。メスは糸状の柄の先端に卵を産みつけます。これは、ふ化した幼虫がたがいに食い合わないためと考えられています。幼虫は動物食でアブラムシなどの体液を吸って育ちます。

成虫はネコと同様にマタタビのにおいにひかれて集まってくることが知られています。からだは弱々しく見えるので、寿命は短く思われがちですが、実は1～2か月ほど生きます。あかりにもよく集まります。アブラムシなどを食べます。

▲ヨツボシクサカゲロウの産卵。葉におしつけた腹部の先端から粘液を糸状にのばし、その先に卵を産みつける。葉の裏に見つかる卵は「うどんげの花」といわれ、見つけると、よいことがあるとも、悪いことがあるともいわれる。

ウスバカゲロウ

　ウスバカゲロウのなかまは、褐色のからだのものが多く、細長い腹部をもちます。触角はクサカゲロウに比べると短く、こん棒状です。成虫よりも幼虫の「アリジゴク」がよく知られています。

　アリジゴクは、乾いた土にすりばち状の落とし穴をつくります。土の上でからだを後退させつつ円形に動きながら、すりばち状に掘っていきます。完成すると、穴の底にひそみます。アリのような、小さな昆虫が落とし穴にあしをかけると、砂がさらさらとすべって、そのまま底まで落ちてしまい、それをつかまえて食べます。

　実は、すりばち状の穴をつくるものは、ウスバカゲロウ類のなかではごく一部の種で、コマダラウスバカゲロウのように、コケや地衣類などにまぎれてじっと待ちぶせたり、オオウスバカゲロウのように巣はつくらずに、砂中に潜み、獲物が通ると飛び出して捕らえるというものが多いようです。幼虫はふつう2～3年をかけて成虫になります。

▲ウスバカゲロウの成虫。4枚のはねが発達し、一見トンボのように見えるが、からだは弱々しく、触角はトンボよりも太く長い。とまるときは、はねをテント状に折りたたむ。

◀アリジゴク。神社や寺の建物の床下、大木の根元など、乾燥した場所に、すりばち状の巣をつくる。巣の底に隠れていて、獲物がすべり落ちてくるのを待っている。獲物はアリが多いので、アリジゴクとよぶ。

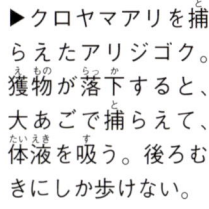

▶クロヤマアリを捕らえたアリジゴク。獲物が落下すると、大あごで捕らえて、体液を吸う。後ろむきにしか歩けない。

カマキリモドキ

　カマキリモドキは、前あしがカマキリの鎌とそっくりな、体長2～3cmのやや小型の昆虫です。

　植物の茎や葉などに、一度に100個以上の卵を産みます。卵からかえった1齢幼虫は夜間に自分の近くに来たクモのからだにとりつき、そのままクモがもつ卵の袋に入りこみ、卵を食べて育ちます。とくに葉をつむいで巣をつくるカバキコマチグモやヒメクログモの卵の袋に入ることが多いようです。幼虫は葉の上に立ち上がってクモを待ちますが、出会えなければ食べ物をとれず、死んでしまいます。

　成虫は木の葉の上によく見られ、鎌を使っておもに昆虫類を捕食します。鎌のかまえ方はカマキリと異なり、前あしの鎌の部分を後ろに折りまげます。あかりにもよく飛来します。

◀ガガンボをとらえたキカマキリモドキ。カマキリモドキの卵はクサカゲロウの「うどんげの花」を非常に小さくしたかたちで、糸の部分はとりわけ短い。

アミメカゲロウ目

ヘビトンボ目　ラクダムシ目

ヘビトンボ目

　ヘビトンボ目の昆虫は大型で、はねを開くと10cmほどにもなります。大あごが発達し、なかには、サーベルのように前方に長く突きでた種もいます。世界に約300種、日本では20種が生息します。
　幼虫は、「マゴタロウムシ（孫太郎虫）」とよばれ、漢方薬として古くから用いられてきました。完全変態の昆虫です。
　成虫は初夏に多く見られ、あかりにも飛来します。ヘビトンボのオスは、メスに「婚姻贈呈」をします。

オスはメスに近づき、腹部の端に自分の体内でつくった精子入りのゼリーをくっつけます。メスがゼリーを食べはじめると、そのあいだに残っているゼリーから精子がメスの体内に入って受精します。
　卵は水際の石や植物の葉の上に産みつけられ、一度に数千個が産卵されます。幼虫は水中でくらします。発達したあしと大あごをもち、動物食です。2〜3年をかけて成長し、地上にあがってさなぎになり、羽化します。さなぎのときでもからだを動かすことができます。

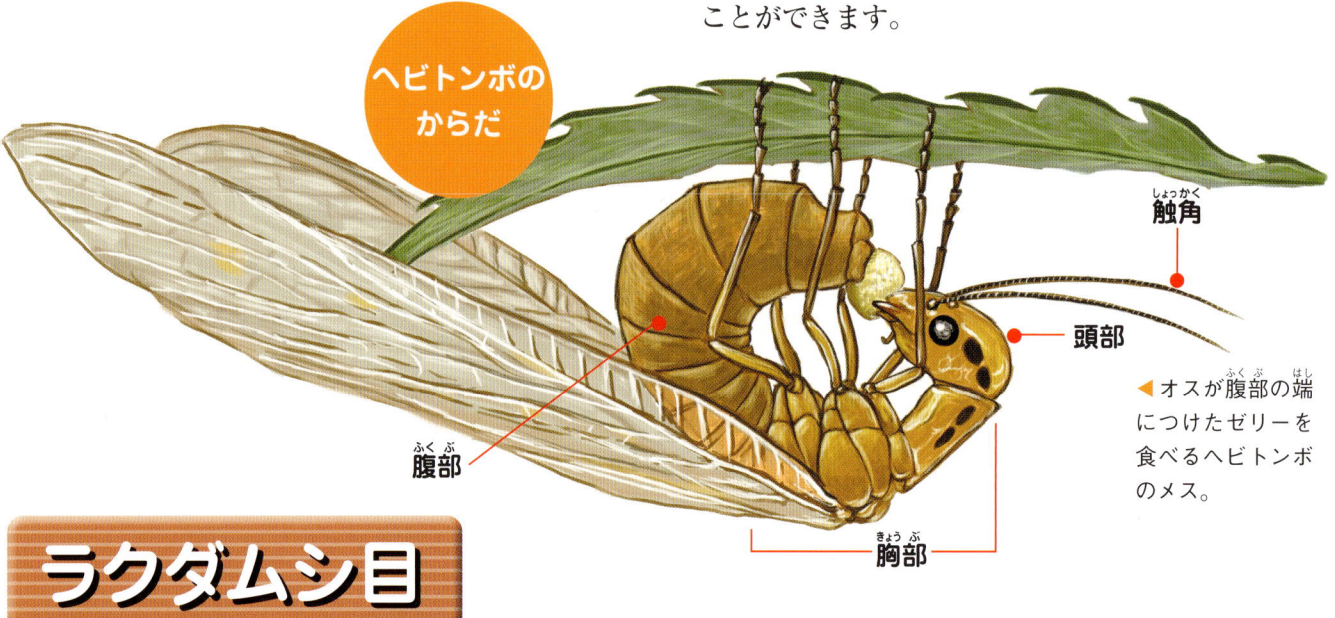

ヘビトンボのからだ

触角　頭部　腹部　胸部

◀オスが腹部の端につけたゼリーを食べるヘビトンボのメス。

ラクダムシ目

　ラクダムシのなかまは、小型の昆虫で、前胸が長く前方に突きでています。メスの腹端には糸状の長い産卵管があります。マツの林でよく見ることがあります。あまり飛ばず、とくにメスはマツの葉にとまってじっとしています。北半球の温帯域にだけ180種、日本に2種が知られていますが、さらに多く

の種がいるようです。完全変態の昆虫です。
　卵は細長く、樹皮に産みつけられます。幼虫は樹皮の下に生息し、ほかの小さな昆虫類を捕らえて食べます。樹皮の下で生活するために、幼虫のからだは平たくなっています。

◀針葉樹の葉にとまるラクダムシのメス。さかさにとまっていることが多い。

ラクダムシのからだ

触角　頭部　胸部　前ばね　産卵管

ノミ目

　ノミのなかまは体長1～8mm、からだは左右にへん平で、はねがありません。成虫は、哺乳類や鳥類の皮ふについて血液を吸う、外部寄生をします。寄生した相手の巣や移動する道すじなどにもいます。動物から出る二酸化炭素を感知して寄主にたどりつきます。口器は細長く、皮ふを刺して吸血します。後ろあしは発達し、大きく跳躍します。世界に2500種、日本に約70種が知られます。完全変態です。

　幼虫は淡黄色の細長いウジムシ状で、鳥の巣や哺乳類の生活する地表面にいて、動物のからだから落ちる皮などの有機質を食べて育ちます。2回の脱皮で終齢幼虫になると、糸をはき、砂粒などを集めてまゆをつくり、その中でさなぎになります。

　人につくノミは、ペスト菌を媒介することで知られていますが、日本ではほとんど見られなくなりました。ネコにはネコノミが、イヌにはイヌノミがいますが、これらは人をはじめ、さまざまな種類の哺乳類に寄生します。

ノミのからだ

▲ネコの毛についているネコノミ。

シリアゲムシ目

　シリアゲムシは細長いからだで、特に頭部が下方に細長くのびています。オスは腹部の後方が細長くのび、サソリの尾のように背中の上でひっくり返り、尾の先端が前方を向くことから、この名がつけられました。前ばねと後ろばねは、ほぼ同じかたちです。触角は長い糸状です。世界に600種、日本で約40種が知られています。完全変態の昆虫です。

　シリアゲムシは小型の昆虫類を食べ、昆虫や動物の死がいにも集まります。キイチゴなどの実も食べます。同じ目のガガンボモドキのなかまは、飛翔しているハエやアブなどの小さな昆虫を捕らえます。幼虫は土中に穴を掘ってくらし、食べ物を探すときだけ地表に出てきます。

　シリアゲムシ類では、「婚姻贈呈」が春から初夏に見られます。オスは葉の上で、植物の実や昆虫をくわえ、頭を立ててメスを待ちます。メスが来ると食べ物をおくって、メスがそれを食べているあいだに交尾をします。

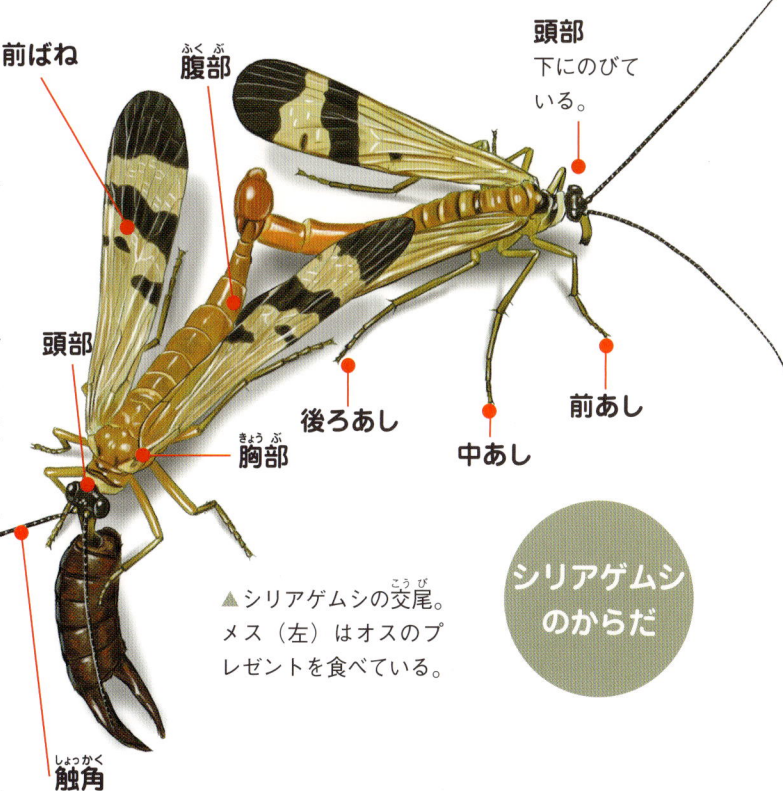

▲シリアゲムシの交尾。メス（左）はオスのプレゼントを食べている。

シリアゲムシのからだ

人間と昆虫の関わり

　身近な存在の昆虫は、さまざまなかたちで人間と関わっています。農作物、園芸、林業の害虫となるものも多く、人と昆虫との長い戦いの歴史があります。また、反対に、人間の生活の役にたち、人間と共存している昆虫もたくさんいます。それらは益虫とよばれています。

困りものの昆虫 ―害虫―

　害虫とよばれる昆虫は、いろいろな種類がいます。ハエ、カ、ノミ、ゴキブリといった不快昆虫や衛生害虫、ヒトジラミやケジラミのように人のからだにとりつく昆虫も多く見られます。野外では、イラガやドクガの幼虫、アオバアリガタハネカクシ、ハチなどに刺されることもあります。

　米やマメなど貯蔵した食品に昆虫が発生することがあります。毛織物の衣類に穴をあけるイガの幼虫もいます。シロアリやキクイムシのような昆虫による家屋への被害は、家屋のみならず、木像彫刻や神社、仏閣などの文化財へおよぶこともあります。

　また、海外から日本に入ってきた昆虫が、日本の昆虫や生態系に影響をおよぼすこともあります。

▲ナガヒョウホンムシ。コウチュウのなかまで、かつおぶしのような、動物性の乾物を食べる。博物館などで貴重な動物標本を食べてしまうこともある。

役にたつ昆虫 ―益虫―

農業の手助けをする

　農業の手助けをして役にたつ益虫がいます。オーストラリア産のイセリヤカイガラムシは、ミカンなどかんきつ類の木から汁を吸います。このカイガラムシが海外に出て、各地で深刻な被害を出しました。アメリカでは1888年に、天敵であるベダリアテントウを、カイガラムシ退治につれてきました。非常に効果があり、イセリアカイガラムシは激減しました。これは、世界ではじめて植物を守るために昆虫が使われた例です。最近では温室栽培のトマトなどにつくオンシツコナジラミを退治するために、コナジラミに寄生するオンシツツヤコバチがよく利用されています。また、農作物の受粉を媒介して、実をつけさせるためにマルハナバチやマメコバチが利用されています。

▲イセリヤカイガラムシを食べるベダリアテントウ。日本には1900年代はじめにベダリアテントウが放された。現在は、イセリヤカイガラムシがミカンに被害をあたえることはほとんどない。

◀温室栽培のトマトの花に受粉するセイヨウオオマルハナバチ。ハウスから逃げて野生化すると日本の生態系に影響をあたえるおそれがある。

蜂蜜と絹を生み出す

▶ニホンミツバチの巣箱。石の上におかれただけの木箱に、巣盤がつくられている。働きバチが箱の外にまではみだしている。雨よけのわらの屋根がつけられている。愛媛県。

▲採蜜。ニホンミツバチの巣盤から蜜が自然に落ちるのを集める。

▲セイヨウミツバチを使う養蜂。箱の中に、ハチが巣をつくるための木枠が入れられている。

◀木枠を取りだし、振って巣からハチを落とす。

◀木枠につくられた巣には蜜や花粉がたくさんつまっている。これを遠心分離器にかけて採蜜する。

　ミツバチから蜂蜜を集める養蜂と、カイコから絹をとる養蚕は、昆虫を人間の生活に役だてるものの代表です。約4500年前ごろの古代エジプトでは、すでに養蜂が行われていました。日本には8世紀ごろの奈良時代に、養蜂技術が伝わったといわれます。江戸時代後期の19世紀には養蜂に関する書物もたくさん書かれています。日本で養蜂に使われたのはニホンミツバチですが、明治以降は外国産のセイヨウミツバチを使っています。セイヨウミツバチは、蜂蜜を取りやすい人工的な巣箱でも巣をつくり、管理がしやすいためです。
　カイコから絹糸をとる養蚕も歴史が古く、約4600年も前に中国ではじめられています。当時、ヨーロッパには絹をつくる技術がなく、中国から盛んに輸入しました。絹によってアジアとヨーロッパの交流が活発になり、ふたつの地域を結ぶ道は、のちに「シルクロード（絹の道）」と名づけられました。

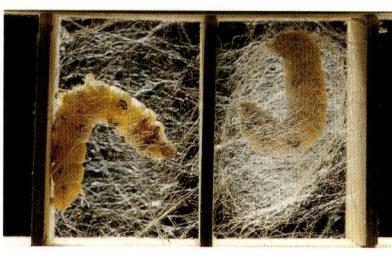

◀木枠の中で、糸をはいてまゆをつくるカイコの幼虫。ひとつのまゆからは1500mもの絹糸が取りだせる。

食べられる

　多くの昆虫が食料としても利用されています。日本では、イナゴやカイコのさなぎのつくだ煮、クロスズメバチの幼虫を食べるハチの子、「ザザムシ」とよばれるカワゲラやトビケラの幼虫などが食べられています。世界で500種もの昆虫が食材となっています。中国では、リュウマチなどの医療薬として、クロトゲアリが盛んに利用されています。

◀イナゴ。つくだ煮にすることが多い。イネの葉を食べるので、害虫として捕らえたものを、食用にする。

コウチュウ目（カブトムシ・テントウムシ・ホタルなど）

コウチュウ（甲虫）目は、前ばねがかたい昆虫です。とまっているときには、中胸から腹部全体をかたい前ばねがおおい、からだを保護しています。ただし、ハネカクシやアリヅカムシのように前ばねが小さく、腹部がおおわれないものも少なくありません。後ろばねは薄い膜状で、かたい前ばねの下に折りたたまれています。飛ぶときには、後ろばねを広げて、羽ばたきます。前ばねはバランスをとる程度で、飛ぶにはあまり役立ちません。口器は大あごがあるタイプが一般的ですが、コガネムシやカブトムシ類のようにブラシ状に変化したものもいます。

世界全体で約37万種が記録され、日本でも9500種が知られていますが、さらに多くの種が生息すると考えられています。

幼虫は、基本的には胸部にだけ3対のあしをもち、チョウやガの幼虫とはちがって腹部にあしはありません。完全変態で、なかには、擬蛹から幼虫のすがたにもどり、その後にさなぎとなる過変態をするものがあります（105ページ参照）。すばやく動きまわって小さな昆虫などを捕らえて食べるものから、植物の内部や土の中でほとんど動かないものまで、いろいろな生活をしています。成虫のくらしは、基本的には単独生活ですが、クロツヤムシのように子育てをするものもいます。

▶カブトムシのオス。かたい前ばねの下には、やわらかい膜状の後ろばねが折りたたまれている。

角 カブトムシのオスの大きな角は頭部から出る。

頭部

複眼

大あご クワガタムシのオスの大きなはさみは、大あごが変化したもの。

中あし

後ろあし

種類が多いコウチュウ

コウチュウ目は、地球上の生物のなかでもっとも大きなグループです。動物、植物、菌類などをあわせたすべての生物種の4分の1はコウチュウです。

コウチュウの分布は広く、砂漠、熱帯雨林、洞窟、水中まで、あらゆるところに生息しています。生きた昆虫や動物の死がい、ふん、植物の葉や樹液、花粉や蜜、腐った植物、キノコなど、いろいろなものを食べます。

からだの大きさもそれぞれちがい、日本だけでも、オオクワガタの体長約7cmから、1mmにもみたないムクゲキノコムシまでいます。

からだの色は、ほとんどが、地味なものですが、あざやかな色彩のもの、ハチに擬態するもの、角や大あごが大きいものもいます。種数が多いコウチュウは、見た目もくらしぶりも多様になっています。

コウチュウ目 — カブトムシ・テントウムシ・ホタルなど

カブトムシ・クワガタムシのからだ

前ばね
かたくなっていてからだ全体をおおう。かたい前ばねがコウチュウの特徴。

触角

前あし
木をのぼったり、地面を歩くことが多いコウチュウは、あしの先がふたつに分かれていて、するどいつめになっている（つめのあいだにはえているのは毛）。

▲ミヤマクワガタ（右）とカブトムシ（左）の戦い。クワガタムシとカブトムシは、木からしみでた樹液をとりあって戦うことがよくある。クワガタムシは大あごで相手をはさみ、カブトムシは角で相手のからだの下からすくいあげるようにして戦う。負けたほうは、すばやく引き下がる。

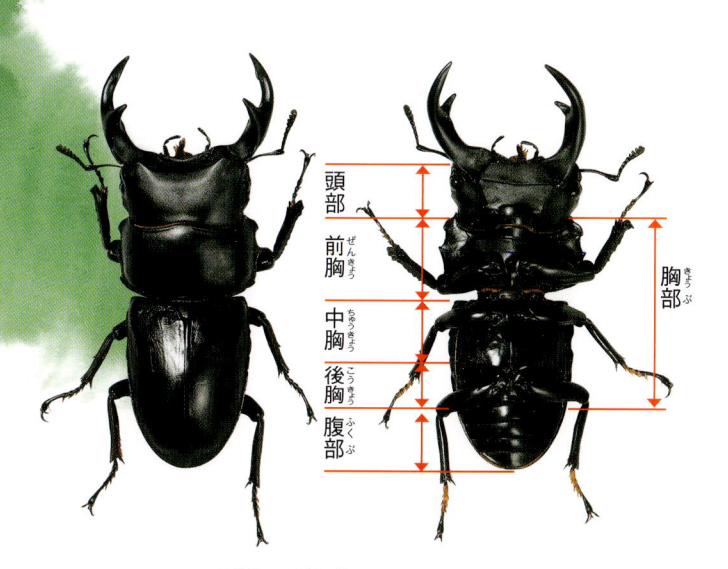

▲オオクワガタの標本。背中側（左）からみると、胸部の前胸が大きく発達して、めだつ。腹側（右）からみると、中胸と後胸がわかる。前あし、中あし、後ろあしは各胸部に一対ずつついている。コウチュウ目の昆虫の中胸・後胸は、背中側からはわからないので、腹部のように見えてしまう。

頭部／前胸／中胸／後胸／腹部　胸部

97

クワガタムシのなかま

コウチュウ目　カブトムシ・テントウムシ・ホタルなど

　クワガタムシは、日本には約40種ほどが生息しています。オスははさみのようなかたちに発達した大あごをもっています。なかには、オスでも大あごが大きくならないルリクワガタのなかまや、御蔵島と神津島にだけ生息する、飛ばないミクラミヤマクワガタなどがいます。雑木林にすんでいて、昼間は落ち葉の下、木の根もと、木のうろの中に隠れて過ごし、夜になると活動します。成虫は木からしみでる樹液を、ブラシのような小あごでなめて食べます。

　クワガタムシの卵は、枯れた木に産みつけられ、2週間ほどでふ化します。幼虫は朽ち木を食べて成長し、さなぎになってから1か月ほどで羽化して成虫になります。多くのクワガタムシでは、ふ化から成虫まで、約2年ほどかかります。ノコギリクワガタやミヤマクワガタの成虫は、ひと夏しか生きられません。しかし、オオクワガタやコクワガタの成虫は越冬して、次の年も生きることができます。

▶ 樹液を食べるオオクワガタのオス（左）とメス（右）。オスは体長約7cmにもなる。昼間は大きなクヌギの木などのうろにひそんで生活し、夜になると樹液を食べに出てくる。成虫は長生きで、2〜3年も生きる。

クワガタムシのからだ

触角／頭部／大あご／前胸／前ばね／大あご／小あご

クワガタムシの戦い

　オスは、食べ物の樹液や交尾相手のメスをひとりじめするために、ほかのオスと戦います。戦いのときに、発達した大あごが役にたちます。相手のからだの下にもぐり込んで、大あごで相手をはさんで持ちあげ、投げ飛ばしたほうが勝ちです。投げられて落ちたクワガタムシは、落ちた衝撃で触角やあしがちぢみ、死んだふり（擬死）をします。

◀ミヤマクワガタのオス同士の戦い。気温が低めの山地の雑木林に生息する。昼間でも活発に行動する。

大あごが小さいクワガタムシ

　すべてのクワガタムシのオスが、大きくてりっぱな大あごをもっているわけではありません。たとえば、山地にすむルリクワガタのなかまは、オスでも大あごは小さいです。ルリクワガタは、オスもメスも体長1.5cmにも満たない小さなクワガタムシです。また、マメクワガタやチビクワガタではオスもメスもほぼ同じ姿で、大あごは大きくありません。

◀コルリクワガタ。オスの大あごはメスよりも少し大きい程度。オスは緑っぽく、メスは赤銅色、黒など金属光沢のある色をしている。

大きさがちがうオス

　クワガタムシやカブトムシでは、同じ種のなかで、オスのからだの大きさがちがうことがあります。からだが小さいオスは、からだの大きいオスと、メスや樹液をうばい合っても負けてしまいます。幼虫の期間を栄養状態がよい場所で育つと、からだが大きくなると考えられています。また、からだの大きさだけでなく、大あごのかたちや大きさにもちがいがあります。

▶ノコギリクワガタのオス。大型（右）と小型（左）がいる。

虫ムシウォッチング 大あごのかたちのちがい

　クワガタムシの成虫のオスの大あごは、戦いのときに使われます。メスの大あごは大きくはなりませんが、力は強く、産卵のとき、朽ち木に穴を開けることができます。幼虫は、大あごで朽ち木をかみちぎって食べます。

▲オスの大あご 　▲メスの大あご 　▲幼虫の大あご

幼虫の見分け方

　クワガタムシとカブトムシの幼虫は、肛門のかたちで見分けます。クワガタムシの幼虫は、肛門が縦向きに割れ目が入り、カブトムシの幼虫は、肛門が横向きに割れ目が入ります。すんでいる場所や食べ物もちがいます。クワガタムシの幼虫は、枯れた木の中で木を食べます。カブトムシは、腐葉土の中や腐りかかった木の中で、それらを食べます。

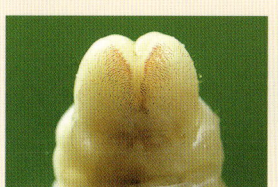

▲クワガタムシの腹部先端 　▲カブトムシの腹部先端

コウチュウ目　カブトムシ・テントウムシ・ホタルなど

コウチュウ目

カブトムシ・テントウムシ・ホタルなど

カブトムシのなかま

　大きな角が特徴のカブトムシのなかまは、コガネムシ科にふくまれます。日本には、カブトムシ、コカブト、ヒサマツサイカブト、タイワンカブト、クロマルカブト、タイワンクロマルカブトの6種のカブトムシがいます。からだが大きく、角をのぞいた体長はオス、メスともに5cmほどにもなりますが、クロマルカブトとタイワンクロマルカブトは小さく、体長1.5cmしかありません。

　カブトムシは、クワガタムシと同じように雑木林にすんでいて、おもに夜に活動します。成虫の食べ物は樹液です。コカブトは樹液によく集まるほか、動物の死がいなども食べます。

　カブトムシのオスは大きな角を使って、樹液やメスをうばいあい、オス同士や、ほかの昆虫と戦います。相手を頭の角と胸の角のあいだにはさんでもちあげ、投げ飛ばします。カブトムシは力持ちで、自分の体重より何十倍もある重いものでも引っぱることができるので、けんか相手のオスやクワガタムシを投げ飛ばすのも、ふしぎではありません。

　メスにはオスのような大きな角はありませんが、頭部に小さなこぶがあって、産卵するときに腐葉土の中を掘り進むのに役だちます。

カブトムシのからだ

角 カブトムシのオスは頭部に大きな角をもつ。

角 胸からは小ぶりの角が出ている。

前ばね

後ろあし

後ろばね

▼カブトムシのメス。前ばねは、オスにはない毛におおわれていて腐葉土にもぐったときに、土がつきにくくなっている。

▲カブトムシのオス。からだが重いので地面から飛びたつことは難しい。高いところから後ろばねを激しく動かし、いったん落ちるようにして飛ぶ。

カブトムシの成長

カブトムシの成虫は、7～8月に交尾をします。交尾したメスは、腐葉土にもぐって卵を産みます。

卵は2週間ほどでふ化し、1齢幼虫が出てきます。幼虫は腐葉土を食べて脱皮をくりかえして成長し、終齢幼虫である3齢になるころには1齢の10倍以上の大きさになって、冬を越します。春、3齢幼虫は、粘液を分泌してまわりの土をかためてさなぎになるための部屋の蛹室をつくり、中で前蛹になります。

前蛹は、さなぎの前段階で、幼虫でありながらほとんど動かず、何も食べません。からだも茶色っぽくなります。1週間ほどで幼虫の皮を脱いでさなぎになり、1か月ほどで成虫になります。羽化するのは6～7月ごろです。羽化した成虫は、からだがしっかりかたまると地上に出て、活動を始めます。

成虫は交尾をすませると、夏のおわりに死んでしまいます。カブトムシの寿命は1年です。

▲産卵。夏、メスは落ち葉の下の地面に卵を産みつける。❶

▲卵。左は産卵直後。右はふ化直前で直径5mmほどにふくらむ。2週間ほどでふ化する。❷

▲幼虫。1齢幼虫が脱皮して2齢幼虫になる。左側が脱皮殻。❸

▲幼虫の大きさくらべ。1齢（左）、3齢（右）。1齢は体長8mmほど、3齢は10cmほど。❹

◀蛹室の中の前蛹（左）と、オスのさなぎ（右）。終齢幼虫は5～6月ごろに前蛹になる。❺

◀羽化。さなぎから出てきたときは、前ばねは白く、まだやわらかい。❻

▲羽化後、1週間ほどでからだがかたまり、土を掘って地上に出てくる。❼

コウチュウ目　カブトムシ・テントウムシ・ホタルなど

カブトムシとクワガタムシのちがい

カブトムシとクワガタムシには、いろいろなちがいがあります。

カブトムシの角は、頭部や胸部の表面が変形し、発達してできあがったものですが、クワガタムシのはさみは大あごが発達してできたものです。また、カブトムシのからだは丸くふくれて厚みがありますが、クワガタムシは平べったいからだをしています。カブトムシは昼の間は落ち葉の下などに隠れていますが、クワガタムシは平べったいからだをいかして、木のうろなど、せまいところにも入りこんで、じっとしています。

カブトムシとクワガタムシでは寿命もちがいます。カブトムシは卵がふ化してから成虫が死ぬまで1年ほどですが、クワガタムシは卵がふ化してから成虫が死ぬまで、2年以上生きます。

◀闘争するカブトムシとノコギリクワガタ。カブトムシは頭の長い角と、胸の短い角で相手をはさみ、投げ飛ばすことができる。

コウチュウ目 カブトムシ・テントウムシ・ホタルなど

コガネムシのなかま

　コガネムシのなかまには、コガネムシ、カナブン、ハナムグリなどがふくまれ、ふだんよく目にするコウチュウです。家のまわりにも多く、あかりに飛びこんでくることもあります。日本には約360種います。食べているものによって、大きくふたつのグループに分けられます。ひとつは植物を食べるグループ（食葉群）で、もうひとつは動物のふんなどを食べるグループ（食糞群）です。

　コガネムシのからだで、ほかのコウチュウ類と大きくちがうのは、触角のかたちです。コガネムシの触角の先の部分は扇子のようになっていて、閉じたり開いたりします。この触角は、においを敏感に感じとることができ、交尾する相手や食べ物を探すのに役立ちます。

　幼虫は白いイモムシ形で、食べ物である腐葉土やふんの中で育ちます。3齢でさなぎになります。

コガネムシのからだ

触角
扇子のようなかたちをしている。

前ばね
飛ぶときにも閉じていて、少しもちあげて、前ばねと腹部のすきまから後ろばねを出す。

後ろあし

後ろばね

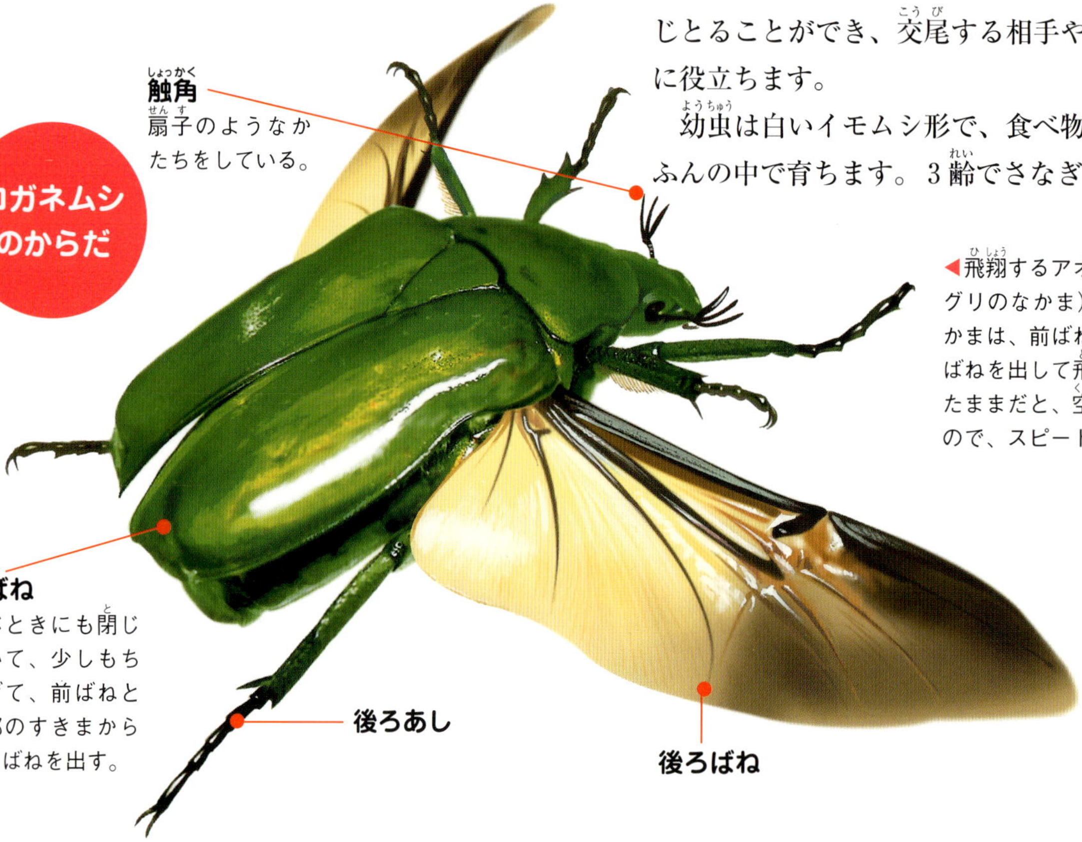

◀飛翔するアオカナブン（ハナムグリのなかま）。ハナムグリのなかまは、前ばねを閉じたまま後ろばねを出して飛ぶ。前ばねが閉じたままだと、空気抵抗を受けないので、スピードを出して飛べる。

植物を食べるコガネムシ

　コガネムシのなかまのうち、植物を食べるグループは、幼虫のときは植物の根や腐葉土などを食べ、成虫になると葉や花粉、果実、樹液などを食べます。

　たとえば、カナブンもハナムグリも、幼虫のときは腐葉土を食べます。しかし成虫になると、カナブンは樹液を、ハナムグリは花にもぐって花粉を食べるようになります。ドウガネブイブイでは、幼虫はサツマイモなどの根を食べますが、成虫になるとブドウやクリの木の葉を食べます。

▲コアオハナムグリ。からだの色は、緑、赤褐色、黒色と変化が多い。花粉や蜜を食べる。

▲マメコガネ。ブドウ、ヤナギなどの農作物や園芸植物の葉を食べる。

ふんを食べる糞虫の生活

ふんを食べるグループは、糞虫ともよばれます。糞虫は、幼虫も成虫も、動物のふんや死がいを食べます。エジプトのフンコロガシ（タマオシコガネ）は有名な糞虫で、動物のふんを自分のからだよりも大きいボールに丸めて、逆立ちして転がし、地面に掘った穴の中に運びこんで食べます。

日本に分布する糞虫には、ダイコクコガネ、センチコガネ、マメダルマコガネなどがいます。マメダルマコガネは体長2mmほどの小さい糞虫ですが、タマオシコガネのように、ふんのボールを転がして運ぶことが知られている、日本で数少ない糞虫です。

◀センチコガネ。からだが金属光沢をした美しい糞虫。

ダイコクコガネのくらし

◀ウシのふんの上にメスがいる。メスには角がなく、ふんや地面にもぐりやすいように平たい頭部をしている。❶

◀土に掘った巣の中に、ふんを運んで、ボールにする。ボールは1〜5個つくられる。ボールの直径は3cmほど。❷

▲ふんのボールには、卵がひとつだけ産みこまれる（断面写真）。❸

▲3齢（終齢）幼虫。幼虫は自分のまわりのふんを食べて大きく育つ（断面写真）。❹

▲ダイコクコガネは、体長2〜3cmほどの日本最大の糞虫。オスの頭部には角がある。❺

虫ムシウォッチング　子育てをするコウチュウ

コウチュウには、親が子どもの世話をするものがいます。たとえばクロツヤムシのなかまで、日本にはツノクロツヤムシ1種だけが生息しています。

ツノクロツヤムシの成虫は、オスとメスが朽ち木の中にトンネルを掘り、その中で数匹の子どもといっしょに生活します。幼虫の食べ物は朽ち木ですが、力が弱いために自分では木をかじれず、親がトンネルの壁をかじってつくった木くずを食べます。また、幼虫が

◀朽ち木の中のクロツヤムシ。中央の白い幼虫を守るように、オス親とメス親がいる。

さなぎになるための蛹室をつくるときに、親が手伝うことが、室内の実験で確認されています。

ツノクロツヤムシの成虫は「キィキィ」と音を出します。トンネルに敵が侵入すると、親が音を出して脅して追いはらい、子どもを守るようです。

コウチュウ目　カブトムシ・テントウムシ・ホタルなど

コウチュウ目

カブトムシ・テントウムシ・ホタルなど

オサムシ・ハンミョウのなかま

オサムシの生活

　オサムシのなかまの昆虫は、ゴミムシをふくめて世界で4万種、日本では1300種ほどが知られ、コウチュウのなかでも種類がとくに多いグループです。

　長いあしをもち、歩くのが得意です。後ろばねが退化して飛ぶことができない種類もいます。昼間は石や葉の下、地面などに隠れていますが、夜になると、地面を歩きまわって食べ物を探します。

　オサムシのなかまは大型で、金属光沢をもつ美しい種が少なくありません。ガやハエの幼虫、ミミズなどを食べますが、カタツムリを食べるマイマイカブリのように、特定のものだけ食べるものもいます。ゴミムシのなかまは小型のものが多く、洞窟にすむゴミムシでは1cmにも満たないほど小さく、暗闇でくらしているために、目が退化してなくなっています。小さな昆虫などを食べる動物食ですが、植物の種子を食べるものもいます。

オサムシのからだ

頭部／大あご／胸部／前ばね

▶アオオサムシは緑色に輝く美しいオサムシ。成虫も幼虫も、ミミズを好んで食べる。

▲マイマイカブリ。カタツムリを食べる変わったオサムシで、頭部と胸部は、カタツムリの殻のなかにもぐりこめるように細長くなっている。

虫ムシウォッチング　毒ガスの攻撃

　オサムシのなかまには、腹部の先端から毒ガスを出して身を守るものがいます。これらのなかまでは、毒ガスのもとになる物質を体内の特殊な器官にたくわえていて、敵におそわれると、瞬間的に毒ガスをつくりだして、からだの外にいきおいよく放出します。

▲ミイデラゴミムシは、からだに触られると、毒ガスを発射する。指にふれると、熱く痛いほど、強力なガスである。

ハンミョウの生活

ハンミョウのなかまは、長いあし、鎌のような大あご、大きな複眼をもつ小型のコウチュウです。日本では22種が知られています。林道や河原など、草があまり生えていない地面で見られ、海岸に生活するものもいます。昼に活動し、長いあしで地面をすばやく走りまわり獲物を探します。アリ、ガの幼虫、ミミズなどを大あごでつかまえて、食べます。

複眼が大きく、広い範囲を見渡すことができます。獲物を探すときに、後ろあしで立ちあがって、あたりのようすをうかがうことがあります。

地面にいるところに人が近づくと、飛びあがって、少し先に降ります。人が歩く先へと、ぴょんぴょんと飛んでいくので、「道教え」ともよばれます。

幼虫は、土の中で育ちます。土に掘った巣穴で獲物を待ちぶせして、穴のふちにやってくると、巣穴にひきずりこんで食べてしまいます。獲物は、アリのように地面を歩きまわる小さな昆虫などです。

◀ガの幼虫をとらえたハンミョウ（ナミハンミョウ）。日本全国に分布し、赤や緑、青色がまざった美しい色をしている。

コウチュウ目　カブトムシ・テントウムシ・ホタルなど

虫ムシウォッチング　ツチハンミョウの成長

ツチハンミョウは、ハンミョウのなかまではなく、ツチハンミョウのなかまとして独立しています。

ツチハンミョウは、たいへん変わった育ち方をします。メスは、地面にもぐって産卵します。ふ化した幼虫には長いあしがあり、草をよじのぼって、花の中にもぐりこみます。そこにハナバチがやってくると、幼虫はハナバチの体毛にかみついてハナバチの巣に運ばれます。ここで、ハナバチが自分の幼虫のために運んでくる花粉や蜜、ハナバチの卵を食べて成長します。

幼虫が、草をよじのぼっても花が咲いていなかったり、ハナバチが飛んでこないこともあるので、子孫をのこすために、メスは5000個もの卵を産みます。

幼虫は、成長の途中でいったんさなぎのような状態（擬蛹）に脱皮し、動かなくなります。その後、さらに脱皮して、幼虫のすがたにもどってから、さなぎになります。このことを「過変態」といいます。

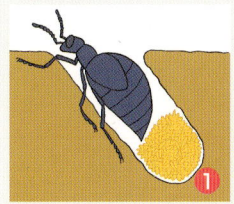

1. ▲ツチハンミョウの産卵。土の中にもぐって、卵を産む。 
2. ▲ふ化した1齢幼虫は地上に出て、草にのぼる。 
3. ▲花の上でハナバチがくるのを待つ。 
4. ▲運がよければハナバチの後ろあしの毛にかみつける。 
5. ▲運ばれたハナバチの巣の部屋の中でくらしはじめる。 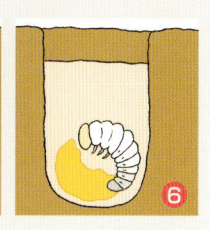
6. ▲ハナバチがたくわえた花粉や蜜を食べて育つ。 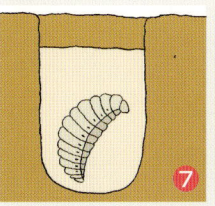
7. ▲6齢幼虫はさなぎのような状態（擬蛹）になる。 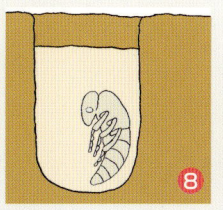
8. ▲擬蛹から脱皮した幼虫は、さらに脱皮してさなぎになる。 
9. ▲羽化した成虫はハナバチの巣から外に出る。

◀マルクビツチハンミョウのメスが、葉を食べている。前ばね、後ろばねともに退化して飛べない。腹部は非常に大きく、メスはここに卵をたくわえている。

ホタルのなかま

コウチュウ目　カブトムシ・テントウムシ・ホタルなど

　やわらかな光を放つホタルも、コウチュウのなかまです。初夏から夏にかけて、水田や川で淡く光り、私たちを楽しませてくれます。ホタルは腹部の先に発光器官があります。光の点滅のリズムや強さは種ごとに決まっていて、オスとメスが互いに光を確認しあい、求愛の信号の役割を果たしています。

　日本全国に50種ほどのホタルがいますが、このうち成虫が発光するものは、3分の1ほどです。成虫が発光するゲンジボタルやヘイケボタルは、ホタルのなかでは少数派なのです。しかし、卵、幼虫、さなぎはほとんどの種で発光します。幼虫は夜行性で、光で敵をおどろかすといわれています。また、ほとんどの幼虫は陸上にすみ、陸生の貝やミミズ、ヤスデを食べていますが、ゲンジボタルやヘイケボタルの幼虫は、水中で貝を食べて成長します。

　ホタルは熱帯に多く、熱帯から温帯にかけての雨の多く降る多湿な環境に見られます。世界に約2000種が知られ、日本では沖縄県に多くの種がいます。

複眼
夜でも、なかまのホタルの光がよく見えるように、大きく発達している。

触角

頭部

胸部
赤い前胸部が特徴。よく似たヘイケボタルはゲンジボタルよりからだが小さく、前胸部の黒い線が太い。

前あし

中あし

▶ゲンジボタルのオス（左）とメス（右）。オスは光り方のちがいでメスを見つけ、飛んできて交尾をする。メスのほうが大きい。

後ろあし

前ばね

産卵管
メスにだけある。

ホタルのからだ

▲乱舞するゲンジボタル。夕方から葉の上で光りはじめる。

▲ゲンジボタルの発光器。オス（左）のほうがメス（右）よりも光る部分（黄色い部分）が大きい。

ゲンジボタルの成長

❶ ▲卵。川岸のコケや水草に産みつけられる。ふ化が近づくと、光が強くなる。

❷ ▲産卵後20〜30日でふ化する。幼虫は、ややへん平。すぐ水に落ちて、水底の石のかげに隠れる。

❸ ▲カワニナに食いついて、口から消化酵素を出し、溶かして食べる。幼虫で冬を越す。

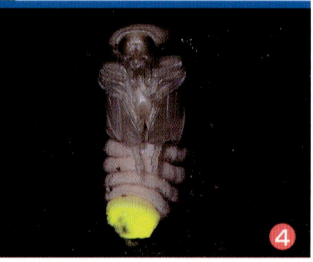

❹ ▲メスのさなぎ。終齢幼虫は、4月中旬に岸に上がり、土の中の浅いところでさなぎになる。

ゲンジボタルの生活

　ゲンジボタルの幼虫は、山の中の渓流や流れのある小川に生息し、カワニナを食べて育ちます。成虫は、梅雨時期の6月中旬から7月にかけて出現します。メスの成虫は腹部のひとつの節だけが光りますが、オスはふたつの節で発光します。

　日没後、葉にとまっていたオスが光りはじめます。やがて、あたりのオスがさかんに飛びながらいっせいに点滅します。そのあいだ、メスは葉の上で、淡く光っています。オスは、自分たちと光り方がちがうホタルを見つけると、メスと認識して、近くに飛んできて交尾します。

　ホタルの発光には、方言があるといわれています。たとえば、東日本と西日本とで、発光のリズムが異なる種があります。西日本のゲンジボタルは、約2秒間隔で点滅します。これは東日本のものと比べ、半分ほどの短い間隔です。同じひとつの種のなかでも、地域性が見られるのです。

　ゲンジボタルよりもひとまわり小さなヘイケボタルの成虫は、5月から9月まで見られます。幼虫は流れのない池や水田の周辺にも多く見られ、サカマキガイやタニシなどを食べて育ちます。

◀ゲンジボタルのオス。体内にもっているルシフェリンという発光物質に、ルシフェラーゼという酵素が働いて光る。発光する光は冷光とよばれ熱をほとんど出さない。

光らないホタルもいる

　ホタルの幼虫やさなぎは光りますが、多くの種で成虫は発光しません。成虫の発光は、夜間にオスとメスが出会うための信号ですが、光とメスが放つフェロモンの両方で、異性を探す種もいます。昼間に行動するオバボタルは、発光することは可能ですが、発光器官が退化していて、弱い光しか放てません。昼間は葉の上に止まっていて、オスはもっぱらメスが出すフェロモンをたよりに、相手を探します。幼虫は森林の土の中で、ミミズを捕らえて食べます。

◀オバボタルのオス。触角が長く、メスのフェロモンをとらえやすいようになっている。おもに昼間に活動する。

コウチュウ目　カブトムシ・テントウムシ・ホタルなど

虫ムシウォッチング　メスは飛ばないイリオモテボタル

　ホタルのなかには、オスとメスとでかたちが大きくちがう種がいます。イリオモテボタルやオオシマミドボタルがそうです。これらの種のメスは、幼虫のすがたのまま、体内の生殖器官だけが成熟して産卵可能な状態になります。このような現象を幼形成熟（ネオテニー）とよびます。

　イリオモテボタルは交尾後、産卵するとそこを離れず、からだを丸めて卵を取りかこむすがたをとり、卵を保護します。卵を守っているメスは、敵が近づくと強い光を出し、相手をおどろかせます。卵からかえった幼虫はヤスデを食べて成長します。

▲イリオモテボタルの交尾。左側の黒いオスははねがあり、ふつうのホタル形。

▲卵を抱えこんで守るメス。からだの節にスポット状の発光器があり、光を放つ。

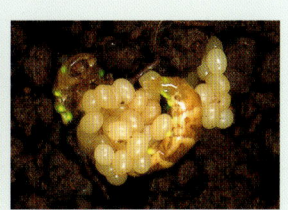

ゲンゴロウ・ミズスマシのなかま

コウチュウ目　カブトムシ・テントウムシ・ホタルなど

　コウチュウのなかまには、水中で生活する水生甲虫もいます。たとえば、田んぼや池でみられるゲンゴロウやミズスマシ、ガムシなどで、幼虫も成虫も水中でくらします。成虫は、水中で活動しやすいように、だ円形のからだをしていて、中あしや後ろあしをつかって水中や水面を泳ぎます。ゲンゴロウやミズスマシは動物食で、水中の小さい動物を捕らえて食べます。ガムシは雑食で、水草や小さな動物の死がいを食べます。

　水生甲虫の多くは、ずっと水中に潜っていられるわけではありません。はねと腹部の背中側のすきまに空気をためていて、水中では、その空気を呼吸し、ときどき水面にあがって空気を補充します。水面をすべり、くるくる回るようすが見られるミズスマシも、ゲンゴロウやガムシと同じように空気中の酸素をとりこみ生活しています。

　ゲンゴロウやガムシの幼虫も、成虫と同じで、水面で空気を補充しなければなりません。けれども、ミズスマシの幼虫は、水中の酸素をとりこめる特殊な器官をもっているので、ずっと水中に潜っていられます。

　水生甲虫の成虫は後ろばねをもっていて、飛ぶことができます。ゲンゴロウやガムシは夜間、あかりにもよく集まってきます。

ゲンゴロウのからだ

▼ゲンゴロウ。水草の多い池や沼にすみ、小さな魚やオタマジャクシを捕らえて食べる。冬は陸にあがって越冬する。

空気のあわ　あまった空気があわとなって、腹部の先端に風船のようにくっついている。

前ばね

胸部

後ろあし　毛が生えていて大きく、船のオールのような働きをする。後ろあしで水をかいて、自由に泳ぐことができる。

中あし　**前あし**　**複眼**　**頭部**　**触角**

▲ガムシの呼吸。ガムシは、はねと腹部（背中側）のすきまだけでなく、腹側にも空気をためることができる。触角を水面に出し、空気の通り道をつくって空気交換をする。

◀風船をつけたオオミズスマシ。はねと背中のあいだで、あまった空気が風船となって飛びだしている。ミズスマシの複眼は上下に仕切があり、水面の上と下の両方を同時に見ることができる。

◀コバネイナゴを食べるコシマゲンゴロウ（左下と右上のしまもようがあるもの）とヒメゲンゴロウ。水中にくらす生物だけではなく、水に落ちた昆虫も、水生甲虫の食べ物になる。

タマムシ・コメツキムシのなかま

コウチュウ目
カブトムシ・テントウムシ・ホタルなど

タマムシの生活

　タマムシのなかまには、金属光沢をもち美しい色をした種類が多く見られます。細長いからだをしていて、ほとんどは体長2cm以下と小型なので、見つけにくいコウチュウです。成虫の食べ物は植物の葉で、そのため葉の上に静止しているのを見かけます。産卵場所は、枯れ木や弱った木の中です。ふ化した幼虫は、木の中にトンネルを掘りながら木を食べて成長し、2～3年で成虫になります。

　日本のタマムシでいちばん有名なのは、虹色に輝くタマムシ（ヤマトタマムシ）でしょう。ほかのタマムシよりも大きく、3～4cmもあります。オスの成虫は、森や林の高い所をよく飛びまわっています。

触角

前ばね
金属光沢がある前ばねは、家具の装飾にも使われた。

◀枯れ木のなかでくらす幼虫。あしがなく、胸部はへん平で、腹部は細長い。

◀アオウバタマムシは、奄美、沖縄のリュウキュウマツの林に生息する。金属光沢がある緑色が美しい。

タマムシのからだ

▲タマムシのメスは、エノキやサクラ、ケヤキなどに産卵する。

コメツキムシの生活

　コメツキムシは、タマムシに似た細長いかたちのコウチュウです。地味な色の種が多いですが、中央・南アメリカにいるヒカリコメツキのように、光を出す種もいます。

　コメツキムシの特徴は、成虫の独特の動作です。あおむけにすると、パチンと音をたててとびはね、空中で反転し、着地のときはもとにもどります。この動きが、米をつく動作に似ているので、「コメツキ」と名づけられました。成虫の食べ物は植物の新芽から出た汁や、樹液、花粉などです。土、腐葉土、朽ち木などに産卵します。幼虫は動物食で、コガネムシやクワガタムシ、カミキリムシなどの幼虫を食べて成長します。幼虫の期間は2～5年です。

▲ウバタマコメツキのジャンプ。成虫は、ひっくり返ると、からだを弓なりにそらせて、地面に胸の突起を強くうちつけ、その反動で高くはね上がる（連続写真）。

▼トラフコメツキ。全国に分布し春早くから見られるコメツキムシ。

テントウムシのなかま

コウチュウ目
カブトムシ・テントウムシ・ホタルなど

　テントウムシは、もっとも親しまれている身近なコウチュウのひとつです。成虫は丸くてつやのあるからだで、あしは短いですが、草の上をせわしなく歩きまわっています。

　テントウムシの多くは、幼虫も成虫も動物食で、ほかの昆虫やダニを捕らえて食べます。ナナホシテントウは、農作物や園芸植物に害をあたえるアブラムシを食べるので、益虫（人間の役に立つ昆虫）とされてきました。カイガラムシを退治するために、海外から運ばれてきたベダリアテントウもいます。

　これに対して、農業上の害虫となっているテントウムシもいます。害虫となるテントウムシは植物食です。たとえば、ニジュウヤホシテントウやオオニジュウヤホシテントウは、ジャガイモなどのナス科の作物の葉を食べてしまいます。また、キイロテントウやシロホシテントウのように、カビのような菌類を食べて生活するものもいます。

　テントウムシの多くは、成虫が越冬して次の年も活動する、長生きの昆虫です。一般に草の根もとや石の下などで1匹ずつバラバラに越冬しますが、テントウムシ（ナミテントウ）などのようにたくさんの個体が一か所に集まって越冬する種もいます。

テントウムシのからだ

▶アブラムシを食べるナナホシテントウ。赤い前ばねに七つの黒い斑紋が目印。枝や葉の先から飛び立つ習性があり、手のひらにのせると指先まで移動して飛び立っていく。

- アブラムシ
- 触角
- 頭部
- 前あし
- 胸部
- 前ばね：テントウムシのなかまは、みな、丸いからだをしている。前ばねには、あざやかな色や斑紋をもつ種が多い。

▲オオニジュウヤホシテントウは、ジャガイモ、ナス、ピーマンなどの葉を食べてしまう。名前のとおり、28個の斑点がある。

▲全身黄色のキイロテントウは、うどんこ病菌を食べる。

テントウムシの防衛

　テントウムシの成虫は、敵におそわれるとあしをちぢめて動かなくなります。死んだように見えるので、擬死といいます。さらにつつかれたりすると、あしの関節から、黄色い汁を出します。この汁は、くさくて苦いため、鳥などの天敵に嫌われています。はでなもようは、天敵に対して「くさくてまずい汁を出すぞ」と警告をしていると考えられています。

◀擬死。ナナホシテントウがあおむけになって6本のあしをちぢめている。危険が去ると動きはじめる。

集団越冬と個体変異

　テントウムシ（ナミテントウ）やキイロテントウは、たくさんの成虫が一か所に集まって集団で冬を越します。このような越冬のしかたを、集団越冬といいます。成虫が集まる場所は、石の下や建物の壁など、さまざまです。ふつう、一か所に集まっているテントウムシのなかまは、同じ種類のテントウムシですが、ときにはカメノコテントウとナナホシテントウとが一緒に越冬するようすもみられます。

　テントウムシ（ナミテントウ）は、それぞれの個体のもようがちがいます。斑紋の数や斑紋の付き方などが、いろいろなのです。集団越冬しているテントウムシをみると、まるで、ちがう種類のテントウムシが集まっているようですが、実際はみんな同じ種類のテントウムシなのです。

◀テントウムシ（ナミテントウ）の集団越冬。黒地に赤い斑紋があるものも、オレンジ色や赤地に黒い斑紋があるものも、同じ種である。毎年、同じ場所で越冬することが多い。

ナナホシテントウの成長

　ナナホシテントウの幼虫の食べ物は、成虫と同じでアブラムシです。幼虫期間は2～3週間です。羽化したての成虫は、黄色い前ばねをしていますが、しばらくすると赤く変わり、七つの斑紋が浮かび上がってきます。

▲メスの産卵。黄色い卵を一粒一粒産みつける。一度に数十個を産む。

▲終齢幼虫。終齢である4齢幼虫になるまでに、数百～1000匹のアブラムシを食べる。

▲さなぎ。からだは黄色くなり、黒い斑紋が見える。日当たりのよい暖かな場所でさなぎになる。

▲1週間ほどで羽化する。卵から成虫になるまで1か月から1か月半ほど。

コウチュウ目　カブトムシ・テントウムシ・ホタルなど

カミキリムシのなかま

コウチュウ目　カブトムシ・テントウムシ・ホタルなど

　カミキリムシは、長い触角、細長いからだ、力強い大あごが特徴です。通常、オスの触角のほうが、メスより長くなっています。

　オスの長い触角は、メスを探すときに役立ちます。オスは、触角を前に広げてふりながら歩きまわります。触角がメスのからだにふれると、フェロモンを感じて、メスを発見できるのです。

　交尾後、メスは力強い大あごで生木や枯れ木に傷をつけて、産卵します。幼虫は、生木や枯れ木を食べて成長します。

　カミキリムシの成虫の食べ物は、若い木の樹皮や葉、樹液、花粉、花の蜜などです。ふつう、樹皮や樹液を食べるカミキリムシは夜行性で、花粉や花の蜜を食べるカミキリムシは昼行性です。ハナカミキリなどでは体長１ｃｍにも満たない小さな種類も多いです。また、成虫が何も食べないものもいます。

　つかまえると、前胸と中胸をこすりあわせて「キュウ、キュウ」ときしむような音を出します。

カミキリムシのからだ

- 前あし
- 中あし
- 前ばね
- 後ろあし
- 頭部
- 大あご：鋭い大あごをもつ。メスは大あごを使って枯れ木に穴をあけて産卵する。
- 胸部
- 触角：ルリボシカミキリの触角は、節ごとに青色と黒色に色分けされる。オスの触角は体長の２倍にもなるが、メスは体長よりやや長い程度。

▲ハナウドにとまるヨツスジハナカミキリ。花にくるカミキリムシは、ハナカミキリとよばれる。

◀西日本に生息するホシベニカミキリの顔。カミキリムシの特徴は鋭い大あご。

▲ルリボシカミキリ。全国のブナやナラの雑木林に見られる。前ばねの黒い紋のかたちは、１匹ごとに少しずつちがう。

▲枯れ葉そっくりなコブヤハズカミキリは、後ろばねが退化していて、飛ぶことができない。

シロスジカミキリの成長

日本でいちばん大きなシロスジカミキリは、コナラ、クヌギなどに集まり、若い枝の樹皮を食べるカミキリムシです。初夏、オスの成虫は木にとまり、触角を開いて、メスを待ちます。2匹が出会うと交尾をし、メスは産卵をします。ときには交尾をしながら大あごを使って、クリやコナラなどの木の幹に傷をつけ、そこに産卵することもあります。

ふ化した幼虫は、大あごで木の中にトンネルを掘りながら、その木を食べて成長し、3～4年後に成虫になります。

シロスジカミキリが産卵する木は、直径30cm以下の若い木が多いのですが、近年、雑木林の木を薪などに利用することがなくなり、若い木が減ったので、産卵する場所が少なくなっています。

▲メスの成虫は、大あごで木の幹をかじって傷をつけ産卵する。

▲幼虫は大あごで木を食べる。「鉄砲虫」ともよばれる。

▲木の中でさなぎになり、1～2週間後に羽化する。

▲羽化した成虫は、大あごで木に穴をあけて脱出する。

◀卵。メスは横に移動しながら産卵するので、卵が幹のまわりに並ぶ（木の皮をはいで撮影）。

虫ムシウォッチング

迷惑なカミキリムシ

カミキリムシは、成虫も幼虫も木を食べるので、林業上の害虫とされることがあります。特にマツノマダラカミキリは、マツを枯らすマツノザイセンチュウを広めるとして嫌われます。マツノザイセンチュウがいるマツの中で羽化した成虫には、たくさんのセンチュウがついてきます。カミキリムシが移動する先ではセンチュウの被害も増えてしまうのです。

◀マツノマダラカミキリ。カミキリムシがマツを食べているときに、マツノザイセンチュウは胸部の気門から外に出て、マツの木に入りこむ。

スズメバチのそっくりさん

トラカミキリ類は、アシナガバチやスズメバチに擬態していることで有名です。これらのカミキリは、毒をもったハチに姿を似せることで、天敵におそわれないようにしています。からだの色は、黄色と黒のしまもようのものが多く、攻撃性の強いスズメバチにそっくりなものもあります。すがただけではなく、飛ぶようすやしぐさもハチによく似ています。

◀トラフカミキリは、クワの木を食べる。歩きかたもややせかせかしていて、ハチに似ている。

コウチュウ目　カブトムシ・テントウムシ・ホタルなど

オトシブミのなかま

コウチュウ目　カブトムシ・テントウムシ・ホタルなど

オトシブミは、メスの成虫が植物の葉を巻いて、その中に産卵します。葉を巻いたものは「ゆりかご」とよばれ、幼虫は、ゆりかごの葉を食べて育ちます。ゆりかごのかたちが昔の巻き文（手紙）に似ているのでこの名がつきました。

メスの成虫は、ゆりかごをつくるとき、まず、葉の脈に切れ目を入れて、葉に水分を通わなくさせてしおれさせ、やわらかくなった葉をくるくると巻いていきます。世界の温帯域に多く見られ、種類によってゆりかごのかたちがちがいます。

オトシブミのなかまに、チョッキリとよばれるグループがいます。オトシブミが葉だけでゆりかごをつくるのに対して、チョッキリは葉だけではなく、葉のついた木の枝も使います。チョッキリは、産卵する葉がついた枝に、大あごで傷をつけます。こうすると、枝から葉に水が通わなくなるので、葉がしおれ、巻きやすくなります。葉でゆりかごをつくらずに、果実に卵を産みつける種もいます。

オトシブミもチョッキリも、葉の折り方はたいへん複雑です。そして、葉がほどけないように、きっちりと巻きこまれています。どちらも、成虫は木の葉を食べます。

オトシブミのからだ

前ばね

胸部

触角

▶葉をかみ切るオトシブミ。オトシブミは、コナラやハンノキの葉を巻いて、ゆりかごをつくる。

あしのすね（脛節）
メスのすねの先には2本のつめがあり、葉をしっかりと巻きあげるのに役立つ。

頭部
メスの後頭部は、図のように短く丸まるが、オスの後頭部は長くのびる。

◀地面に落とされたオトシブミのゆりかご。

▶ヒメクロオトシブミは、ゆりかごを葉にぶらさげたままにしておく。

▲ドロハマキチョッキリ。オスがメスの上にのって、ほかのオスからガードしている。

オトシブミのゆりかごづくり

　オトシブミのメスの成虫は、ゆりかごをつくる前に葉の周囲を歩いて、大きさをはかります。幼虫の成長に十分な量の葉があるかどうかを確認するためです。それから葉に切れ目を入れて、巻きあげます。卵は途中で産みつけます。切れ目の入れ方や巻き方は、種類によって少しずつちがっています。ふ化した幼虫は葉を食べて成長し、さなぎになります。そして羽化すると、ゆりかごに穴をあけて脱出します。

ヒゲナガオトシブミのゆりかごづくり

▲葉の付け根付近を両はしから切り、主脈だけを少し残して、葉が落ちないようにする。

▲主脈に切れ目を入れる。主脈はかたいので時間をかけてしっかりと切る。

▲主脈に馬乗りになって、あしで葉をはさみ、葉をたて方向にふたつに曲げる。

▲ふたつに曲げた葉の先の方から、葉を巻いていき、少し巻いたところで、葉に卵を産みつける。

▲さらに、上の方に向かって葉を巻いていく。葉のふちは内側に巻きこんでいく。

◀切れ目を入れた少し下まで葉を巻く。巻いた葉がほどけないように折りかえしてとめて、完成する。

▲ゆりかごと、葉をつないでいた残った主脈を切り、ゆりかごを地面に落とす。

▲ゆりかごの断面。黄色い卵が見える。葉はほぼ6周ほど巻いてあった。

枝を「ちょっきり」と切るチョッキリ

　チョッキリのなかまには、葉でゆりかごをつくる種と、ゆりかごをつくらず、果実や新芽などに直接、産卵する種とがいます。どちらの種もほとんどは、産卵の前か後に、大あごで枝に傷をつけます。すると、枝から水が通わなくなったゆりかごや果実は、まるで、ちょっきりと切られたように地面に落ちます。幼虫は成長すると、ゆりかごや果実から脱出して、地面にもぐってさなぎになります。

▲ハイイロチョッキリが長い口吻を、まだ青いコナラの実に突きたてて、穴をあけている。

▲あいた穴に腹部の先端を入れ、卵を産みこむ。このあと、枝からコナラの実を切り落とす。

▲実を割ってみると、卵がひとつ産んである。幼虫は実の中身を食べて育つ。

コウチュウ目

カブトムシ・テントウムシ・ホタルなど

コウチュウ目 カブトムシ・テントウムシ・ホタルなど

シデムシのなかま

　シデムシは、体長1〜4cmほどの平たいかたちをしたコウチュウです。食べ物は成虫も幼虫も、動物の死がいです。幼虫がふ化してから成虫になるまでの期間は、40日ほどです。「埋葬虫」と書いてシデムシと読みます。死がいを土の中にうめるモンシデムシなどのなかまの、習性から名づけられました。

　モンシデムシやクロシデムシでは、親が幼虫の世話をします。成虫のつがいは、食べ物にする動物の死がいの下にもぐりこんで、穴を掘りやすい場所まで移動させて、土の中に埋め、幼虫を育てる部屋をつくり、死がいを肉だんご状に丸めて、親と子の食べ物とします。メスは肉だんごの近くに卵を産みます。ふ化した幼虫が小さいうちは、親は肉だんごを口うつしであたえます。

シデムシのからだ

触角／頭部／前あし／胸部／中あし／前ばね／後ろあし

▶死がいにたかるモンシデムシ。食べ物の死がいをめぐって、ほかのモンシデムシやシデムシと争うこともある。

ハネカクシのなかま

　ハネカクシのなかまは、成虫の前ばねがとても短く腹部が細長い、変わったかたちをしたコウチュウです。短い前ばねの下には、後ろばねが折りたたんで隠されていることから「ハネカクシ（羽隠し）」という名前がつけられました。ハネカクシのなかまは種類が多く、日本には1700種以上が生息しています。そのなかには、ハネカクシ類とアリヅカムシ類がふくまれます。ハネカクシ類は落ち葉や石の下などにすんでいます。食べ物は種によってちがいますが、ミミズなどを捕らえて食べる種、菌類を食べる種、動物のふんを食べる種が多いようです。アリヅカムシ類の前ばねも短いですが、腹部も短く、丸味をおびています。落ち葉の中に多く見られ、なかにはアリの巣の中で生活するものもいます。

▲ホソフタホシメダカハネカクシ。石の下で越冬している。

▲トビイロケアリの巣に同居するコヤマトヒゲブトアリヅカムシ（写真中央）。

ハムシのなかま

コウチュウ目　カブトムシ・テントウムシ・ホタルなど

　ハムシは、体長1cmにもならない小さな種がほとんどですが、からだに光沢をもち、美しい色彩をした種が多く見られます。成虫も幼虫も植物の葉を食べるものが多いことから、「ハムシ（葉虫）」という名がつけられました。

　ハムシのなかまは、敵に見つからないように、さまざまな方法で自分のからだや卵をかくします。たとえば、クロボシツツハムシやバラルリツツハムシのメスは、産んだ卵に自分のふんを塗りつけて表面をおおい、卵の存在をわからないようにします。幼虫も、そのままふんを背負って動きまわります。イネクビホソハムシの幼虫も、どろどろしたふんのかたまりを背負い、チョウの幼虫のふんにそっくりになります。ドウガネツヤハムシでは、細長い糸を葉からたらし、その先に卵を産み、さらにその卵をふんでおおいます。

ハムシのからだ
後ろあし／前ばね／触角／前あし／胸部

▲葉を食べるジンガサハムシ。ジンガサハムシは、半透明のからだのふちが、昔の武士がかぶった陣笠のひさしのように広がったすがたの美しいハムシ。

▲クロボシツツハムシのメスの成虫が、産んだ卵を自分のふんでかくしているところ。

▲クロボシツツハムシの幼虫。からだを隠している、つぼのようなものは自分のふん。

ゾウムシのなかま

　ゾウムシの成虫は、頭部の先端がゾウの鼻のように長くのびているのが特徴です。長くのびた部分を「ふん（吻）」といい、吻の先端には口があります。なかには吻の短い種類もいます。ゾウムシの長い吻は、産卵のときに役立ちます。産卵場所である植物の実や茎、枯れ木に口吻で穴をあけるのです。たとえば、クリシギゾウムシは、口吻をクリの実に突きたてて穴をあけ、その中に産卵します。卵からふ化した幼虫は、クリの実を食べて成長します。口吻が短いものは土の中や葉の上に卵を産みつけます。

　ゾウムシの種類はとても多く、世界には約7万種が知られています。日本でも約700種が記録されています。たくさんの種類がいるので、すむ場所や食べ物もいろいろですが、植物を食べるものが多いです。また、体長1cm以下の小さい種が多いですが、からだはかたくて頑丈です。

▲エゴシギゾウムシが、エゴの木の実に穴をあける。

▲口吻が短いシロコブゾウムシ。卵は地中に産む。

117

ふしぎな昆虫の世界

　世界にはいろいろ不思議なからだのかたち、色、もようや大きさ、そして生態をもった昆虫がいます。それらの変わった特徴や生態は、それぞれの種が身のまわりの環境にからだや習性を合わせ、進化させたものです。天敵をおどろかせる、威嚇効果がある目玉もようなどをもつもの、天敵から捕食されないように、あるいは競争に有利になるようにからだを巨大化させたもの、アリやシロアリのように大集団で行動し、巨大な塔や地下の巣をつくるものなど、多くのふしぎな種類が、昆虫には見られます。

●世界最大のセミ、テイオウゼミ
体長は約60mm以上にもなる。マレーシアなど東南アジアに生息している。

●研究者の手に乗るジャイアント・ウェタ（カマドウマの一種）のメス
ニュージーランド、リトルバリアー島の固有種。ウェタのなかまでは最大の種。

巨大な昆虫

熱帯地方では、さまざまな昆虫がくらしています。そのなかには、おどろくほど大きな昆虫がいます。大きな昆虫が進化した理由は詳しくはわかっていませんが、豊富な食べ物のある環境や暖かな気候、からだが大きいほうが生存に有利であるなど、さまざまな理由が考えられます。

● **日本最大の甲虫、ヤンバルテナガコガネ**

長い前あしをもち、体長は46〜62mm。1983年に沖縄島北部の山原（ヤンバル：北部の山岳地帯をこうよぶ）で発見された。幼虫から成虫になるのに約4年かかるといわれ、メスは一生、木のうろの中で過ごすものも多い。現在、国の天然記念物に指定されている。

● **世界最大の甲虫、ヘルクレスオオカブト**

大きく立派なふたつの角が特徴で、体長は160mm以上にもなる。分布は中央アメリカ、南アメリカ、西インド諸島など広い。2本の角は、胸から一本、頭から一本出ていて、前ばねは乾燥の度合いによってクリーム色や黒に変化する。（ペルー）

● **日本最大のガ、ヨナグニサン**

前ばねの長さは95mm〜125mmにもなる。沖縄県の南にある与那国島に生息していることからこの名前がある。前ばねの端が鎌形にまがり、かたちがヘビの頭に似ていて、威嚇の効果があるといわれている。

昆虫には、自分の特徴をつかってそれぞれが身を守りながら生活するものがいる一方、群れをつくり、身を守ったり、食べものを集めたりするなど協力しあって生きているものもいます。

　巨大なからだをもつ昆虫には、それぞれに自分の身を守るタイプのものが多いのですが、そのほかにも目立つもようや色をもち天敵を威嚇するもの、鏡のようなからだをもち、森の中で目立たないような色となってとけこむものなどのふしぎな昆虫がたくさんいます。

　群れをつくるもののなかには、昆虫一匹ではつくることができない高さ5mを超える巣をつくるシロアリや、巣のなかまのアリの食べ物である蜜を巣の中で一生、腹にためる役目をもつ働きアリがいる種など、びっくりするような習性や特徴を見ることができます。

巨大な建造物

●砂の城のようなシロアリ塚

シロアリは女王を中心に、兵シロアリ、働きシロアリなど、役割がきまった群れをつくり、何年もかけて塚をつくる。塚はものによって、50年にもわたって使われることがある。また、高さ5mを超す塚をつくるシロアリの種類もいる。（オーストラリア）

一生蜜のタンク

●天井からぶらさがるミツツボアリ
黄色く大きくふくらんだものは、アリの腹部。ミツツボアリには、働きアリが集めてきた蜜を、腹部にためこみ貯蔵庫の役割をするものがいる。ほかのアリが必要なときに、蜜をはきもどして与える。（オーストラリア）

巨大な目玉

●黒い目がにらんでいるような
ラブレッセンスメダマヤママユ
後ろばねにびっくりするほど大きな黒い目玉もようがある。チョウやガ、カマキリのなかまには、はねに目玉もようをもつものが多くいる。この目玉もようで、昆虫の天敵である鳥などをおどろかせ、捕食されないよう威嚇していると考えられる。（コスタリカ）

一見派手だが目立たない

●世界一きれいでも目立たないニジイロクワガタ
からだ全体が金属光沢をもち、かたい前ばねは、虹色に輝いているためこの名前がついた。前ばねの表面はピカピカしていて、鏡のようにまわりのものを映しだし、自分のからだを目立たなくしていると考えられている。（オーストラリア）

121

カメムシ目（セミ・カメムシなど）

カメムシ目は、口器が長く針状にとがっているのが特徴のひとつです。とがった口吻を植物に突き刺して、液体成分を吸うものが多く見られます。なかには、同じように口吻を動物に刺して体液を吸うものもいます。カメムシ目は半翅目ともよばれます。

世界中に約9万種が記録されており、日本でも約2800種が知られています。多くは不完全変態ですが、一部の種で完全変態が見られます。大きなグループで、すがたも生活もさまざまです。

ヨコバイ類とカメムシ類のちがい

カメムシ（半翅）目全体は、ヨコバイ（同翅）亜目とカメムシ（異翅）亜目に大きく分かれます。

ヨコバイ亜目は、はね全体が薄い膜のようで、かたい部分はありません。折りたたむと背中の真ん中が盛り上がった屋根形になり、口吻は頭部の後ろ（胸部に近い部分）からのびています。セミやアブラムシ、ウンカなどがヨコバイ亜目のなかまです。

一方、カメムシ亜目は前ばねの根元がかたくなっていますが、先のほうは薄い膜になっていて、はねを折りたたむと平たくなります。カメムシ目を半翅目ともいいますが、カメムシ亜目の前ばねの半分がかたく、半分が膜状であることからこの名がつきました。口吻は頭部の前のほうから出ています。さわるとくさいにおいを出すので有名なカメムシをはじめ、タガメやタイコウチのように水中で生活するもの、アメンボのように水面で生活するものもいます。

最近では、カメムシ目をふたつの亜目に分けるのではなく、4～5のグループ（群）にする分け方もあります。この分類によると、たとえば、腹吻群（アブラムシ、カイガラムシ、コナジラミ、キジラミ）、セミ群、頭吻群（ヨコバイ、アワフキムシ、ハゴロモ）、そしてカメムシ群となります。

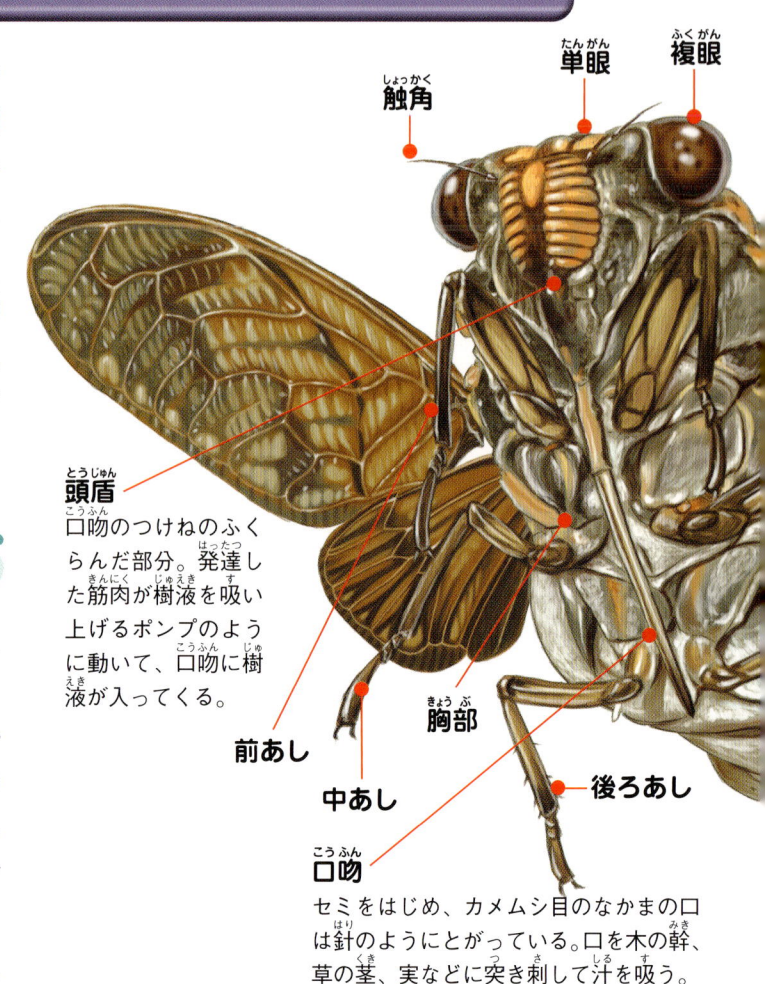

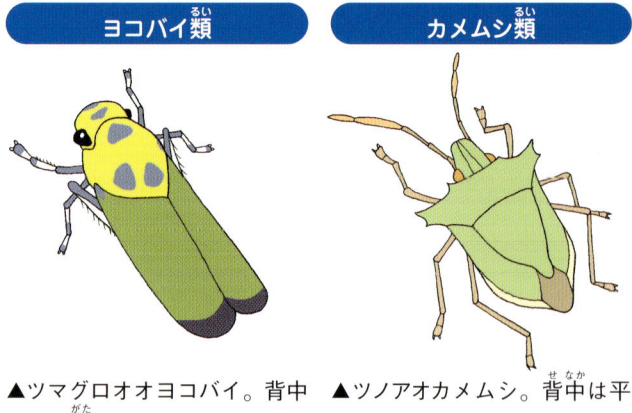

触角 / 単眼 / 複眼

頭盾 口吻のつけねのふくらんだ部分。発達した筋肉が樹液を吸い上げるポンプのように動いて、口吻に樹液が入ってくる。

前あし / 中あし / 胸部 / 後ろあし

口吻 セミをはじめ、カメムシ目のなかまの口は針のようにとがっている。口を木の幹、草の茎、実などに突き刺して汁を吸う。

ヨコバイ類
▲ツマグロオオヨコバイ。背中が屋根形になる。
▲ヨコバイの口吻は頭の後ろのほうから出る。

カメムシ類
▲ツノアオカメムシ。背中は平らになる。
▲カメムシの口吻は頭の前方から出る。

カメムシ目　セミ・カメムシなど

セミ・カメムシのからだ

前ばね
セミの前ばねと後ろばねは、かぎのような部分で、おたがいにひっかかるようになっている。前後のはねが、1枚のはねのようにいっしょに動く。

後ろばね

腹部

◀飛ぶアブラゼミのオス。「ジージージー」と大きな声で鳴く。日本全国の山間から平地、市街地にも分布する、もっとも身近なセミ。

▼アオクサカメムシ。日本全国に分布する、いちばんよく見かける緑色のカメムシ。さまざまな植物の汁を吸い、農作物につくと、農業上の害虫となる。

小盾板
胸の一部が変化したもの。たたんだはねをおさえ、からだを保護する役割をもつ。

頭部

触角
セミとちがってカメムシのなかまの触角は長い。

前ばね
根もとだけがかたくなっている。とじると、かたい部分が背中をおおう。

後ろばね

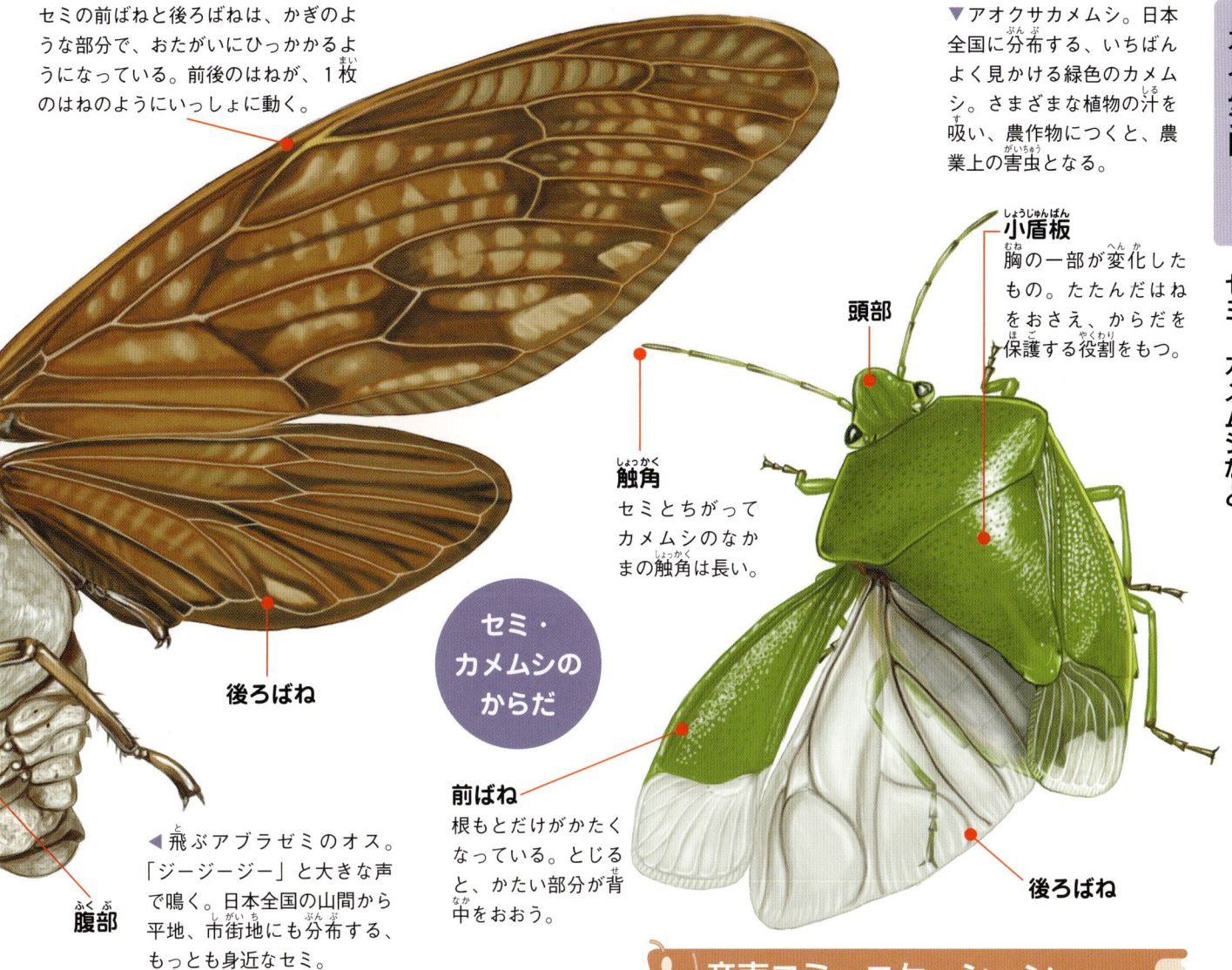

▲ツマグロオオヨコバイのオス。カメムシ目には農作物に害を与える害虫も多い。ツマグロオオヨコバイはイネによく集まる。前ばねの先が黒いものがオス、全身が緑色のものがメス。

音声コミュニケーション

　セミのオスに代表されるように、カメムシ目には鳴き声を出す種が多くいます。
　セミのオスは腹部に発音のための器官が発達していて、大きな鳴き声を出すことができます。
　ウンカやヨコバイなどはオス・メスともに、セミのオスの発音器官と似た器官を腹部にもっています。しかし、これらの鳴き声はとても小さく、ふだん私たちが聞くことはできません。ウンカやヨコバイは、植物の上でオスとメスが鳴きあって、おたがいの位置を確認しあいます。このときの鳴き声は空気中を伝わって相手に届くのではなく、植物が振動することで相手に伝わります。カメムシもたいへん小さな鳴き声を出します。その鳴き声は、交尾のときに役立っていると思われます。

カメムシ目

セミ・カメムシなど

セミのなかま

　セミのなかまは、からだが大きく、はねは透明なものが多いですが、色や模様のついた種も見られます。成虫は、木の幹や枝に針状の長い口吻を刺して樹液を吸いますが、種によって樹液を吸う木の種類が決まっています。イワサキクサゼミのように、サトウキビなどの草の汁を吸うものもいます。
　にぎやかに鳴くのはオスだけで、メスをよびよせて交尾をするためです。また、捕食者に対して集団で防衛する効果もあると考えられています。1本の木で何匹ものセミがいっせいに鳴き、より大きい音を出して天敵を脅したり、あちらこちらでばらばらに鳴いて居場所をわかりにくくしたりします。
　交尾を終えたメスは、木の幹や枝に卵を産みます。ふ化した幼虫は土の中で、木の根の汁を吸って成長します。幼虫期間（通常2〜5年）を終えると、地上で羽化します。成虫の寿命は短く、1〜3週間です。

▲ツクツクボウシ。「オーシーツクツク」と鳴き声が聞こえたら夏も終わり。日本全国に分布し、市街地でも見られる。

◀クマゼミ。「シャーシャー」と大きな声で鳴く。関東から南の地方に生息。日本のセミではいちばん大きい。

セミのいろいろ

▶ミンミンゼミ。「ミーンミンミンミンミーン」と何度もくりかえし鳴く。東日本ではよく見られ、とくに東京の都心には数が多い。西日本では山地に生息する。

▶クマゼミのぬけがら。セミの幼虫は羽化するときには木や草にのぼり、ぬけがらを残して飛びたつ。

セミの鳴き声

セミのオスがメスをよびよせるための鳴き方を、本鳴きといいます。メスは本鳴きに誘われて、オスのいる木に飛んできます。オスは、メスが近づいてきたのに気づくと、鳴き方を本鳴きから求愛鳴きという調子のちがう鳴き方に変えます。オスは求愛鳴きをしながらメスに歩みよって、メスのからだを前あしでさわります。メスが逃げずにじっとしていた場合、オスはメスと交尾します。

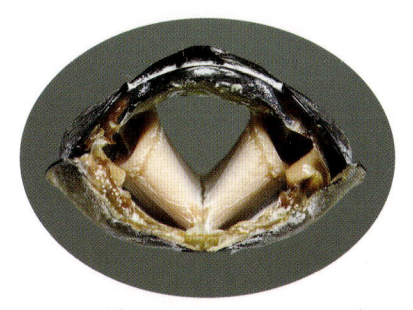

▲オスの腹の中はからっぽ。V字型の大きな筋肉が発音筋。発音筋の上のほうに発音膜があり、背中側とくっついている。発音筋が伸び縮みして発音膜を震わすと、音が出る。音は、からっぽの腹の中で共鳴して、大きな音になる。写真はアブラゼミ。

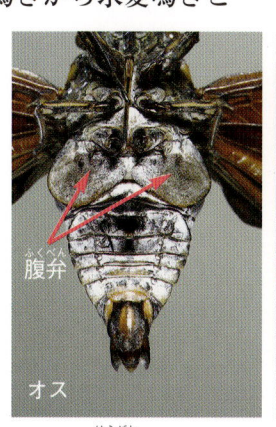

▲セミを腹側から見る。オスには発音筋につながる丸い腹弁がある（左）。メスにはない（右）。

▲交尾するアブラゼミ。アブラゼミ、ミンミンゼミ、クマゼミなどは、オスとメスがV字型になるが、ニイニイゼミやヒグラシは、この姿勢からオスが反転してオスとメスが反対方向を向く。

虫ムシウォッチング　セミの鳴く季節と時間

セミは種によって鳴く季節がちがいます。本州に分布する種だけでも、アブラゼミやミンミンゼミ、クマゼミのように夏に鳴く種もいれば、ハルゼミのように4月から鳴くセミ、ツクツクボウシのように9月まで鳴いているセミもいます。また、琉球列島のイワサキクサゼミは2月から鳴き出しますし、小笠原諸島のオガサワラゼミは12月まで鳴きます。ただし、日本は南北に長く、気候もちがうので、たとえば、東北と西日本では同じ季節でも鳴いている種類はちがってきます。

また、種によって、1日のうちで鳴く時間帯もちがっています。ヒグラシのように1日のうちで気温が低い朝夕に鳴くものもいれば、朝から夜まで鳴いているニイニイゼミのようなものもいます。

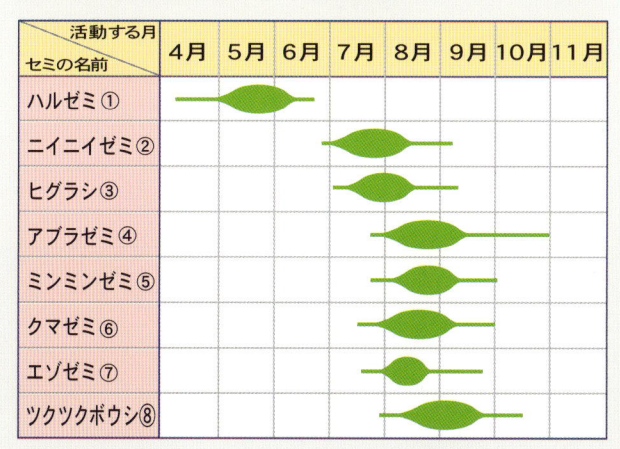

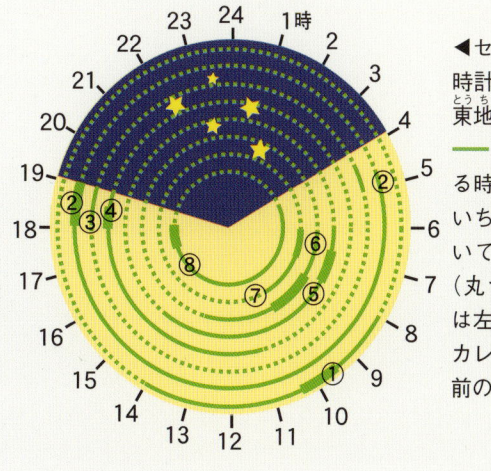

活動する月 セミの名前	4月	5月	6月	7月	8月	9月	10月	11月
ハルゼミ①		●						
ニイニイゼミ②				●				
ヒグラシ③				●				
アブラゼミ④					●			
ミンミンゼミ⑤					●			
クマゼミ⑥					●			
エゾゼミ⑦					●			
ツクツクボウシ⑧						●		

▲セミの鳴き声カレンダー。セミの声が聞こえる期間は意外と長い。── は鳴いている季節、● は最盛期。

◀セミの鳴き声時計。おもに関東地方のもの。── は鳴いている時間、── はいちばんよく鳴いている時間。（丸つきの数字は左表の鳴き声カレンダーの名前の丸数字）

カメムシ目　セミ・カメムシなど

セミの成長

　交尾をすませたメスは、木の枝に産卵管で穴をあけ、その中にいくつかの卵を産みつけます。卵のふ化までにかかる時間は種によってちがい、ヒグラシのように1〜2か月でふ化するものや、アブラゼミのように1年近くもかかる種がいます。

　ふ化した幼虫は、木から降りて地面にもぐります。鎌のような前あしで、木の根を求めて地面を掘り進み、するどい口器を根に突き刺して汁を吸って、脱皮をくりかえし、5齢まで成長します。

　ふ化から数年たって羽化の時期がくると、5齢幼虫は、夕方から夜にかけて地上へ出てきて、近くの木にのぼり羽化します。

① ▲アブラゼミのメスが枯れ枝などに卵を産みこむ。

② ▲木の皮の中の卵。2mmほど。アブラゼミの卵は、1年後にふ化する。

③ ▲ふ化した幼虫。木からおりて地面にもぐる。

④ ▲土の中の幼虫。鎌のような前あしで穴を掘りながら進み、木の根にするどい口を突き刺して汁を吸う。アブラゼミでは5〜7年間、地下でくらす。

⑤ ▲7〜8月ごろ、地上に出て、木に向かって歩く。地面に出たあとは丸い穴があいている。

⑥ ▲夕方から夜中にかけて地上にあらわれ、大きな前あしをつかって木にのぼり、羽化するのによい場所を見つけると、そこで静止する。

⑦ ▲茶色いからだの背中が割れて、白い成虫が出てくる。腹の先だけ残してしばらく休み、あしがしっかりするのを待つ。

⑧ ▲おきあがり、殻につかまって腹をぬく。はねはまだ、くしゃくしゃとちぢんだかたちをしている。

⑨ ▲はねが完全にのびた。羽化直後は白いが、だんだんに色がついてきて飛べるようになる。

虫ムシウォッチング 17年ごとの大発生

北アメリカには、決まった周期で成虫が大発生するセミがいます。周期は13年か17年のいずれかなので、13年ゼミ、17年ゼミとよびます。このような周期ゼミは、毎年発生せずに、とびとびの年に発生することで天敵の捕食や寄生をさけているといわれています。大発生のときには、地面は地中からセミが出てきた穴だらけになり、まわりの木にはところせましとセミがとまって、鳴き続けます。

▲アメリカで撮影された17年ゼミ。最近ではワシントンで2004年に大発生したものが話題になった。

角があるセミ？

ツノゼミは、角のような突起と、セミに似たはねをもっています。角は頭部にあるのではなく、胸部が変形したものです。セミとツノゼミはセミ科とツノゼミ科という別のグループに分類されていて、ツノゼミ科はヨコバイ科に近いグループです。

ツノゼミは、セミやヨコバイのような発音器官がなく、オスが林を飛びまわってメスを探します。

幼虫は植物の汁を大量に吸い、栄養をとったあとのあまった水を甘露として腹部の端から出します。甘露にはアリが集まってきます。アリは甘露をもらい、ツノゼミを天敵から守ります。

▲ツノゼミ。体長は、大きくて1cmほど。

カメムシ目

セミ・カメムシなど

アワフキムシのなかま

アワフキムシは、幼虫が泡をふくことから名づけられました。幼虫は植物の枝や茎などにいて、自分がつくった泡の中で生活します。ここなら、天敵からおそわれにくく、からだも乾燥しません。泡の材料は尿やからだから出した液です。幼虫は腹部をのびちぢみさせ、この液に空気をまぜて泡だてます。

泡の中の幼虫は、植物に口吻を刺して汁を吸います。汁を吸う場所を変えるときには、いったん泡から出て、新しい場所で泡をつくりなおします。羽化のときは、泡の中で成虫になる種と、泡の外に出て成虫になる種がいます。成虫は、体長1.5～2cmほどで、茶色っぽく地味な色をしています。

シロオビアワフキの泡の巣づくり

草についた泡はアワフキムシの幼虫の巣。泡の巣の中で2か月ほどくらし、羽化してはねのある成虫になる。

▲からだから液を出し、腹部をのびちぢみさせて空気をおくりこみ、泡だてていく。❶

▲全身が泡につつまれた。泡は、がんじょうでこわれにくい。❷

▲泡から出て羽化する。❸

▲成虫のシロオビアワフキ。ふだんはあまり動かない。❹

127

カメムシ目

セミ・カメムシなど

アブラムシのなかま

アブラムシは、アリとの共生が有名です。アリはアブラムシが出す「甘露」をもらいにきます。なかには、土でつくったおおいの中にアブラムシを入れて守るものや、自分の巣に運びこむものもいます。アブラムシも積極的にアリに協力します。甘露をたくさん排出したり、ショ糖やアミノ酸などの栄養分を、より多く出すことでアリを引きつけて、天敵のテントウムシから守ってもらう種もいます。

アブラムシは、時期によって、はねのあるものとはねのないものが生まれてきます。また、交尾をせず、受精しないでメスだけの幼虫が生まれたり、オスやメスの幼虫が生まれたりします。

季節によって、汁を吸う植物の種類を変えるものが多く見られます。たとえば、ミズキヒラタアブラムシは、春から夏に陸稲やエノコログサなどの根について、おもにトビイロケアリと共生します。その後、はねのあるものが生まれ、夏の終わりから冬にかけてミズキに移動して生活します。このときはクロクサアリやクサアリモドキと共生します。

アブラムシのからだ

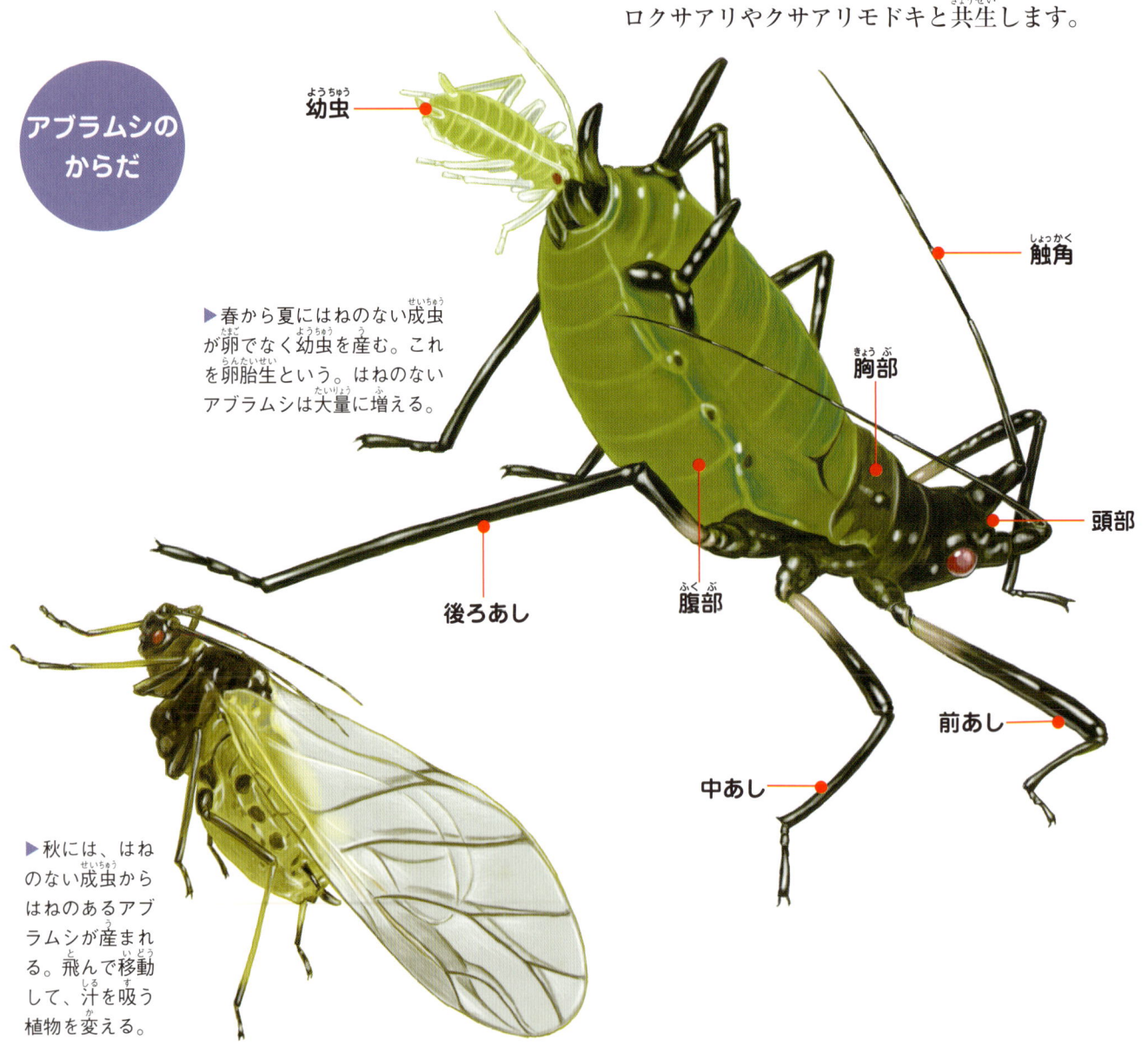

幼虫 / 触角 / 胸部 / 頭部 / 腹部 / 後ろあし / 前あし / 中あし

▶春から夏にはねのない成虫が卵でなく幼虫を産む。これを卵胎生という。はねのないアブラムシは大量に増える。

▶秋には、はねのない成虫からはねのあるアブラムシが産まれる。飛んで移動して、汁を吸う植物を変える。

アブラムシの虫こぶ

アブラムシが、樹木の芽や葉をつついて刺激すると、芽や葉の組織が部分的に増えて、虫こぶができます。アブラムシは、この虫こぶの中で生活します。親は虫こぶの中で幼虫を産み、幼虫が成長します。このときは親も幼虫もメスだけです。アブラムシによる虫こぶのかたちは、種類によってまちまちで、丸いものやバナナ形のものなどがあります。

▲エゴノキの芽につくられたアブラムシの虫こぶ。

▲虫こぶの中には、幼虫がつまっている。

メスしか産まないアブラムシ

春に卵からかえったアブラムシはすべてメスで、成虫になると受精をせずに子どもを産みはじめます。卵は母親の体内でふ化するので、母親から直接、幼虫が生まれてくるように見えます。これを卵胎生とよびます。幼虫はすぐに動きだし、植物の汁を吸いはじめます。この幼虫はすべてメスで、成虫になるとすぐに子どもを産みはじめます。このくりかえしによって、夏に植物の茎や葉にアブラムシの大集団が見られるようになります。受精をせずにメスだけで、子どもを増やすことを単為生殖といいます。

秋になると、はねがあるオスが生まれます。オスとメスが交尾をすると、メスが卵を産みます。この卵で冬を越し、翌春に幼虫がかえるのです。

カメムシ目　セミ・カメムシなど

兵隊アブラムシ

アブラムシの一部には、ハチやアリと似た社会性をもつものがいます。そのようなアブラムシには、兵隊の役割をするものがいるのです。兵隊は、生殖をしないで、なかまを敵から守る役割をします。

兵隊は、1齢あるいは2齢幼虫で、からだががんじょうで、種によっては頭部に角を生やすものまであります。敵がいると、あしでつかまえて、口吻を突き刺して攻撃します。兵隊は、成長せず、幼虫のまま死にます。

▲カンシャワタアブラムシの兵隊の役割をする1齢幼虫が、ヨコジマオオヒラタアブの卵を攻撃する。

カイガラムシのなかま

カイガラムシのメスと幼虫は、ろうに似た物質でからだ全体をおおい、集団で植物の葉や枝に付着して生活します。メスにははねがなく、移動できませんが、オスは薄い前ばねをもち、空を飛んで移動します。ろうでからだをおおわない種もいます。

カメムシ目の多くの種は、不完全変態ですが、カイガラムシには完全変態をするものがいます。ミツバアリと共生するアリノタカラカイガラムシは幼虫期が1齢のみで、次にさなぎになって羽化します。カイガラムシは植物の汁を吸い、植物を枯らすことがあるので、農業の害虫となります。

農業の害虫となるカメムシ目には、カイガラムシのほか、アブラムシ、カメムシ、ウンカなどが知られます。

◀ヒモワタカイガラムシのメスが、綿のような白いろう物質で全体をつつんだ卵を産んだところ。

カメムシ目

セミ・カメムシなど

カメムシのなかま

　カメムシは、背中が平らでカメのこうらに見えることから、「亀虫」という名前がつけられました。独特の悪臭を出すことで有名です。

　カメムシのなかまには、口吻を植物に刺して汁を吸うものと、昆虫などに刺して体液を吸うものとがいます。体液を吸うものには、サシガメのように陸上で生活するものだけでなく、タガメやアメンボのように水中や水面上で生活するものもいます。

　また、多数の個体が集まり、集団で生活するものも見られます。

　カメムシには、産卵のとき卵塊をつくる（たくさんの卵を1か所にまとめて産む）種と、卵塊をつくらない種がいます。卵塊をつくる種では、1～3齢幼虫が集団で生活するものが多くいます。たとえば、ヨコヅナサシガメは、集団でガの幼虫などをおそって体液を吸います。

　卵塊をつくる種には、親が卵や子を保護するものも見られます。メス親が卵や子を保護する種がほとんどですが、コオイムシのようにオス親が卵を保護する種もいます。

◀卵を守るエサキモンキツノカメムシのメス。葉の裏に産みつけた卵の上におおいかぶさって守っている。

◀アカサシガメがヨモギハムシの体液を吸う。サシガメのなかまは、植物食ではなく、ほかの昆虫をとらえて針のような口吻を突き刺して体液を吸う。

▼クロジュウジホシカメムシの集団。冬に集団をつくるカメムシもいる。からだが派手で集まることで、大きなものに見せかけ、敵をおどす効果が強くなる。動きがにぶくなる冬には、集団になって身を守る。

カメムシの成長

カメムシの卵には上部にふたがあって、幼虫はふたをあけてふ化をします。1齢幼虫は何も食べず、数日後に2齢幼虫に脱皮します。2齢幼虫からは食べ物を食べ、5齢まで成長します。カメムシは不完全変態をする昆虫なので、5齢幼虫はさなぎにはならず、脱皮してそのまま成虫になります。

◀アカスジキンカメムシの1齢幼虫（左）と卵のから。1齢幼虫は赤の地に黒のもようがある。❶

▲5齢幼虫。白地に大きな黒いもようがある。落ち葉の下で冬を越す。❷

▲羽化した直後は全身が黄色い。左側は脱ぎすてた幼虫のから。❸

▲成虫。緑色の地にピンクの筋がはいる。幼虫と成虫の色はまったくちがう。❹

子育てをする母カメムシ

カメムシのなかには、親が子どもを守る種がいます。ヒメツノカメムシやエサキモンキツノカメムシ、南西諸島に生息するアカギカメムシなどの母親は、葉に産みつけた卵のかたまりの上からだをのせ、卵をおおいかくすようにして守ります。

アリなどの敵が近づくと、メス親は敵に対して頭部や背中を盾のように向けて防御します。多くのカメムシでは、卵を産んでから2齢幼虫が食べ物を求めて自分で移動できるようになるまで、子どもを守り続けます。さらに、ベニモンツチカメムシのように、幼虫がかえると、母親が木の実を探してきて幼虫の集団まで運び、食べさせるものもいます。

◀幼虫を守るヒメツノカメムシ。卵や幼虫を守る母親は、敵に向かって自分のからだを傾けたり、はねを激しく動かして追いはらったりする。

くさいにおいで敵を撃退

カメムシは敵におそわれたとき、くさいにおいを出して敵を追いはらおうとします。においは、臭腺という場所から出されます。臭腺は、成虫では腹側のわきのほうに、幼虫では腹部の背中側にあります。

1匹のカメムシがおそわれてくさいにおいを出すと、まわりにいたカメムシがいっせいに逃げだします。このことから、においは、敵を撃退するだけでなく、なかまに危険を知らせる警報フェロモンの役割ももつと考えられています。

◀ツノアカカメムシを腹側から見る。中あしと後ろあしのあいだに臭腺がある。

臭腺

カメムシ目　セミ・カメムシなど

カメムシ目
セミ・カメムシなど

タガメ・タイコウチのなかま

　カメムシのなかまには、タガメやタイコウチのように水中で生活するものがいます。池や沼、田んぼなど、水の流れがあまりない場所にすんでいます。すべて動物食で、口吻を獲物に刺して体液を吸います。
　タガメやタイコウチ、ミズカマキリ、マツモムシは岸辺にいます。水面のすぐ下を泳ぎながら生活するマツモムシは水面に落ちてきた昆虫を食べ、タガメやタイコウチは小魚やオタマジャクシ、ときにはカエルまでを捕らえて体液を吸います。タガメ、タイコウチ、ミズカマキリは食べ物をしっかりはなさないよう、鎌のような鋭い前あしをもっています。また、腹部の先端には呼吸管という細長いパイプのような器官があり、これを水面上に出して呼吸します。
　コオイムシやナベブタムシは陸から少し離れたところにいて、水中の小動物を捕らえて食べます。ナベブタムシは特殊な呼吸方法で水中にとけている酸素を取りこむことができるので、ほとんど空気を補充することなく水中に潜っていることができます。

タイコウチのからだ

呼吸管
後ろあし
中あし
胸部
頭部
前あし
口器

▶メダカのからだに、針のような口を刺して体液を吸うタイコウチ。タイコウチは水の中でさかさになって、腹の先にある長い呼吸管を水面に突きだして呼吸する。

▼ナベブタムシ。呼吸管がなく、水中の酸素を直接利用する。そのため水の汚染に弱い。

▲マツモムシ。水面近くで、ひっくりかえり背中を下にして、オールのような長い後ろあしで泳ぐ。水中の魚や、水面に落ちてきた昆虫などを捕らえて体液を吸う。

子育てはオスの仕事

コオイムシのなかまは、メスの産んだ卵をオスがせおって、ふ化するまで保護します。卵の発育には十分な量の酸素と水が必要なので、卵をせおったオスは、幼虫がふ化するまで酸素のたくさんある水面近くで生活します。

メスは、オスと交尾をした直後に、オスの背中に1個だけ卵を産みます。その後、いったんオスとメスは離れてから、また交尾します。何度も交尾と産卵をくりかえして、オスの背中に卵が増えていきます。つまり、背中の卵の数だけ、交尾をしたということになります。オスは、交尾をしたらメスにすぐ卵を産んでもらうことで、自分の精子をすぐに受精させ、確実に自分の子どもを背負うことができます。

◀背中にびっしりと卵をのせたコオイムシのオス。

カメムシ目　セミ・カメムシなど

オスが卵を守って育てるタガメ

タガメは、コオイムシと同じコオイムシ科の昆虫で、やはりオスが卵を保護します。卵は水面上の植物の茎などに産みつけられます。コオイムシと同じようにタガメの卵も酸素と水を必要とし、夜、オスは水中にもどって水を運んできて、卵に水をかけます。昼は、卵の上におおいかぶさるようにして乾燥から守ります。

タガメのメスは、オスがほかのメスの産んだ卵を保護しているのを見つけると、その卵を破壊してしまいます。オスは卵を守ろうとしますが、メスのほうがからだが大きいので、太刀打ちできません。メスは卵を破壊しおえると、卵を保護していたオスと交尾します。オスは、今度はそのメスが新しく産んだ卵を保護します。

❶ ▲初夏から夏にかけて、水面から外につきでた植物にメスが産卵する。右がオス。

❷ ▲オスは大きな前あしで抱えこむようにして、卵塊を守る。

❸ ▲一つひとつの卵から、幼虫がいっせいにかえる。幼虫は水に落ちて、水中でくらしはじめる。

❹ ▲1齢幼虫がタナゴをおそって体液を吸う。食べ物のとりかたは成虫も幼虫も同じ。

❺ ▲タナゴをおそうオスの成虫。鎌のような前あしで獲物をつかまえる。

カメムシ目
セミ・カメムシなど

アメンボのなかま

　アメンボは、水面上に浮きながら生活するカメムシのなかまです。池や田んぼ、川に生息するものだけでなく、シマアメンボのように山間の渓流にも生息するものや、ウミアメンボのように海に生息するものもいます。はねをもち、よく飛翔する種がいます。水たまりなどにいつのまにかアメンボがいるのは、よそから飛んできたはねのある種類です。

　食べ物は、水面に落下した昆虫などです。あしには水面のゆれを感知できる毛が生えていて、昆虫が水面に落ちたとき、水面のゆれを手がかりにして昆虫の位置を知ることができます。アメンボは前あしで昆虫をおさえながら、口吻を昆虫に刺して体液を吸います。

　成虫は交尾をすると、メスはオスを背中にのせたまま、水中の植物の茎などに産卵します。卵は2週間ほどでふ化し、幼虫は水面上で生活をはじめます。

▲水面に落ちたアオイトトンボに群がり体液を吸うアメンボ。トンボがもがいてできた波紋を感知して、たちまち群がる。

アメンボの冬眠は土の中

　アメンボの成虫は、越冬して翌年も活動することができます。越冬をするときは、陸にあがって土の中などにもぐります。水面上で生活するアメンボだけではなく、水中で生活するカメムシのなかまにも、陸上で冬眠するものがいます。タガメやコオイムシなどがそうです。タイコウチでは、陸にあがって冬眠する種と水中で冬眠する種がいます。

▲冬、地上にあがり、石の下にもぐりこんで冬眠する。

水に浮かぶのはどうして？

　水には表面張力という性質があります。アメンボのからだは軽くできています。あしの先端には細かい毛が密生し、さらに水をはじく油性の物質を分泌しています。そのためアメンボは表面張力の働きで水面に浮くことができます。アメンボを石けん水に入れると油分がとけて、しずんでしまいます。

　アメンボは中あしと後ろあしが長く、前あしは短くなっています。おもに中あしと後ろあしを使って水面上でからだを支え、かつ、中あしを動かしてすいすいと泳ぐことができます。

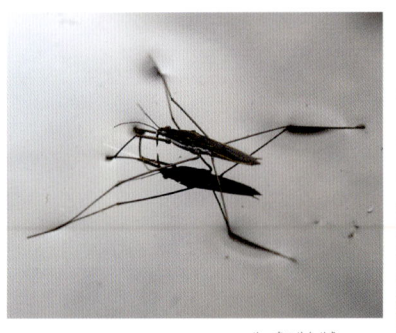

▲アメンボのあしの毛は接水面積をふやし、表面張力の効果を増す。

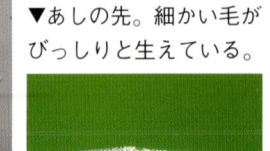

▼あしの先。細かい毛がびっしりと生えている。

アザミウマ目

　アザミウマは、体長0.5mmから6mmほどの大きさで、とくに2～3mmの小型のものが多いグループです。口器が細長く管状になっていますが、左右不対称の構造をしています。はねは翅脈がほとんど退化した、単純なつくりで、はねのふちにフリンジとよばれる長い毛がふさのように生えています。

　世界に5000種、日本に200種が生息します。完全変態をしますが、さなぎは刺激をあたえると動きます。このような成長は不完全変態から完全変態へと進化する途中の段階という説もありますが、他の完全変態類とは別の進化をしたようです。

　花や葉のあいだなどに生息し、口器を突き刺して、植物の組織や花粉を食べます。一部には動物食の種がいます。

アザミウマのからだ

触角／頭部／胸部／腹部／前ばね／前あし／中あし／後ろあし

▲花びらにとまるアザミウマ。植物の汁を吸う種類が多く、農業の害虫となっているものもいる。

▲アザミの花につくアザミウマ（矢印）。

チャタテムシ目

　チャタテムシは、体長2～3mmの小型の昆虫で、からだはやわらかく、カビ、キノコ、動植物の破片などを食べ物にして生活します。口器を物にすりつけて「コトコトコト……」と音を出す習性が知られています。その音が茶をたてる音に似ていることから「茶立て虫」の名がつけられました。音を出すのはオスとメスが交尾を行うための行動と考えられています。世界に約4900種が知られ、日本では約100種が報告されています。ただし、日本で実在する種の数はその2倍はあると考えられています。不完全変態の昆虫です。卵を産みますが、なかには幼虫を産む卵胎生のものもいます。

　多くは野外に生息しますが、室内にすむものもおり、特にはねがないコナチャタテ類は乾物や標本を食害する昆虫として有名です。

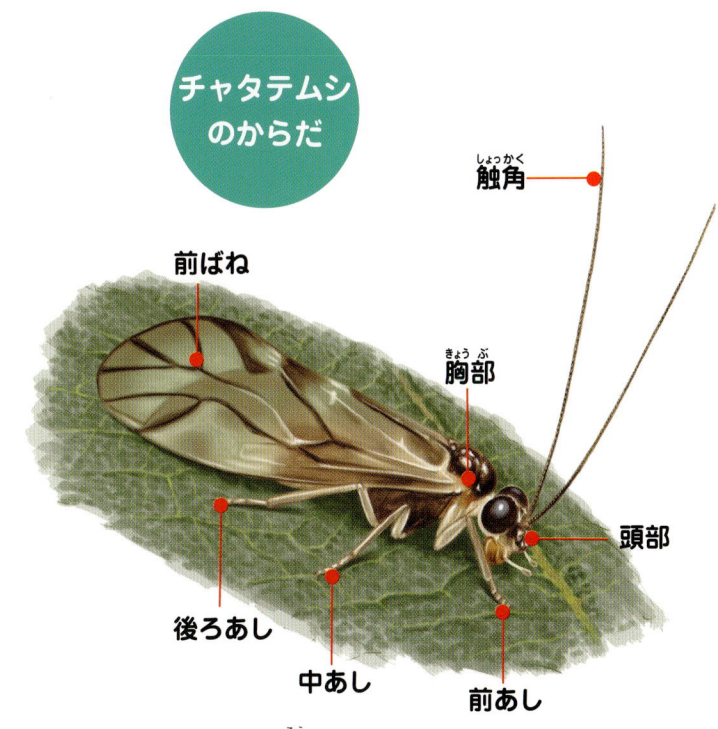

チャタテムシのからだ

前ばね／触角／胸部／頭部／後ろあし／中あし／前あし

▲チャタテムシ。交尾の前に音を出すものや、はねをふるわせるものなどがいる。

＊現在の分類では、チャタテムシ目、シラミ目、ハジラミ目は、カジリムシ目に統合されています。

シラミ目

シラミは、小型の平たい昆虫です。吸血性で、哺乳類の皮ふにつき、吸収型の口器で体液を吸います。寄生する相手の毛をつかみやすくする爪など、寄生生活に適応したからだです。はねはありません。世界に約500種、日本からは約40種が記録されています。不完全変態の昆虫です。ハジラミが哺乳類の血を吸うようになって、シラミに進化したといわれています。寄生する相手は種によって決まっていて、哺乳類の各種に特有のシラミが見られます。たとえば、人間にはアタマジラミやケジラミがつきます。

シラミの一部は、以前は衛生上の害虫として問題になっていました。コロモジラミは病気を媒介します。アタマジラミやケジラミは、かまれたあとが猛烈にかゆくなります。しかし、日本では駆除がすすみ、一時ほとんど見られなくなっていました。ところが最近、各地で見つかるようになりました。海外に旅行したときに、現地でシラミに感染し、知らずにそのまま日本にもちこんでしまうことが原因といわれています。

シラミのからだ

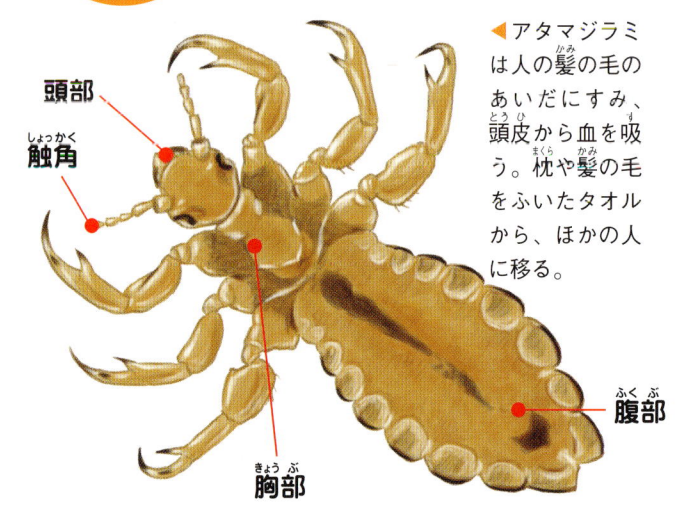

◀アタマジラミは人の髪の毛のあいだにすみ、頭皮から血を吸う。枕や髪の毛をふいたタオルから、ほかの人に移る。

頭部／触角／胸部／腹部

ハジラミ目

ハジラミは、体長1mm弱から数mmほどの小型の昆虫で、シラミと同様にはねがありません。世界に約3000種、日本に150種ほど記録されています。不完全変態の昆虫です。ハジラミはおもに鳥に寄生します。ニワトリハジラミやハヤブサハジラミなどがいますが、寄生する鳥類の種は厳密に決まっているわけではありません。一部は哺乳類にも寄生し、イヌやネコに寄生する、イヌハジラミやネコハジラミがいます。羽毛や毛を食べ、傷口から血液や体液をなめることもあります。

ハジラミは、チャタテムシの一部が鳥に寄生するように進化した昆虫といわれています。南極に生息する昆虫約50種のうち、半分は南極の鳥とアザラシに寄生するハジラミ目の昆虫です。

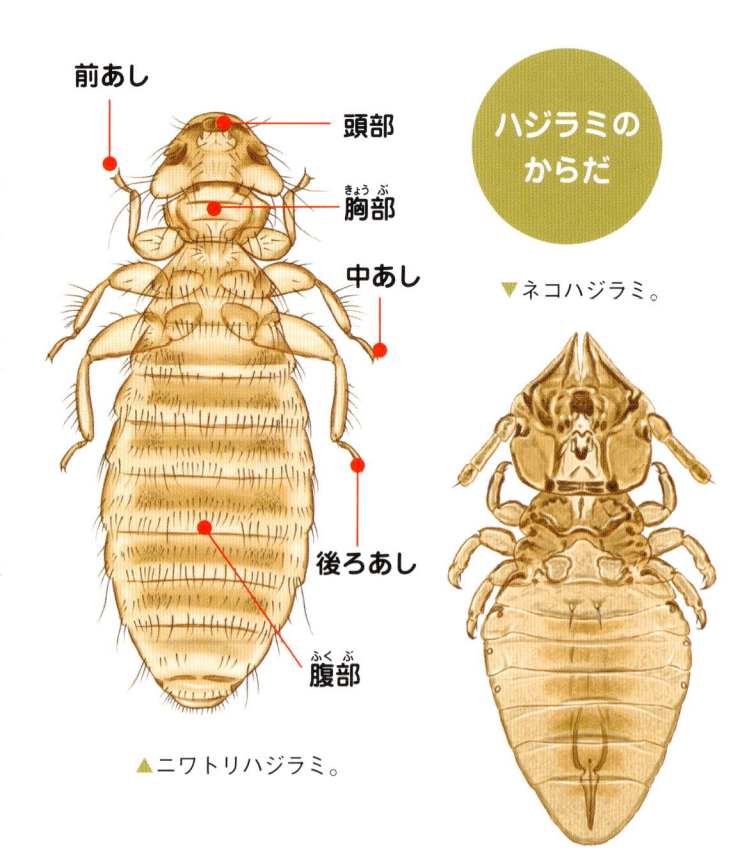

ハジラミのからだ

前あし／頭部／胸部／中あし／後ろあし／腹部

▲ニワトリハジラミ。

▼ネコハジラミ。

＊現在の分類では、チャタテムシ目、シラミ目、ハジラミ目は、カジリムシ目に統合されています。

ナナフシ目

　ナナフシは、バッタを細長くしたようなからだつきです。木の枝や葉にそっくりのすがたをしています。あしも細長いナナフシのほか、からだがへん平で、葉のかたちをしたコノハムシ類もなかまです。
　夜行性のものが多く、移動はゆっくりとしていて、幼虫、成虫ともに樹木の葉を食べます。成虫では、はねをもつ種と、はねをもたない種とがあります。
　世界に約3000種、日本に約20種が知られています。不完全変態の昆虫です。

　ヤスマツトビナナフシやヤエヤマツダナナフシなどではメスしか見つかっていず、卵と精子が受精せずに幼虫が産まれる単為生殖で増えていると考えられています。卵は樹上からばらまくように産卵され、卵からふ化した幼虫はすぐに木にのぼって生活をはじめます。卵は植物の種子そっくりで、しかも種によって独特の色やかたちをしているので、卵だけで種を知ることができます。ナナフシは手でつかむと、腹部の先端をもちあげ、刺すふりをします。

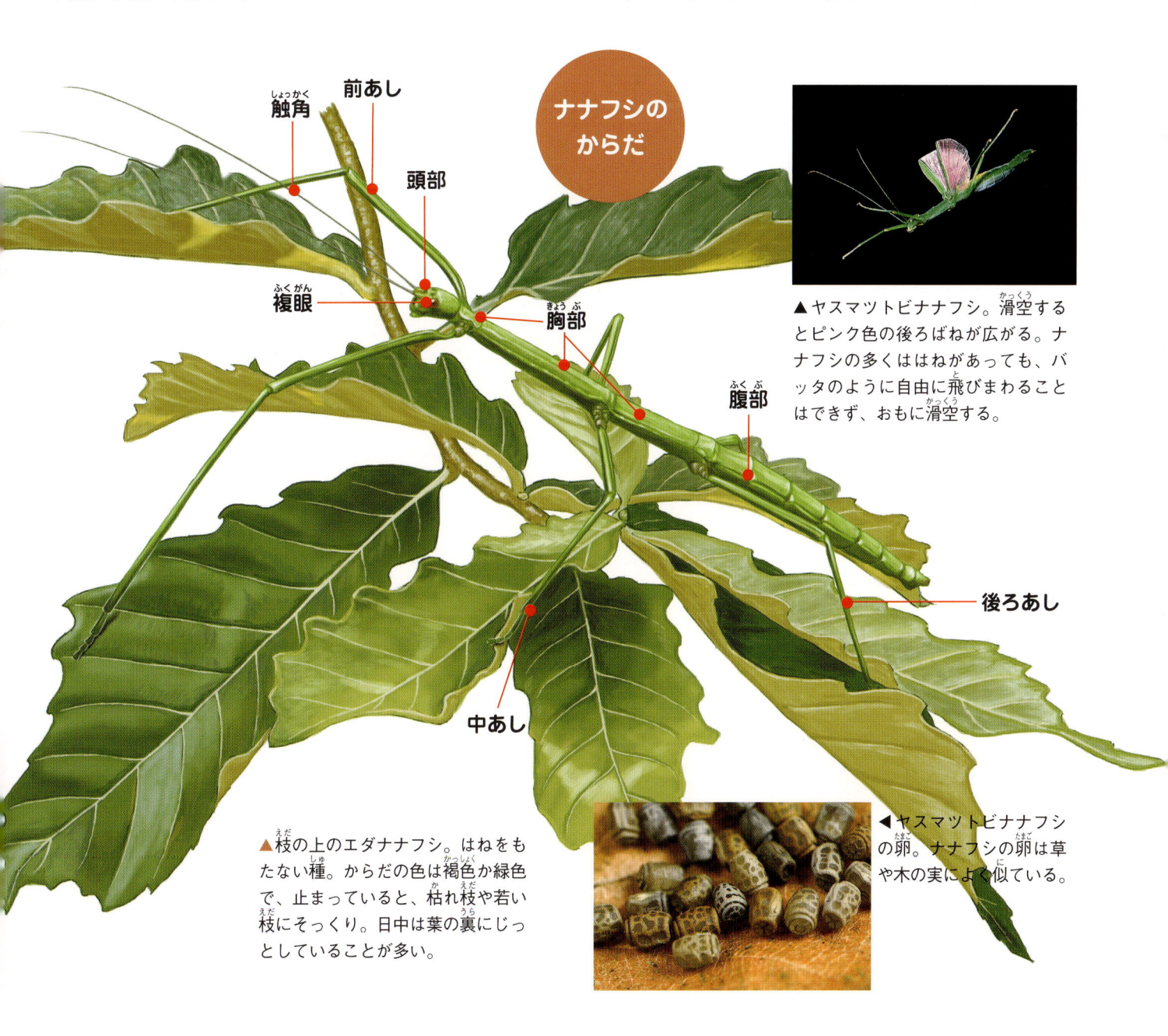

ナナフシのからだ

触角／前あし／頭部／複眼／胸部／腹部／後ろあし／中あし

▲ヤスマツトビナナフシ。滑空するとピンク色の後ろばねが広がる。ナナフシの多くははねがあっても、バッタのように自由に飛びまわることはできず、おもに滑空する。

▲枝の上のエダナナフシ。はねをもたない種。からだの色は褐色か緑色で、止まっていると、枯れ枝や若い枝にそっくり。日中は葉の裏にじっとしていることが多い。

◀ヤスマツトビナナフシの卵。ナナフシの卵は草や木の実によく似ている。

バッタ目（バッタ・コオロギなど）

コオロギやキリギリスは、秋の夜の美しい鳴き声が、古くから愛されてきたバッタ目の昆虫です。鳴き声のほかに、跳躍力がすぐれていることも大きな特徴です。バッタ目は世界に約62科2万種が知られる大きいグループで、日本では約450種が記録されています。すべてが不完全変態で、5回ほど脱皮して成虫になります。

バッタ目は直翅目ともいい、バッタ亜目とキリギリス（コオロギ）亜目とのふたつのグループに大別されます。バッタのなかまは、からだが縦長で昼行性のものが多く、複眼はよく発達しています。胸部と腹部のあいだには、鳴き声を感知する器官があります。なかまの多くは、後ろあしが長く発達していて、よくジャンプします。一般に、オスよりもメスのほうがからだが大きくなっています。

コオロギやキリギリスは、耳の役目をする鼓膜が前あしの脛節にあり、音を聞くことができます。夜行性のものが多く、秋の夜に盛んに鳴きます。はねがない種もいます。アリと共生するアリヅカコオロギは成虫になってもはねができません。森林から家屋の薄暗い場所にまで見られるカマドウマや、森林の朽ち木の中や樹皮の下などに見られるクチキウマなどにもはねがありません。

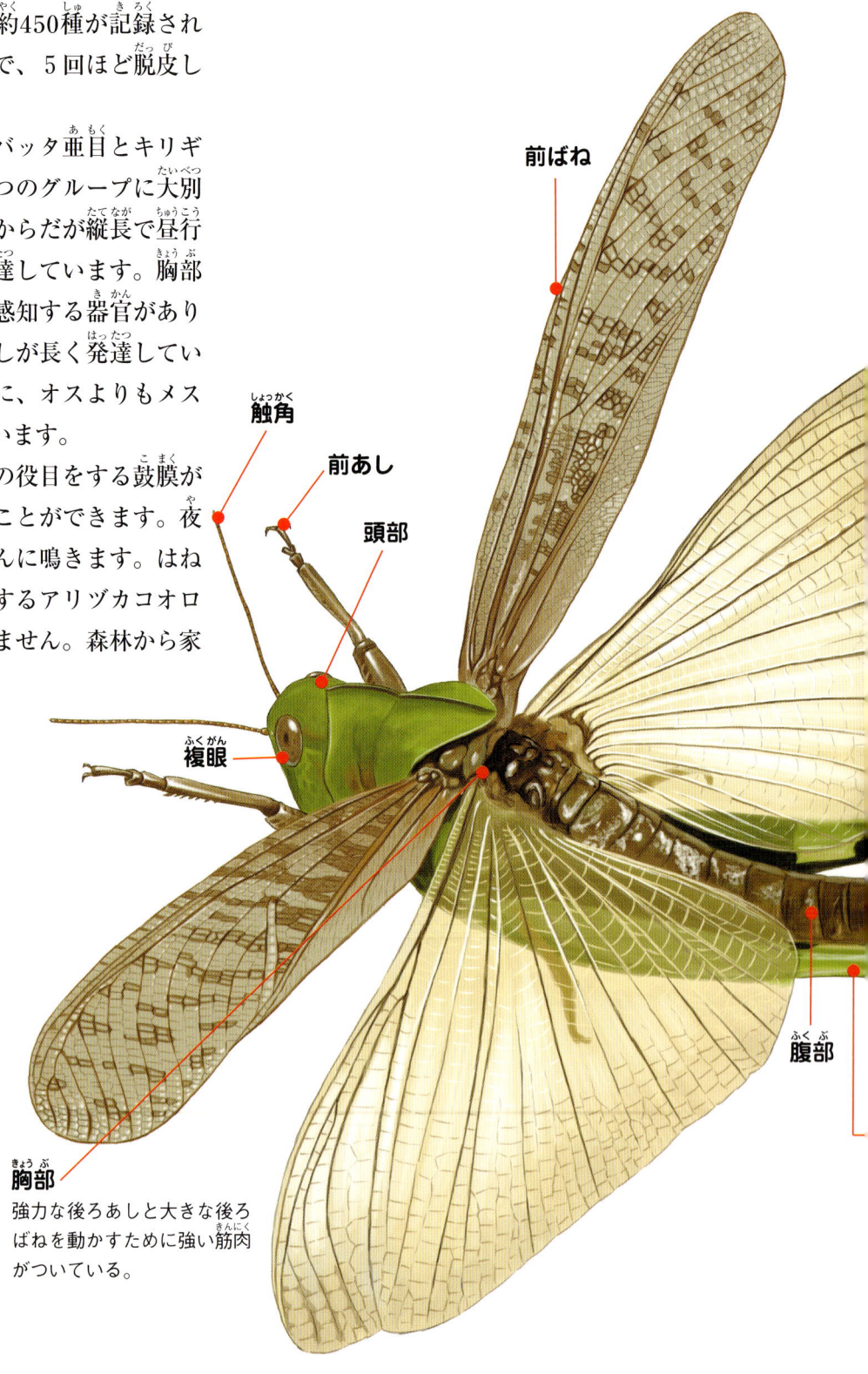

バッタのからだ

前ばね
触角
前あし
頭部
複眼
胸部：強力な後ろあしと大きな後ろばねを動かすために強い筋肉がついている。
腹部

▶トノサマバッタは日本でいちばん大きいバッタ。おどろかすと、最初は後ろあしを使ってジャンプする。からだの10倍以上の距離を跳ぶことができる。何度もおどろかすと、今度ははねを使って飛んでいく。バッタ目のなかではよく飛べるほうで、50mほど飛ぶことができる。

◀交尾するトノサマバッタ。背中にのっている小さいほうがオス。

◀トノサマバッタの産卵。地面に深く腹を差しこんで卵を産む。バッタのなかまのメスは、産卵のときには腹部が長くのびる。

産卵から羽化まで

　キリギリスやコオロギのメスは、腹部の先端に産卵管をもっています。とくにコオロギの産卵管は細いやり状に長くのびており、その中を通って卵が産みだされます。

　トノサマバッタでは、土の中に腹部を長くのばし、腹部の先端から卵を産みます。卵は細長いバナナ形で、最初は白色の膜に包まれていますが、やがて固くなり、そのまま越冬します。翌年の6月ごろに幼虫がかえり、イネ科の植物を食べて成長します。幼虫には将来はねになる部分があり、成長とともにめだつようになります。羽化すると、はねがのび、からだが固まるまでしばらくじっとしています。

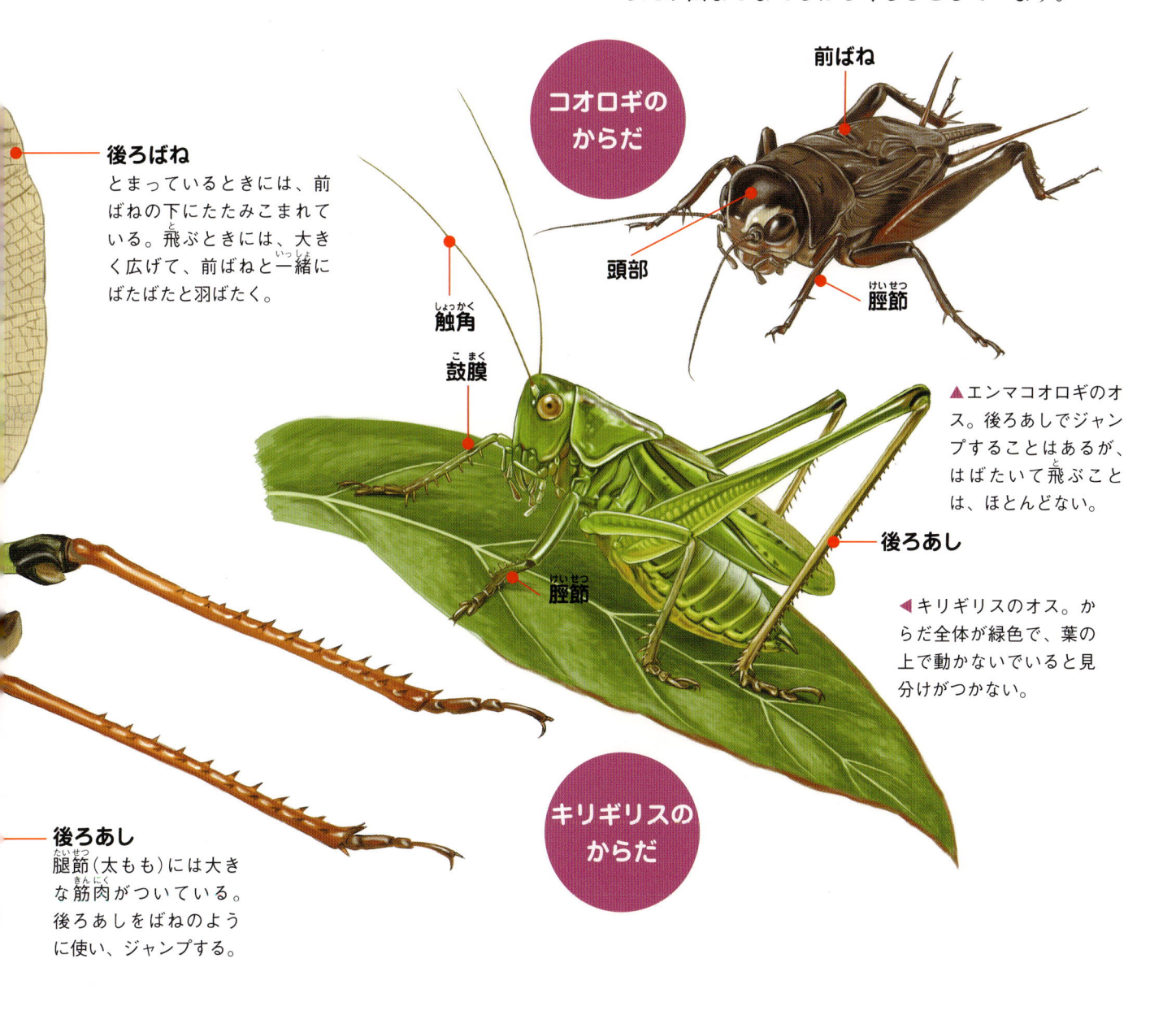

バッタ目　バッタ・コオロギなど

コオロギのからだ
- 前ばね
- 頭部
- 脛節

後ろばね
とまっているときには、前ばねの下にたたみこまれている。飛ぶときには、大きく広げて、前ばねと一緒にばたばたと羽ばたく。

- 触角
- 鼓膜
- 脛節

▲エンマコオロギのオス。後ろあしでジャンプすることはあるが、はばたいて飛ぶことは、ほとんどない。

- 後ろあし

◀キリギリスのオス。からだ全体が緑色で、葉の上で動かないでいると見分けがつかない。

後ろあし
腿節（太もも）には大きな筋肉がついている。後ろあしをばねのように使い、ジャンプする。

キリギリスのからだ

139

バッタ・キリギリスのなかま

バッタ目

バッタ・コオロギなど

　バッタのなかまは触角が短く、発達した複眼をもっています。植物食で、幼虫も成虫も葉を食べます。草原や河原のような荒れ地に多く見られます。メスは長い産卵管をもたず、腹部をのばして土の中に入れ産卵します。大きさは種によっていろいろで、ショウリョウバッタは体長4～6cmですが、ノミバッタでは体長5mmほどしかありません。ショウリョウバッタやオンブバッタでは、オスとメスでからだの大きさがとてもちがい、メスが大型です。

　キリギリスのなかまはコオロギのなかまに近く、からだよりも長い糸状の触角をもち、メスは長い産卵管をもちます。オスは前ばねをこすり合わせて音を出します。メスも音を出すものがあります。

　ツユムシ類やクサキリ類などの植物食のものと、ウマオイやヤブキリなどの動物食の傾向の強いものとがあります。

▼イナゴ。イネやススキなどを食べる。イネの葉を食い荒らす害虫とされる。日本では、佃煮にして食べることもある。

▲ウマオイがオンブバッタを食べる。ウマオイやヤブキリは動物食のバッタで、ほかの昆虫を捕らえて食べる。

▲オンブバッタ。クズやキクなどの葉を食べる。上の小さいほうがオス。メスをほかのオスにとられないように、ずっと背中にのっている。ほとんど飛べない。

虫ムシウォッチング　飛蝗とはなにか

　トノサマバッタは、生息しているバッタの数が少ない環境で育つとふつうの緑色の個体となります。ところが、バッタの数が非常に多い環境で育つと、からだが褐色味を帯び、はねが長くなり、後ろあしは短くなります。ふつうの状態のバッタを孤独相というのに対して、これを群生相といいます。すがただけでなく、集団で行動し、さかんに飛翔するなど、習性も変わります。群生相のバッタの大群が、農作物を食い荒らしながら一定の方向へ移動して行くことが知られており、これを「飛蝗」とよびます。日本でも何度か大発生が記録されています。

◀鹿児島県馬毛島のトノサマバッタの大発生。1986年に起こった。

▶群生相のトノサマバッタ。からだが黒く細長く変化し、はねが長くなっている。

コオロギのなかま

コオロギのなかまは、秋の鳴く虫を代表するグループです。コオロギのほか、カンタン、マツムシ、カネタタキ、クサヒバリなどが含まれます。触角が長く、からだはやや平たく、はねを背に折りたたんでいます。地表から草の上、樹上まで見られます。

基本的に植物食ですが、動物質も食べ、ほかの昆虫や小さな動物の死がいなどを食べたりもします。

コオロギのオスは、精子が入った精球とよばれるゼラチン状のかたまりを、メスの交尾器に付着させます。このかたまりから精子がメスの体内に入り、卵が受精します。メスは長い産卵管をもち、地中や木の皮のあいだなどに産卵します。

◀コオロギの死がいを食べるミツカドコオロギのメス（上）と地面に落ちたカキを食べるエンマコオロギ（下）。コオロギは雑食性で、昆虫などの死がいややわらかい植物などを食べる。

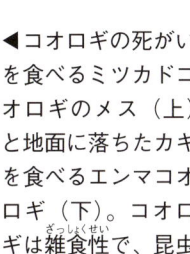

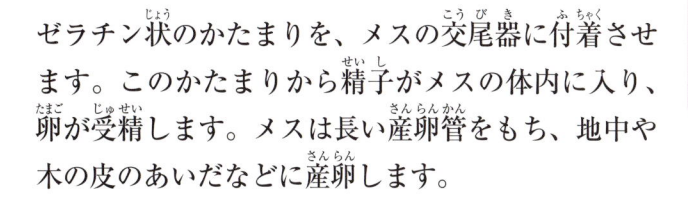

都会のコオロギ、アオマツムシ

アオマツムシは、明治時代に中国から入ってきた外来種といわれ、都会の街路樹など日当たりのよい場所に多く見られます。秋に街路樹のプラタナスやサクラなどの樹皮の下に産卵し、翌年の春に幼虫がふ化します。オスは交尾のときにメスからほかのオスの精子をぬきとって食べてしまいます。こうして最後に交尾をしたオスだけが、確実に自分の子孫を残せるのです。

◀植えこみの木で鳴いているアオマツムシのオス。昼間は葉の上にとまっているが、夕方になるとかん高い声で鳴きはじめる。

バッタ目
バッタ・コオロギなど

虫ムシウォッチング

コロギスの生活

コロギスは、コオロギとキリギリスの中間のようなかたちをしています。発音器はなく、鳴きません。糸をはいて木の葉をつづりあわせ、巣をつくるのが特徴です。夜になると巣から出て活発に活動し、ほかの昆虫を捕らえて食べます。8〜10月に成虫のすがたが見られ、木材に卵を産みつけます。

◀昼間、葉をつづりあわせてつくった巣の中にかくれているハネナシコロギス。はねはない。

アリヅカコオロギの生活

アリヅカコオロギは、最大のものでも体長5mm程度の日本最小のコオロギで、アリの巣の中で生活します。はねがなく、複眼は退化して小さくなっています。触角は短く、からだはだ円形です。種によってすみつくアリの種がほぼ決まっています。巣の中の有機物を食べ、アリの食物をかすめとって生活します。

◀トビイロシワアリの巣の中のサトアリヅカコオロギ（中央のもの）。はねはない。

バッタ目 バッタ・コオロギなど

秋の鳴く虫たち

　秋に鳴くバッタ目の昆虫には、キリギリスのなかまでは、キリギリスやツユムシ、コオロギのなかまでは、コオロギ、スズムシ、マツムシ、カンタンなどがいます。コオロギのなかまのケラやアオマツムシでは、夏から鳴き声が聞かれます。とくにケラは夏に地中で鳴きます。たとえばコオロギ類でも、エンマコオロギ、ミツカドコオロギ、ツヅレサセコオロギと種ごとに鳴き声が異なっていて、鳴き声を聞いただけで種を特定することができます。鳴くのはコミュニケーションの手段といわれ、コオロギのなかまでは、メスへの求愛、なわばりの宣言、ほかの個体への威嚇や警告、とされています。さらに、1匹が鳴きだすとまわりにいるオスもこれにこたえていっせいに鳴きだすことがよくあり、集団防衛の効果も考えられるとされています。

　鳴く虫は種によってすんでいる場所がちがいます。生息場所は、木の上と下、草やぶ、草原、空き地などに分けられます。

▲マツムシのオス。前ばねをこすりあわせて鳴いている。

▲ヤブキリ「ジリジリジリ」
▼アオマツムシ「リィーリィリィリィ」
▲カネタタキ「チンチンチン」
▼カンタン「ルルル」
◀ウマオイ「スィーッチョン」
▲ササキリ「ジリジリ」
▼セスジツユムシ「チチチチジーチョジーチョ」
◀ナキイナゴ「カシャカシャカシャ」
▲クツワムシ「ガチャガチャ」
▶マツムシ「チンチロリン」
▼スズムシ「リーリーリー」
▼エンマコオロギ「コロコロリリリ…」
▶ケラ「ビー」

はねやあしをこすって鳴く

コオロギやキリギリスは、やすり器とまさつ器をすりあわせて音を出します。スズムシでは、はねをかさねたときに上になる右前ばねのやすり器と、下になる左前ばねのまさつ器をこすりあわせて音を出します。さらに薄くてかたいはねの発音鏡で共鳴させ、音を増幅させます。キリギリスでは、上になる左前ばねのやすり器と、下になる右前ばねのまさつ器とをこすりあわせて音を出し、はね全体が振動板となって大きな音を出します。ナキイナゴは、前ばねと後ろあしのかたい脈をこすり合わせて音を出します。

▶スズムシのオス（左）は、音を出すための前ばねが大きい。メス（右）は腹部の先端から産卵管がのびている。

オス　メス

鳴き声を出せる、からだの構造

スズムシ
左前ばね／右前ばね／発音鏡／やすり器／まさつ器／腹部

キリギリス
左前ばね／右前ばね／やすり器／腹部／まさつ器

ナキイナゴ
前ばね／まさつ器／後ろあし／かたい脈

◀カネタタキのオス（左）が鳴きながら、メス（右）に近よってきた。

▲マダラスズ
「リーィリーィリーィ」

スズムシは前ばねだけ

コオロギのなかまは、前ばねが鳴くことに特化したため、飛ぶのがへたな種が多く見られます。特にスズムシでは、羽化後5日ほどで後ろばねがからだから脱落してしまい、まったく飛べなくなります。そして、そのころからよく鳴くようになります。

◀鳴いているスズムシのオス。

バッタ目　バッタ・コオロギなど

143

ゴキブリ目

　ゴキブリは、家の中にいてだれもが知っている昆虫です。からだに油状の物質がのって光沢があるので「あぶらむし（油虫）」ともよばれます。からだは平たく、頭部は前胸部にかくれています。触角は長く、空気の流れを敏感に感じとります。はねのかたちや脈は古生代に生きていたものから、それほど変化していません。世界に4亜目4000種が知られ、日本からは52種が記録されていますが、家屋に生息する種は10種ほどで、大部分は森林など野外に生息しています。不完全変態の昆虫です。

　室内に生息するゴキブリは、夜に活動し、強い脚力ですばやく動きまわります。雑食性で、腐ったものなどを食べたときに細菌類をからだにつけて、あちこちにまき散らすため、衛生上の害虫となります。集合フェロモンを分泌し、ものかげに集団で集まります。この生態を利用した駆除剤もあります。

　森林で生活する種は、樹木のうろや樹皮のすきま、岩のわれめ、石や落ち葉の下などに見られます。なかには枯れた倒木や切り株の中で、親と子がいっしょに生活する種もいます。

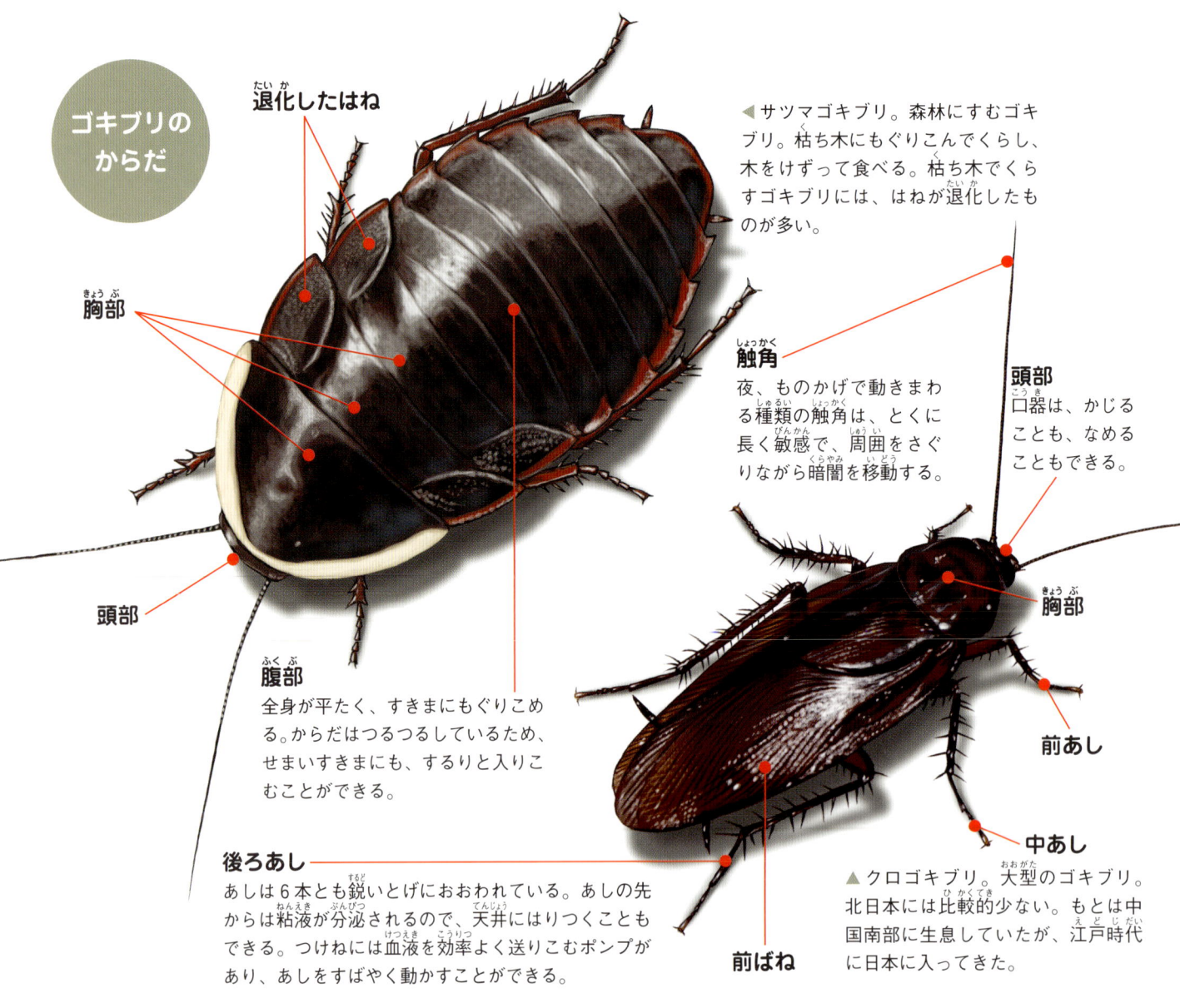

ゴキブリのからだ

退化したはね

胸部

触角
夜、ものかげで動きまわる種類の触角は、とくに長く敏感で、周囲をさぐりながら暗闇を移動する。

頭部
口器は、かじることも、なめることもできる。

頭部

腹部
全身が平たく、すきまにもぐりこめる。からだはつるつるしているため、せまいすきまにも、するりと入りこむことができる。

後ろあし
あしは6本とも鋭いとげにおおわれている。あしの先からは粘液が分泌されるので、天井にはりつくこともできる。つけねには血液を効率よく送りこむポンプがあり、あしをすばやく動かすことができる。

◀ サツマゴキブリ。森林にすむゴキブリ。枯ち木にもぐりこんでくらし、木をけずって食べる。枯ち木でくらすゴキブリには、はねが退化したものが多い。

胸部

前あし

中あし

前ばね

▲ クロゴキブリ。大型のゴキブリ。北日本には比較的少ない。もとは中国南部に生息していたが、江戸時代に日本に入ってきた。

*現在の分類では、ゴキブリ目、シロアリ目は、ゴキブリ目に統合されています。

ゴキブリの増え方いろいろ

　ゴキブリのほとんどは卵生で、卵がたくさん入った卵の袋である卵鞘で産みおとされます。ひとつの卵鞘には、クロゴキブリで20〜25個、チャバネゴキブリで40個ほどの卵が入っています。チャバネゴキブリでは卵鞘を毎月産みます。幼虫の期間は約2か月ほどです。なかには卵胎生のハイイロゴキブリやオオゴキブリもいます。これらのメスは卵鞘をいったん産んだあと、再びからだの中に入れて卵を育て、1齢幼虫がふ化すると、体外に産みおとします。

　家族でくらすものもいます。琉球列島の森林に生息するタイワンクチキゴキブリなどのクチキゴキブリ類は、たおれて腐った木に穴を掘って、オスとメスが子どもを守って生活します。これらも卵胎生です。食べ物はすんでいる腐った木そのものです。親は幼虫に口うつしで食べ物を与えます。幼虫は終齢幼虫になるまで、親と生活します。

▲クロゴキブリの卵鞘。メスは卵鞘を産むと、ものかげにだ液ではりつける。

▲ヤマトゴキブリのメス。卵鞘を産んでも、写真のように、からだにつけたままくらす。

◀幼虫を産むハイイロゴキブリ。卵胎生のゴキブリでは卵ではなく、1齢幼虫が産まれてくる。卵を産むよりも確実に子孫を残すことができる。

◀ヒメマルゴキブリのメス親と幼虫。森林にすむヒメマルゴキブリのメスは、はねがなく、まるでダンゴムシのようなからだをしている。卵胎生で幼虫を産む。

性フェロモンと集合フェロモン

　ゴキブリの生活にはフェロモンが活躍しています。家屋性のゴキブリは同種の個体を一か所に集合させる集合フェロモンを出して、集まって生活します。この集団の中にいると、幼虫の成長が早まります。フェロモン物質は直腸から分泌され、ふんの中に入って体外へ放出されます。ゴキブリのふんに多くの個体が集まるのはこのためです。

　また、メスのゴキブリは性フェロモンを分泌し、オスを引きつけます。フェロモンはからだの表面の成分にふくまれています。オスは背中に誘惑腺という器官をもっています。オスは、はねをあげて、誘惑腺のある腹部を出し、そこから分泌物を出してメスを誘います。

　たとえば、チャバネゴキブリは、夜間にオスとメスが触角を触れあわせて、相手を確認します。メスの性フェロモンを感知したオスはメスのあとを追って走ります。追いつくと、はねを垂直にあげ、メスに腹部を近づけます。腹部の第7節と第8節の背面には誘惑腺があり、メスは分泌物をなめます。なめているあいだか、なめ終わったあとに交尾します。

◀クロゴキブリの1齢幼虫。集合フェロモンによって集まっている。

◀はねをあげてメスを交尾に誘うハイイロゴキブリのオス（右側）。

ゴキブリ目

シロアリ目

シロアリはアリではありません。アリはハチのなかま（ハチ目）ですが、シロアリはゴキブリに近い昆虫です。アリは完全変態の昆虫なので、さなぎの段階があり、幼虫はウジムシ状で、あしがなく動けません。シロアリは不完全変態の昆虫で、さなぎの段階がなく、幼虫にあしがあり、動きまわります。世界に7科2900種、日本には16種ほどが知られます。圧倒的に熱帯に多くの種が分布します。

シロアリはすべての種が社会性をもちます。女王（メス）、王（オス）、兵シロアリ、働きシロアリと分かれていて、巣を中心に集団で生活します。

シロアリの社会性は、アリとのちがいがたくさんあります。アリの場合、働きアリや兵アリは、産卵できませんがすべてメスです。しかし、働きシロアリや兵シロアリはオスとメスが半数ずつです。また、アリではオスが1年のうち一時期しかいませんが、シロアリでは女王のわきにいつでもオスがいます。

シロアリも卵を産むのは女王だけです。働きシロアリなどのオスとメスは、若い時期に発育がとまっており、生殖能力がありません。女王の腹部は非常に大きくなっており、その中に大きな卵巣があります。腹端から産みだす卵の数は膨大で、なかには1日に数千個の卵を産むものもいます。女王のそばのオスは、ときどき女王と交尾します。

シロアリは、枯れた木材を食べることでも有名です。シロアリの多くは、木材の主成分のセルロースを分解することはできません。分解は、腸内の原生生物や細菌類が行い、分解されてできた生成物をシロアリが吸収します。なかにはセルロースを分解する酵素を分泌し、自分で分解できるシロアリもいます。こうして、ほかの動物が食べ物にできない枯れた植物も栄養にすることができます。土をかためて巨大な塚をつくる種も多く、アフリカやオーストラリアでは高さ5mを超すシロアリ塚が見られます。

シロアリのからだ

▶女王。産卵だけをおこなう。食べ物は働きシロアリが口うつしであたえる。

ラベル：腹部、触角、頭部、中あし、後ろあし、複眼、前あし

▲兵シロアリ。大あごで攻撃する。食べ物は働きシロアリから口うつしでもらう。複眼がない。

▲二次生殖虫。女王かオスが死ぬ、あるいは両方が死ぬと巣内にあらわれ、生殖活動を引きつぐ。

▶働きシロアリ。女王、オス、兵、卵、幼虫の世話、巣の補修などをする。複眼がない。

◀オス（王）。女王のそばにいて、ときどき交尾する。シロアリの女王はアリやハチとちがい、腹部に精子をたくわえられないため、交尾する必要がある。

＊現在の分類では、ゴキブリ目、シロアリ目は、ゴキブリ目に統合されています。

羽アリとなって新しい巣をつくる

ヤマトシロアリでは4〜5月ごろ、イエシロアリでは6〜7月ごろに、はねをもち、生殖能力があるメスとオスが数多く生まれ、結婚飛行に飛びたちます。新しい女王と王となり、自分たちの巣をつくるのです。アリの羽アリと似ていますが、シロアリの羽アリは前ばねと後ろばねが同じかたち、アリでは後ろばねが前ばねよりも小さいので区別できます。あかりに集まるのは、おもにアリの羽アリです。

シロアリの羽アリのうち、生きのこるのはごく一部です。そのなかから、ペアとなったオスとメスは、交尾をして、はねを切りはなすと、巣をつくる場所を探します。巣をつくり、メスが産んだ働きシロアリが増えてくると、メスは産卵数を増やし、同時に卵巣が発達して腹部がふくらんできます。種によっては10cmを超える女王となります。

◀はねがあるヤマトシロアリのメスとオス。春のおわりから初夏にかけて、空に舞う。

シロアリのキノコ栽培

シロアリは植物を食べ物にしますが、行列をつくって集めてきた落ち葉や落ちた枝を巣の中に貯蔵し、そこでシロアリタケというキノコを育てる種もいます。シロアリタケの菌糸を働きシロアリが食べて、さらに口うつしで、幼虫や女王、あるいはほかのシロアリにあたえます。成長したシロアリタケは、シロアリの巣から地上にのびて、かさを広げて胞子を飛ばします。

▲▶部屋の中で育てられるキノコ。白い一粒一粒はシロアリタケの菌糸のかたまり。キノコにかたい植物を分解させ、シロアリが食べられるようにする。

ハサミムシ目

腹部の先に、大きく発達したはさみがあるのが特徴です。このはさみは、尾角という部分が変化したものです。ハサミムシのからだは平たく、細長いのでせまいところにもぐりこめます。触角は長く、目はよく発達します。成虫では、はねがあるものとないものがあります。前ばねはかたくて短く、後ろばねは、前ばねの下に折りたたまれています。はねのあるものにはよく飛ぶものがいます。世界に2000種が知られ、日本では22種が生息しています。不完全変態の昆虫です。

夜行性の種が多く、石、倒木、落ち葉の下などに見られます。雑食性ですが、動物食の傾向が強く、はさみを使って小型の昆虫などを捕らえます。メスは卵を産むと、そこからはなれず、卵を外敵から守ったり、カビが生えないように掃除をしたり、場所を移したりします。ふ化直後の幼虫へ、食べ物をあたえる種もいます。なかには、メス親自身がふ化した幼虫に食べられてしまうものもいます。

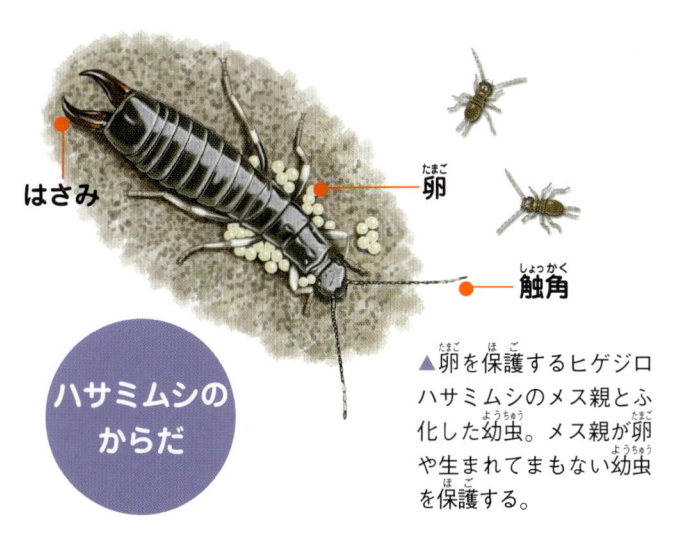

ハサミムシのからだ

▲卵を保護するヒゲジロハサミムシのメス親とふ化した幼虫。メス親が卵や生まれてまもない幼虫を保護する。

カマキリ目

　カマキリは、前あしにするどい鎌をもつ昆虫です。からだは細長く、大型です。頭部は逆三角形でよく動き、くるりと180度回転させることができます。触角は糸状で長く、複眼は大きく発達します。世界に約1800種、日本に9種が生息します。熱帯に多くの種が見られ、落ち葉や花、枝に擬態するなど、複雑なかたちや色をもつものも少なくありません。北方に分布する種は少なく、北海道ではウスバカマキリ1種のみが生息します。不完全変態の昆虫で、幼虫は成虫とよく似たかたちをしています。

　動物食で、幼虫も成虫も前あしの鎌を使って昆虫などを捕らえて食べます。ときにはカエルやトカゲまで捕らえることがあります。狩りは待ちぶせ型です。まわりの植物にとけこむようにじっと立ち、獲物を見つけると、少しずつ近寄っていきます。十分に距離をつめると、すばやく鎌をくりだします。発達した複眼と自由に動く頭部で、獲物を目で追いかけ、機敏な動きで捕らえるのです。

　成虫をおどろかせると、前あしの鎌をかまえ、はねを広げる行動をとります。これは相手をおどそうとする威嚇のポーズです。

　熱帯や温帯に生息する種は、たくさんの卵が入った卵鞘を、木や草に産みつけます。卵鞘からは多くの幼虫が生まれます。

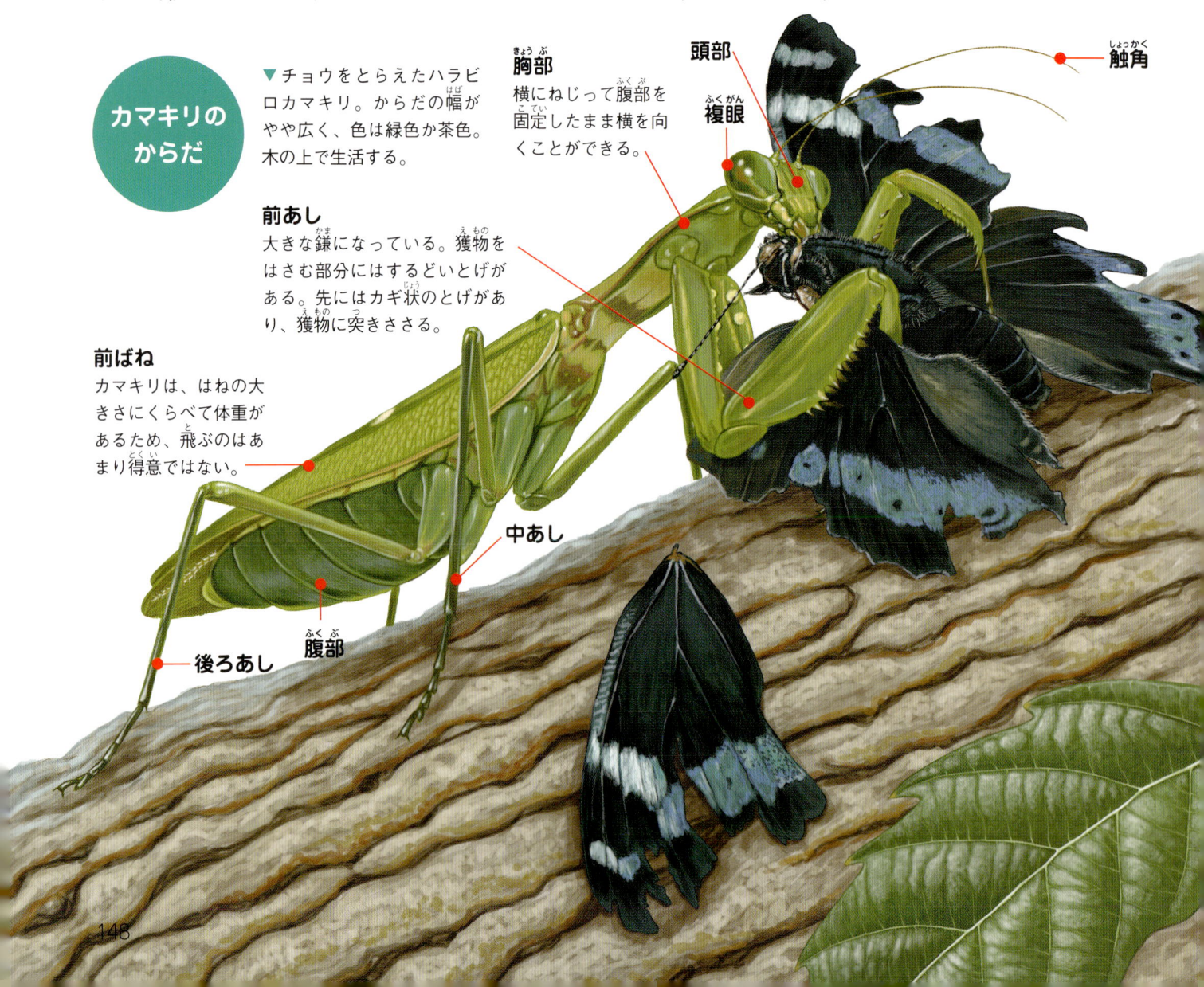

カマキリのからだ

▼チョウをとらえたハラビロカマキリ。からだの幅がやや広く、色は緑色か茶色。木の上で生活する。

胸部 横にねじって腹部を固定したまま横を向くことができる。

頭部

触角

複眼

前あし 大きな鎌になっている。獲物をはさむ部分にはするどいとげがある。先にはカギ状のとげがあり、獲物に突きささる。

前ばね カマキリは、はねの大きさにくらべて体重があるため、飛ぶのはあまり得意ではない。

中あし

腹部

後ろあし

カマキリの一生

カマキリは、秋になると種ごとに色やかたちに特徴がある卵鞘（一般にカマキリの卵とよばれる薄茶色のかたまり）を、小枝や茎、樹皮の下などに産みつけます。中には卵が数十から100個以上入っており、たとえばオオカマキリでは100〜400個ほどもふくまれています。1匹のメスは一生のうちに数個の卵鞘を産みます。

卵鞘で冬を越し、5〜6月にいっせいに幼虫がふ化します。ただし、成虫になれるのは200匹中にたった1匹程度といわれています。幼虫は小さな昆虫を捕らえて育ち、6〜8回の脱皮をして、夏に成虫となります。幼虫の期間は平均して2か月程度ですが、日数は温度の影響を受けるようです。

成虫になって1〜2週間後から交尾が見られます。交尾は慎重に行われます。オスはメスのようすをうかがいながら少しずつ近づいていきます。カマキリは動くものを捕らえる習性があるので、へたをするとオスでもメスにつかまってしまいます。オスはメスに見つかると、不動の姿勢をとって、やりすごします。メスに接近できると、背後から飛びのり、交尾します。交尾の最中にメスがオスの頭部を食べてしまうことがよくあり、オオカマキリのオスでは3分の2ほどが食べられてしまいます。交尾を終えたメスはやがて卵鞘を産みます。

オオカマキリのふ化から産卵まで

▲1 前幼虫がかえる。腹部から糸を出して卵鞘にぶら下がりながら、さかさまに垂れ下がる。前幼虫から脱皮して1齢幼虫になると、糸やまわりの幼虫を伝って、まわりの植物に移っていく。

▲2 1齢幼虫。卵鞘から出たばかりの幼虫は、互いに近くにいる。はじめは薄い黄色をしているが、だんだん濃い色になってくる。

▲3 1匹ずつ独立しアブラムシなど小さな昆虫を捕らえるようになる。はじめは褐色だったが脱皮をくりかえすうち、緑色になってくる。

▲4 威嚇するメスの成虫。敵に対して逃げずに威嚇することもある。鎌をふりあげながら、はねを広げる。

▲5 交尾。オス（上）の頭部はメスに食べられてしまった。産卵前のメスは食べ物をとることに必死で、動くものは、交尾中のオスさえ、獲物に見えてしまう。

▲6 産卵。メスは産卵しながら白い液を分泌し、腹であわだててクリーム状の卵鞘にする。卵鞘の表面はかたくなり、内部の卵を冬の冷たい空気から守る。

昆虫の擬態

擬態は、生物がほかの生物や物に自分を似せることです。昆虫の擬態には、動物、植物、石やふんなどに似せているものがあります。

擬態することで、敵の目をあざむいて、身を守ったり、獲物をとったりしています。長い年月をかけて、からだが擬態のすがたに進化して、生き残ってきたと考えられます。すがただけでなく、フェロモンや発光のしかたなどをまねる昆虫もいます。

自分の身をかくす

よく知られている擬態は、木の枝や葉、花などに自分のからだを似せているものです。この擬態には、外敵から身を守るためにするものと、反対に獲物を捕るためにするものとがあります。ほとんどがまわりにとけこむ保護色のからだをもち、近づいてもまったく見分けのつかないものもいます。

かくれて獲物をねらう

ハナカマキリなどは、花などに擬態し、獲物がやってきそうなところにひそんでいます。このような擬態を攻撃擬態ともよびます。

▲花に擬態するハナカマキリ。ランの花にそっくりなすがたをしている。ハナカマキリは幼虫のころから花に擬態している。（マレーシア）

◀花のまわりにある苞に擬態したカマキリのなかま。形や色までも似ている。（マレーシア）

かくれて身を守る

外敵から身を守るために、葉や枝に自分を似せるものが多くいます。昆虫のいちばんの敵である鳥は、視覚をたよりに狩りをするため、このような擬態でだまされてしまいます。

木の幹
▼木の幹そっくりのカメムシ目のミミズクの幼虫。成虫のからだは黒褐色で、やはり目立たない。

葉
▼枯れ葉に擬態するチョウのキタテハ。見えているのははねの裏で、表は目立つ色をしている。

木の枝
▼木の枝に擬態している、ガのなかまのツマキシャチホコの成虫。手前が頭。

地面
▼地面に似た色ともようでかくれるイボバッタ。からだの凸凹が土に似ている。

151

ほかの昆虫に化ける

昆虫の擬態にはもうひとつ、昆虫をふくむほかの生き物に自分を似せるタイプがあります。この擬態にはふたつの種類があり、ひとつは、毒などをもつ昆虫に擬態し、敵におそわれにくくするものです。もうひとつは、毒などをもつ昆虫同士が似た色、もようをもち、敵に警戒させるというものです。

同じもようで敵にアピール

毒をもつ昆虫同士が似たもようをしていれば、天敵はそのもように出会う機会が増えます。天敵が、そのもようをもつ昆虫のどれかを食べて毒があると学習すれば、同じもようをもつほかの昆虫もおそわれなくなります。

毒をもつチョウやハチなど、毒をもつ別の種同士がたがいによく似た色ともようをもつ擬態があります。ミュラー型擬態ともいわれています。

▲南アメリカの熱帯雨林にいる黒地に赤と黄色がめだつ3種類のドクチョウ。
①クリソニムスドクチョウ　②ベスケイドクチョウ
③エラントドクチョウ

152

毒をもつものにすがたを似せる

毒をもつ昆虫を鳥などの天敵はきらいます。毒をもたない昆虫が、毒のある昆虫をまねることで、敵におそわれなくなる擬態です。

スズメバチのように攻撃的な昆虫に擬態して近寄ったら危険と思わせる場合と、食べると毒となる昆虫に擬態して、食べたら危険と思わせる擬態があります。こうした擬態をベーツ型擬態といいます。

攻撃的な昆虫をまねる

この擬態は、毒などをもつ攻撃的な昆虫に弱い昆虫がすがたをまねることですが、まねるものは利益を得、まねされる方は利益がありません。

スズメバチと、それにそっくりなトラフカミキリなどがその一例です。

◀オオスズメバチ。体長40mmにもなり強い毒をもつ、非常に攻撃的なハチである。

▲セスジスカシバ（ガ）。北海道、本州に生息し、8〜9月ごろに見られる。

▲トラフカミキリ。日本全国で見られる。

◀ホソヒラタアブ。日本全国で見ることができ、幼虫はアブラムシを食べ、成虫になると花粉や蜜を食べる。

食べると毒となる昆虫をまねる

カバマダラは、幼虫のときに植物からとった毒素を成虫になってももっています。そのことを知っている鳥などの外敵は、カバマダラに似ているものをおそいません。ツマグロヒョウモン自体には毒はありません。

▶カバマダラ。マダラチョウのなかまは、有毒成分をもっているものが多い。東南アジアからアフリカまで広く分布し、日本では、鹿児島県の奄美諸島以南で見られる。

▲ツマグロヒョウモンのメス。メスには前ばねの先端に黒と白の帯がある。ツマグロヒョウモンは、メスのみが擬態する。日本では関東以西、沖縄まで見られ、さらに台湾、オーストラリアまで広く分布している。

シロアリモドキ目

シロアリモドキはからだの細長い、やや小型の昆虫です。ふつうオスははねがあり、メスにははねがありません。はねのかたちから、以前はシロアリに近縁と考えられて「シロアリモドキ」の名がつけられました。しかし、現在は、ナナフシ目に近縁であるとされています。世界に約500種が知られ、日本からは2種が記録されています。不完全変態の昆虫です。

前あしに糸を出す器官があります。そこから糸を出してつむぎ、樹木の葉や樹皮のさけ目に、トンネル状の巣をつくります。卵も糸のトンネルの中で産み、メスは卵や幼虫を外敵から守って生活します。トンネルの中で、コケや菌類、落ち葉などを食べています。

シロアリモドキのからだ

▼巣の中でくらすシロアリモドキ。前あしから多数の糸をだし、それをつむいで筒をつくる。筒の中でコケや菌類などを食べる。食べつくすと、巣をのばして、別の場所に移動する。

触角／頭部／胸部／腹部

ガロアムシ目

ガロアムシ目は昆虫のなかでは、カカトアルキ目に次いで2番目に新しい目で、1914年に正式に記載されました。北アメリカ北西部と東アジアに分布し、「生きている化石」として注目された昆虫です。日本では、フランス人外交官のガロアが日光の中禅寺湖湖畔で発見したことから「ガロアムシ」の名がつきました。からだはややへん平で、目は小さく退化しています。触角は糸状で長く、はねも退化してなくなっています。世界に23種、日本からは6種が報告されており、さらに正式に記載はされていないものが1種います。世界的にめずらしい昆虫ですが、日本では山地の渓流沿いの湿度の高い土の中や石の下などで採集され、それほどまれでもありません。不完全変態の昆虫です。

幼虫の期間は長く、成虫になるまでに少なくとも5年をかけ、成熟するまでには7～8年かかります。

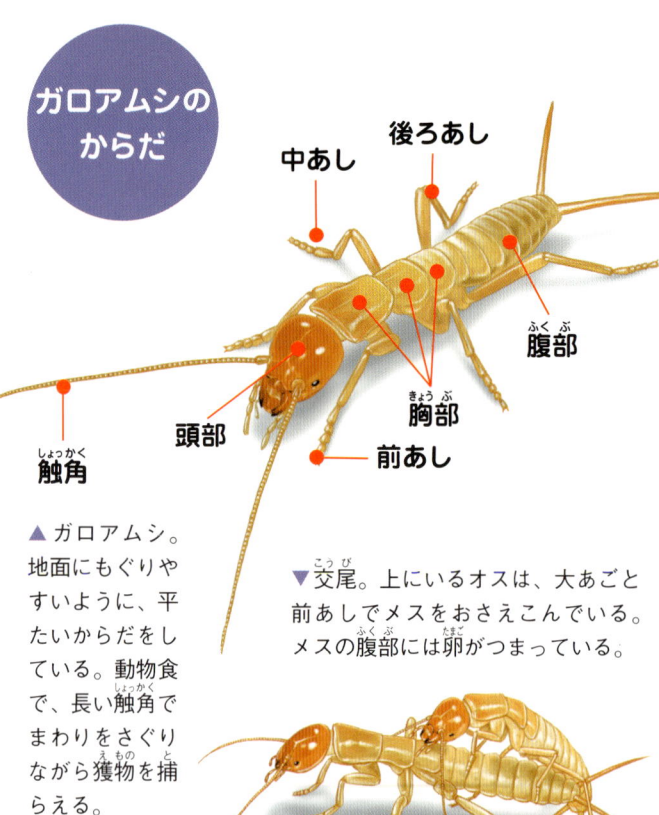

ガロアムシのからだ

中あし／後ろあし／腹部／胸部／前あし／頭部／触角

▲ガロアムシ。地面にもぐりやすいように、平たいからだをしている。動物食で、長い触角でまわりをさぐりながら獲物を捕らえる。

▼交尾。上にいるオスは、大あごと前あしでメスをおさえこんでいる。メスの腹部には卵がつまっている。

ジュズヒゲムシ目

　ジュズヒゲムシは体長3mm以下の小型の昆虫で、触角は数珠玉のような丸い九つの節がつながっています。はねの脈も単純です。北アメリカを中心に、世界に32種が知られています。

　朽ち木や樹皮の中で集団で生活しています。おもにキノコやカビを食べ、さらに小さい動物の死がいの破片なども食べていると考えられています。不完全変態の昆虫です。

　昆虫のなかで系統的な位置が決まっていなかった目で、ゴキブリ目やシロアリ目に近いとされていたときもありました。しかし、近年はハサミムシ目と近縁であるとされています。ジュズヒゲムシはカカトアルキ目とならんで日本からは記録されていないなかまですが、中国からは発見されているので、将来、日本でも見つかる可能性はあります。

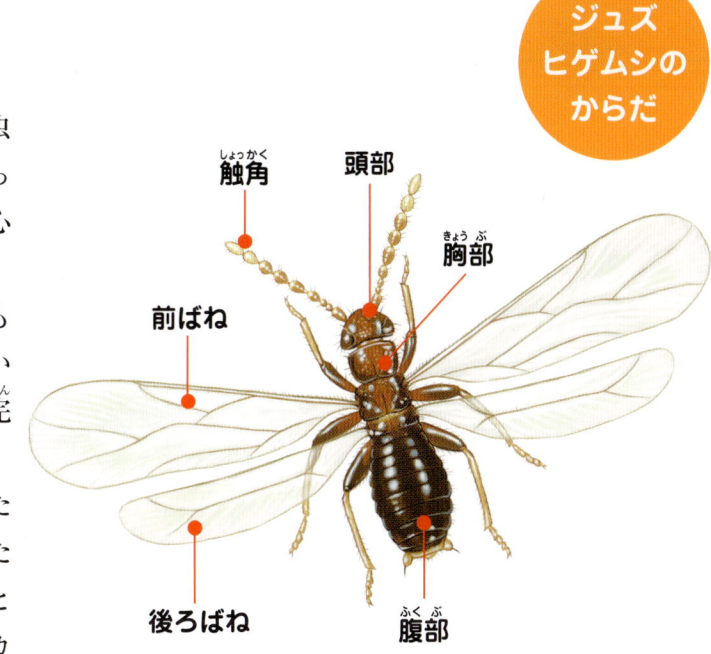

ジュズヒゲムシのからだ

触角／頭部／胸部／前ばね／後ろばね／腹部

▲はねのある種類のジュズヒゲムシ。はねは脈が少なく、前ばねのほうが大きい。はねがない種類もいる。

カカトアルキ目

　カカトアルキは、2002年、昆虫ではガロアムシ目以来、88年ぶりに新しい目として発表され、世界的に話題になりました。アフリカの南アフリカとナミビアの乾燥地帯、半乾燥地帯を中心に、タンザニアの一部からも見つかり、現在、化石の種をのぞいて、3科10属13種が報告されています。日本では、見つかっていません。不完全変態の昆虫です。

　体長は1.5～3cm程度で、はねがなく、体色は褐色から緑色までさまざまです。生息地では6～9月にわずかな雨が降り、この時期に卵からふ化して成長し、成虫となるとすぐに産卵できるようになります。動物食で小型の昆虫などを食べて生活します。獲物にすばやく飛びついて、口と前あしでおさえこんで捕らえます。

　ガロアムシ目と類縁があることが、いくつかの研究で報告されています。

カカトアルキのからだ

触角／頭部／中あし／前あし／胸部／後ろあし／腹部

▲2002年に見つかった。つま先をあげて、歩くことから「カカトアルキ」の名がつけられた。

カワゲラ目

　カワゲラは、はねを折りたためる昆虫のなかで、もっとも起源が古いグループです。はねの脈は多く、複雑で、後ろばねが前ばねよりも大きくなっています。触角は長く、あしは発達し、腹部の末端に2本の尾毛をもちます。セッケイカワゲラやトワダカワゲラのように、はねをもたない種もいます。

　成虫がとまるときには、後ろばねを折りたたみ、その上に前ばねをかさねます。成虫の寿命は10日間ほどで、そのあいだに、何度か産卵します。世界に約2000種、日本では160種が記録されています。不完全変態の昆虫です。

　幼虫は水生で、きれいな川の比較的、流れのゆるやかなところにくらします。川底の石や堆積物の下などに生息し、ほかの水生昆虫を捕らえて食べています。1年で羽化するものから、2～3年を幼虫で過ごすものまでいます。

　カワゲラとカゲロウは、幼虫も成虫もまちがわれることが多いですが、カワゲラの幼虫は、えらが胸部のあしのつけねや腹部の腹側などにあります。カゲロウの幼虫は、このようなえらが腹部の背中側にならんでいます。成虫では、カワゲラの後ろばねは大きく、カゲロウではたいへん小さいために、簡単に区別できます。

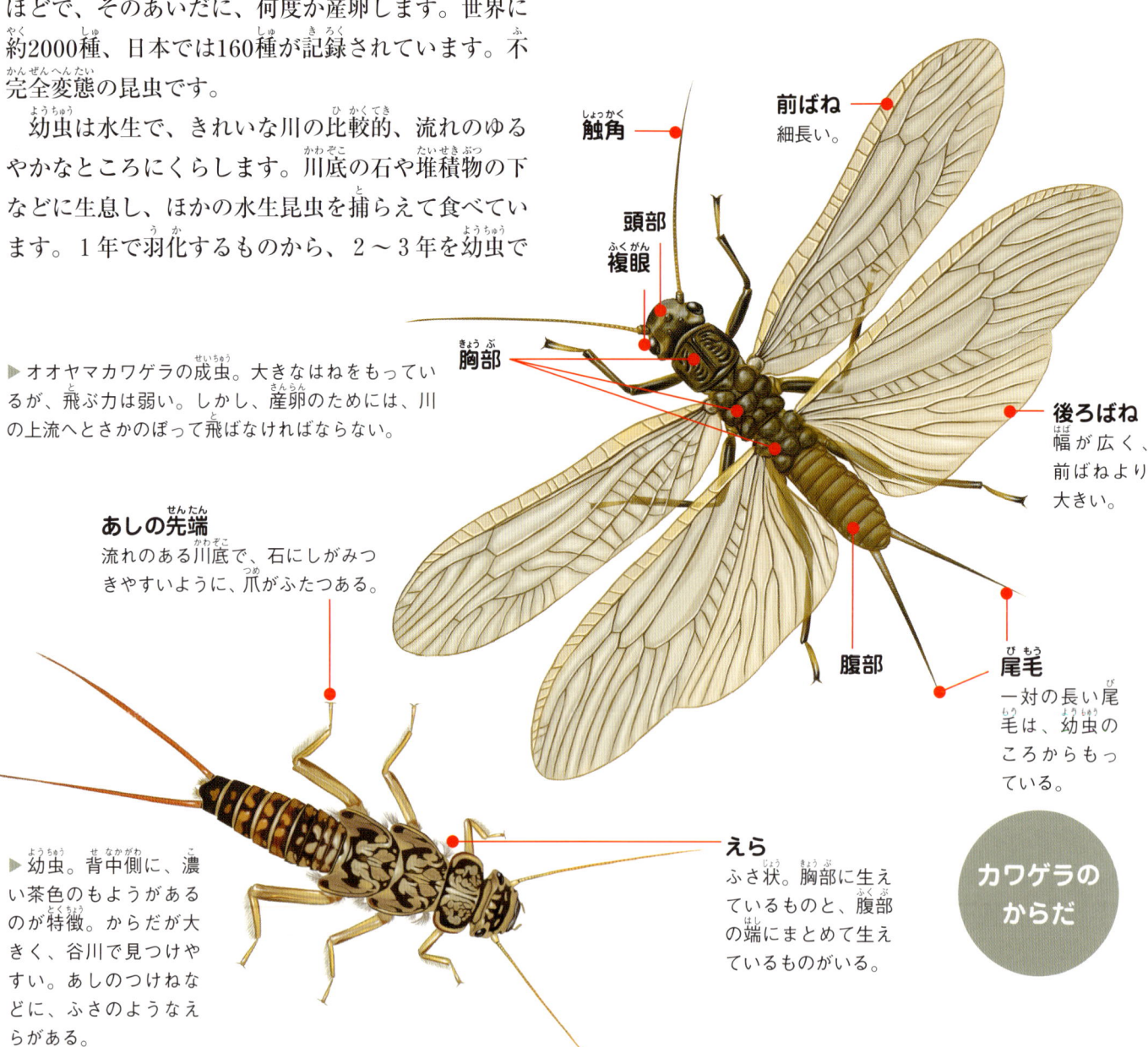

▶オオヤマカワゲラの成虫。大きなはねをもっているが、飛ぶ力は弱い。しかし、産卵のためには、川の上流へとさかのぼって飛ばなければならない。

触角

前ばね
細長い。

頭部
複眼

胸部

後ろばね
幅が広く、前ばねより大きい。

あしの先端
流れのある川底で、石にしがみつきやすいように、爪がふたつある。

腹部

尾毛
一対の長い尾毛は、幼虫のころからもっている。

▶幼虫。背中側に、濃い茶色のもようがあるのが特徴。からだが大きく、谷川で見つけやすい。あしのつけねなどに、ふさのようなえらがある。

えら
ふさ状。胸部に生えているものと、腹部の端にまとめて生えているものがいる。

カワゲラのからだ

雪の上にすむカワゲラ

冬になるとすがたをあらわし、雪の上を活動する特殊な昆虫を「雪虫」とよびますが、はねのないセッケイカワゲラも雪虫のひとつです。1月の末から3月にかけて出現し、天気のよい日に雪の上で見られます。気温が高くなると動けなくなってしまう、冬にしか活動できない昆虫です。雪の上の有機物を食べ物にしていて、ノウサギのふんなどに集まっていることもあります。沢から出た成虫は約1か月のあいだ、雪の上で活動します。セッケイカワゲラは下流から川上へと雪の上を歩いて移動し、メスは川上で水中に産卵します。

◀セッケイカワゲラのオス（左）が、小さな昆虫（ユスリカの一種）を食べているメス（右）に求愛している。

氷河時代の生き残り

トワダカワゲラは、原始的な昆虫の特徴を多く残しており、「生きている化石」とよばれます。氷河時代に大陸からわたってきて、そのまま生き残ったと考えられています。成虫はおもに秋にすがたをあらわし、はねをもちません。幼虫は水温が低くて水深が浅い、渓流に堆積した落ち葉の中にひそんでいます。卵の期間はおよそ100日、幼虫の期間が約3年で、卵から成虫になるまでに4年もかかります。

トワダカワゲラのなかまは、日本と朝鮮半島に5種だけが生息しています。1925年に十和田湖の近くの沢で幼虫がはじめて見つかったので、この名前があります。

◀トワダカワゲラのオス。冷たく、水温の変化が少ない川にしか生息できないので、生息地は限られている。

カワゲラが音を出す

カワゲラの成虫は植物に腹部を打ちつけ、植物を振動させて信号を送ります。これをドラミングとよびます。振動そのものは、小さなものですが、オスとメスとが出会うための大切な信号です。

オスの腹部の腹側には、ドアのとってのような突起物があり、それを植物に打ちつけて振動させます。メスはそれにこたえて、自分もドラミングを行います。オスはドラミングの振動をたよりにメスを探しだします。場所を見つけやすくするために、オスもメスもドラミングの信号を送りあいます。信号は種によってちがい、オスとメスは互いに同じ種であるかをドラミングで確認すると考えられます。

カワゲラの成長

カワゲラは川の中で数年を過ごし、陸上の岩や草の上で脱皮して成虫になります。成虫は川に沿って上流まで飛んで、上流で産卵します。卵は川の石の下などにくっつくので流れに流されません。

▲オオクラカケカワゲラの幼虫。幼虫は泳がずに、川底を歩いて、食べ物を探す。

▲セスジミドリカワゲラの羽化。成虫は、ほとんど食べ物をとらない。

▲ウエノカワゲラの成虫。カワゲラは、はねをゴキブリのように、平たくかさねてとまる。

日本にやってきた昆虫たち

外国との貿易や人の行き来が増えたことで、多くの昆虫が海外から日本に運ばれ、生息するようになっています。セイヨウミツバチのように目的があって日本に輸入されたものもありますが、荷物や乗り物について偶然やってくることもあります。このような昆虫を外来昆虫とよびますが、日本で増えてしまい、もともといた生物の生活する場所をうばうなど、生態系に影響をあたえるおそれもあります。

農作物へ被害をあたえる

明治以降、日本に入った外来昆虫は400種以上も数えられています。それらのなかには、農作物や森林に害をあたえる昆虫が多くふくまれています。

たとえば、1945年以降に日本に侵入し、北海道から鹿児島、小笠原諸島にまで分布を広げたアメリカシロヒトリというガの幼虫は、街路樹や庭の木の葉を食べ、木を丸ぼうずにしてしまうことも多くありました。

▲アメリカシロヒトリ。アメリカ合衆国の軍需物資について入ってきた。最初は関東地方にだけ生息していたが、その後、全国に広がった。

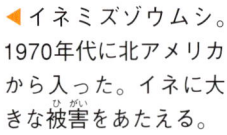

▶クリタマバチ。1930年代に中国から入った。クリの新芽に虫こぶをつくる。

◀イネミズゾウムシ。1970年代に北アメリカから入った。イネに大きな被害をあたえる。

生態系に影響をあたえる

日本の生物を減少させたり、絶滅させたりするなど、周囲の環境へ影響をおよぼすものもいます。

1993年に、広島県ではじめてアルゼンチンアリが確認されました。海外からの荷物について侵入してきたようです。このアリは、共生関係にあるアブラムシを守るので、アブラムシが増えて農作物に被害をもたらします。人家に入ってきて、人をかむこともあります。また、ほかのアリへの攻撃力がたいへん強く、侵入された地域では、もともと生息していた日本のアリがいなくなってしまった場所も多く見られます。

◀アルゼンチンアリ。広島県を中心に中国地方に広がっている。ひとつの巣に多数の女王アリがいる。もとの巣を広げていくため、非常に大きな巣ができあがる。壁のひびわれなどにも巣をつくる。

◀スマトラヒラタクワガタ。増えたクワガタを逃がす人も多く、日本のヒラタクワガタと交雑するおそれがある。

ハウス栽培のトマトを受粉させるために、ヨーロッパ原産のセイヨウオオマルハナバチが、1992年から日本に輸入されています。しかし、このハチが野外に逃げだし、日本各地で野生化しています。

ペットとして人気のある海外のカブトムシやクワガタムシが大量に輸入され、野外に出ています。東南アジア産のヒラタクワガタは日本産のヒラタクワガタと交尾をし、雑種をつくってしまうおそれがあります。

生き残るか生き残らないか

海外の昆虫が日本に入ってきても、本来の生息場所と環境がちがうために、ほとんどが生き残れません。本州で見られるホソオチョウは、日本のジャコウアゲハと食草が同じであるため、ジャコウアゲハにあたえる影響が心配されていましたが、分布は広がらず、いずれいなくなると考えられています。

しかし、偶然、くらしやすい環境があることもあります。都市部の街路樹では中国原産といわれるアオマツムシがさかんに鳴いています。新興住宅地などに植えられたプラタナスなどの街路樹には、日本産のバッタのなかまは生息していませんでした。競争相手がいないために、爆発的に数を増やすことができたようです。

◀ホソオチョウ。中国と朝鮮半島に分布する。チョウの愛好家が野外に放したといわれている。

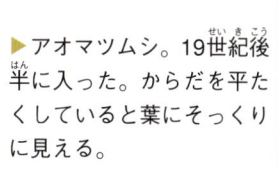

▶アオマツムシ。19世紀後半に入った。からだを平たくしていると葉にそっくりに見える。

日本から出ていった昆虫

反対に、日本から海外へ出ていった昆虫もいます。マメコガネは農作物の害虫です。幼虫は植物の根を、成虫は葉を食べています。それが輸出される植物の根について、北アメリカにわたってしまいました。マメコガネはアメリカで一気に増え、農作物を食べ荒らし、「ジャパニーズビートル」とよばれ嫌われています。

▶大豆の葉を食べるマメコガネ。明治の終わりに、日本から輸出されたハナショウブの根についていて、北アメリカで急速に広がった。

トンボ目

トンボは、昆虫のなかでも、非常に飛行能力が高いグループです。細長いからだについた4枚のはねと、大きな複眼が特徴です。はねは細かい網目状で、原始的な昆虫に近いと考えられています。世界の熱帯から寒帯にかけて広く分布し、約5500種が見られます。日本には約180種類のトンボがすんでいます。不完全変態です。

トンボは前ばねと後ろばねをたがいちがいに打ちおろし、高速で飛びつつ、空中を自由に動きまわります。はねの動かし方を変えることで、空中の一定の場所にとどまるホバリングもできます。なかにはゆっくりとバックのできるものもいます。飛んでいるときはあしをからだにくっつけて、空気の抵抗を減らしています。

頭部には1万個以上の個眼から形成される大きな複眼があります。速いスピードで、飛んでいる小さな昆虫を見つけて、捕らえることができるほどの視力をもちます。発達した強い大あごで獲物の昆虫を食べます。あしにはとげがならんでいて、飛んでいる昆虫をつかまえるときに、かご状になって獲物を包みこみます。

オスの第9腹節に生殖器があり、前方の第2、3腹節には副生殖器があります。副生殖器が実質的な交尾器で、もとは第9腹節にあった交尾する器官の機能の大部分が副生殖器にうつっています。オスが腹部の先の把握器でメスの首の根元をはさみ、連結したすがたで交尾しながら、飛んでいるようすが見られます。

幼虫は「ヤゴ」とよばれ、水中で生活します。折りたたみ式の下唇をもち、小さな昆虫や魚類を捕らえて食べます。ふつうは十数回の脱皮をくりかえして成虫になります。

トンボ目は、おもにはねのつくりのちがいで、トンボ亜目、イトトンボ亜目、ムカシトンボ亜目の三つのグループに分けられます。

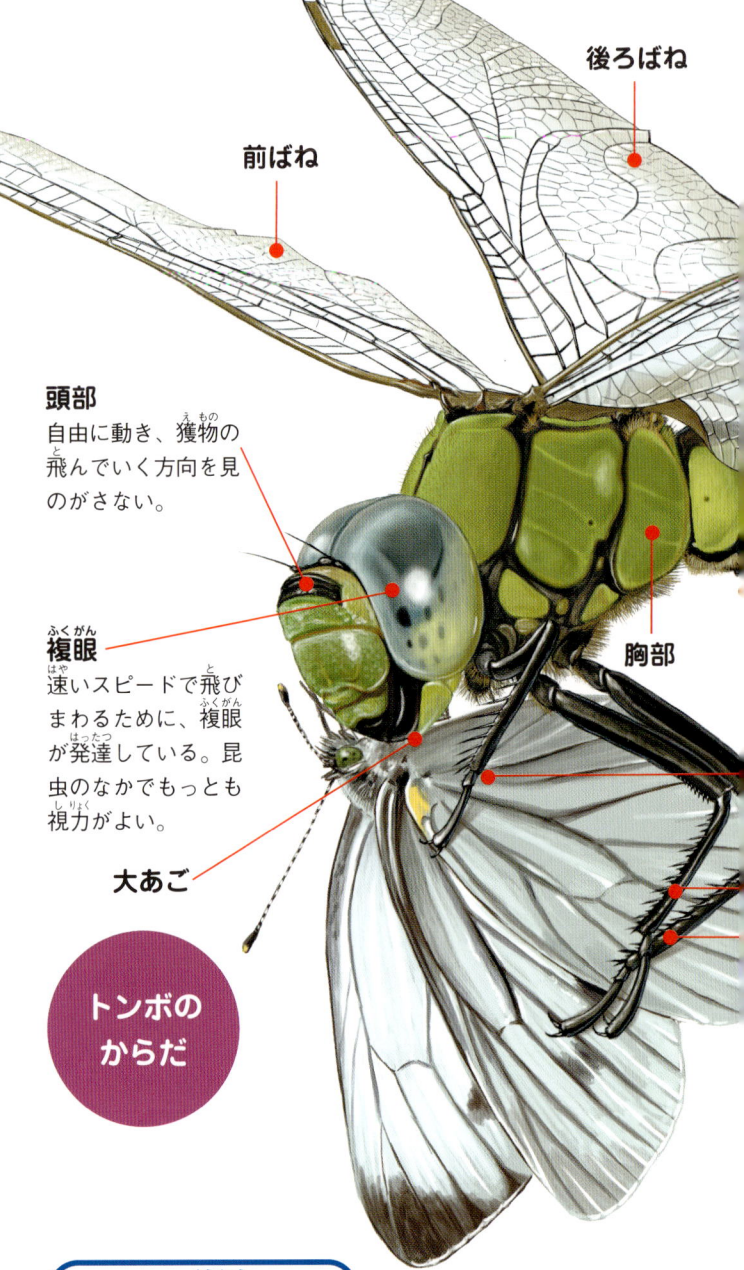

トンボのからだ

前ばね

後ろばね

頭部
自由に動き、獲物の飛んでいく方向を見のがさない。

複眼
速いスピードで飛びまわるために、複眼が発達している。昆虫のなかでもっとも視力がよい。

大あご

胸部

トンボの幼虫・ヤゴ

◀カワトンボのヤゴ。腹部の先の尾びれのように見えるものがえら。イトトンボやカワトンボのヤゴのえらはからだの外に出ている。

▶クロスジギンヤンマのヤゴ。イトトンボ、カワトンボ以外のトンボでは、えらは腸の中にある。肛門から水を腸に吸いこみ、その水から酸素を取りこむ。

腹部
長くのびて、飛行するときにバランスをとったり、方向をコントロールしたりする。

生殖器
ここでつくられた精子が副生殖器にうつされる。

副生殖器
オスにだけあるので、オスとメスを見分ける手がかりになる。腹部を前方に曲げ、生殖器を副生殖器にくっつけて、精子を移動させる。

前あし
6本のあしには鋭いとげが多く、獲物をのがさない。あまり歩かない。

中あし

後ろあし

把握器
オスがもつ。はさみ形をしていて、交尾のときにメスの頭部をつかむ。

▲チョウをつかまえたクロスジギンヤンマ。飛翔しながら昆虫をつかまえ、小さなものは飛びながら食べてしまう。

トンボの顔

◀アオイトトンボの顔。イトトンボ、カワトンボでは左右の複眼が離れている。

◀オニヤンマの顔。ヤンマなどは左右の複眼がくっついている。

◀ハッチョウトンボのオス。日本でいちばん小さいトンボ。体長2cmにもならない。成熟すると、オスはあざやかなあかね色になる。

◀成虫で冬を越すホソミオツネントンボ。冬のあいだは枯れ枝そっくりの色とかたちとなる。春になると成熟して、からだが青緑色になり、交尾して産卵する。

◀ムカシトンボのなかまは、ヨーロッパの中生代ジュラ紀の地層から化石が発見されているが、現生種は日本のムカシトンボとヒマラヤ山脈のヒマラヤムカシトンボの2種のみ。枝や葉などにぶらさがってとまる。

日本のトンボの種類

　古代の日本を、秋津洲（トンボの国。秋津はトンボの古名）とよぶことがありました。武士のあいだではトンボは「勝ち虫」とか「勝軍虫」とよばれ、勝利のシンボルや縁起のよいものとされていました。このように、トンボは日本人の身のまわりに多く見られ、親しまれている昆虫です。
　たとえば、池ではシオカラトンボやギンヤンマを、沼ではイトトンボ類を多く見かけます。山道をオニヤンマが飛び、渓流にはカワトンボや、サナエトンボなどが見られます。高山の池や沼にはルリイトトンボやカラカネトンボが生息します。秋には田や畑にアカトンボのなかまを多く見かけます。成虫で冬を越すオツネントンボやホソミオツネントンボもいます。日本はトンボの種類が豊かな国なのです。

トンボ目

トンボ目

トンボのなかま

　もっとも一般的なトンボのグループは、トンボ亜目です。前ばねと後ろばねのかたちが異なり、複眼は大きく発達して、左右の眼が近づいているか、くっついています。シオカラトンボやコシアキトンボ、アカトンボのなかまなどがふくまれます。

　成虫は、未成熟なものと成熟したものとで色彩が異なる場合が多く、また、オスとメスとで色彩がちがう種もいます。はねは透明なものが多いですが、なかにはチョウトンボやベッコウトンボのように色やもようがついているものもいます。

◀ミヤマアカネ。成熟するにしたがって、からだが赤くなるトンボを一般的にアカトンボとよんでいる。

◀チョウトンボ。幅広いはねが輝き、チョウのようにひらひらと飛ぶ。はねを大きく広げて草の葉などにとまる。

ヤンマ・オニヤンマのなかま

　ヤンマやオニヤンマのなかまは大型で、前ばねと後ろばねのかたちが異なるトンボ亜目です。複眼は大きく発達し、左右の眼が近づいているか、あるいはくっついています。幼虫はへん平で幅広く、えらは腸の中にあります。

　ヤンマのなかまでは、カトリヤンマやヤブヤンマのように森の池で生活するもの、ギンヤンマのように草がしげった池で見られるもの、ルリボシヤンマのように山地の池に生息するものなどがいます。

　オニヤンマは日本最大のトンボで、林道や小川の上などになわばりをもちます。なわばりに沿って、直線的に飛びながらパトロールし、ほかのオスが入ってくると追いはらい、メスが来ると交尾します。

　「生きている化石」として有名なムカシトンボは、ムカシトンボ亜目で、ヤンマによく似た色彩をしています。トンボ亜目と近縁のようで、大きな複眼をもちます。しかし、前ばねと後ろばねがほぼ同じかたちをしており、ヤンマ類と区別できます。

◀ギンヤンマの連結産卵。腹部の基部が水色のオスが、メスの首をつかんでいる。水面からつきでた水草の茎などに卵を産みこむ。開けて明るい池や湖にいる。

◀オニヤンマ。とまるときは植物の葉や茎に、はねを広げてぶらさがる。一度ぶらさがると、しばらくじっとしている場合が多い。

サナエトンボのなかま

　サナエトンボはトンボ亜目で、ヤンマのなかまのように、腹部が黒と黄色のまだらの色彩をしていますが、左右の複眼はイトトンボやカワトンボのように完全に離れています。

　コオニヤンマやウチワヤンマのように大型の種もいますが、一般にヤンマより小型です。水のきれいな渓流や川の周辺に多く生息し、湖や池にも見られます。

▲ヒメサナエ。小型のサナエトンボ。ヤゴは川でくらし、羽化するとすぐに近くの山に移動する。

▲ウチワヤンマ。腹部の端にうちわのような突起があるのが特徴。大型のサナエトンボで、湖や大きな池で見かける。

イトトンボ・カワトンボのなかま

　前ばねと後ろばねがほぼ同じかたちをしており、複眼はたがいに離れているグループで、イトトンボ亜目とよびます。幼虫は細長く、腹端に3本の葉のかたちをしたえらをもちます。

　イトトンボ類は小型の種が多く、はねは透明です。池や沼、湿地に多く見られます。

　カワトンボ類はより大型で、渓流などに見られます。昼間、渓流の石の上や葉の上に4枚のはねを閉じて、静止するすがたをよく見かけます。はねは透明なもののほか、褐色や赤褐色の種も多く、なかには金属光沢の色彩のからだをもつものもいます。

　カワトンボのオスは、交尾の前にメスのからだから、副生殖器にある突起でほかのオスの精子をかき出し、確実に自分の子孫を残そうとします。

▲キイトトンボ。頭部と胸部は緑色で、オスの腹部はあざやかな黄色、メスは黄緑色。

▲ミヤマカワトンボのオス。大型のカワトンボ。金属光沢のある緑色のからだに、褐色のはねが特徴。

トンボ目

交尾から産卵へ

ハート形で交尾

　オスは交尾前に、腹部の先にある本来の生殖器から、胸部に近い腹部の第2、3節目にある副生殖器に精子を移しておきます。メスを見かけると、腹の先にある把握器で、メスの首をはさんで連結して飛びます。この状態をタンデム飛行とよびます。

　それから、メスは腹部を前方にまげて、腹部の先をオスの副生殖器につけて精子を体内に受けいれます。このときの2匹のかたちがハート形、あるいは三日月形となります。

　これは、昆虫のなかでもトンボだけに見られる、変わった交尾の方法です。2匹がハート形のまま飛ぶのも、トンボ独特のすがたです。

▲ギンヤンマのオスの移精。腹部をまげて、生殖器を副生殖器につけて、精子を移している。

▲アオイトトンボの交尾。メス（下）は腹部の先の交尾器を、オス（上）の副生殖器に結合させて交尾する。このとき、オスとメスのからだがハート形をつくっているように見える。

産卵スタイルのいろいろ

　種類ごとにさまざまな産卵のしかたがあることも、トンボの大きな特徴です。

　アキアカネはオスがメスをつかんだまま飛び、下のメスが腹端で水面をたたくようにして産卵します。ナツアカネでは、連結した個体が飛びながら、メスが水面に卵をまきます。

　アオイトトンボやセスジイトトンボは、水中に潜って水草の茎に産卵するので、潜水産卵ととくによばれています。

　オニヤンマはホバリングをしながら腹部を垂直に立て、水中の泥の中などに産卵します。

　特殊なところでは、ムカシトンボが、沢沿いの植物の茎やコケの中に、産卵管を突きさして産卵します。ムカシヤンマやヤブヤンマでは、地面にとまってコケのあいだや泥の中に産卵し、モイワサナエは水辺の草にとまって卵を水中に落下させます。

▲ナツアカネ。連結産卵。前方のオスが把握器でメスをつかんでいる。メスは飛びながら下の水面に向けて卵をばらまく。

▲アオイトトンボの潜水産卵。水の下にある水草の茎などに卵を産みこむ。下のメスは完全に水中に潜っている。

▲オニヤンマ。はねをたくみに動かし、静止しながら水中の泥などに腹端を差しこんで卵を産む。

トンボの育ち方

　シオカラトンボのメスは、水面をたたくようにして産卵します。水面に腹の先端がふれると、卵が産み落とされます。卵からかえった幼虫はすぐに水中で生活を始めます。トンボの幼虫は短いもので1か月、ふつうは3か月から1年弱で成虫になります。しかし、山間の渓流に生息するムカシトンボは例外で、幼虫期間が5～8年もあります。

　イトトンボのなかまのオツネントンボなど一部の種をのぞいて、幼虫で越冬します。幼虫は十数回脱皮をくりかえします。成熟した幼虫は水から外に出て、植物の茎や建物の壁などにとまり、脱皮して成虫になります。

シオカラトンボの成長

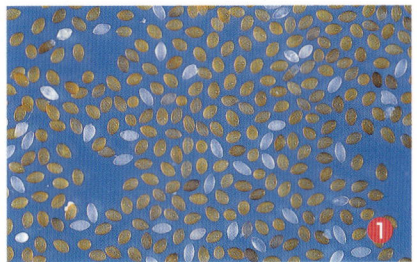

◀卵。白い卵は、産卵直後のもの。①

◀シオカラトンボのヤゴは、水の底の泥にもぐったり、水草のあいだを歩きまわったりする。②

▲真夜中から早朝に羽化する。水中から突きだした草や枝などにのぼっていく。③

▲背中がわれ、ひっくりかえるようにしてしばらく休み、あしがかわくのを待つ。④

▲おき上がり腹部をぬく。はねをのばし、からだも固まると、飛べるようになる。⑤

ヤゴの生活

　水中で生活するヤゴはえらで呼吸します。イトトンボやカワトンボでは、えらが腹部の先端にあります。ほかのトンボでは呼吸器官が腸の中にあって、腹部に水を出し入れして呼吸をします。おもに水草のあいだ、泥、小石のあいだなどに生息します。

　生まれて間もない幼虫はミジンコなどの小さい動物を食べ、大きくなると小魚などを捕らえて食べるようになります。獲物を捕るときは、折りたたみ式の下唇を瞬間的に前方に大きくのばし、先についたかぎを獲物に突きさします。それから下唇をちぢめて、捕らえた獲物を大あごで引き寄せます。

▲ギンヤンマのヤゴが小魚を捕食する。下唇がのびている。

トンボの生活

トンボ目

シオカラトンボのなわばり

　身のまわりで、もっともよく見られるトンボのひとつがシオカラトンボです。平地でふつうに見られ、4月から10月ごろまで、よく飛んでいます。

　オスとメスで色がちがいます。オスでは腹部が白色で、先端部の3節が黒色となります。メスは黄褐色で、俗に「ムギワラトンボ」とよんでいます。また未成熟のオスも、メスと同様の黄褐色です。

　オスはなわばりをもって、メスがやってくるのを待ちます。なわばりで見張っているのは、1日のうち昼間の5～6時間。夜には草むらなどに行って休みます。交尾に成功すると、メスが腹部の先端で水面をたたきながら卵を産み、そのあいだ、オスはメスのすぐ上空で、ほかのオスがこないように見張っています。

▲メスは黄褐色のからだをしている。腹部の先端で水面をたたくようにして産卵する。

▲オス。シオカラトンボの名前は、白く粉をふいたようなからだが、塩辛昆布の上に吹き出た塩のように見えたからだといわれる。

メスを獲得するあの手この手

　トンボのオスはなわばりをもつ種が少なくありません。シオカラトンボやショウジョウトンボでは数十平方メートルをなわばりにして、見晴らしのよい場所にとまってメスがやってくるのを待ちます。メスが入ってくると交尾に誘います。しかし、すでに交尾をすませたメスは、オスをこばむことが多くなります。尾をあげたりして拒否するポーズをとると、オスが引き下がるようすもよく見られます。

　しかし、ほかのオスがなわばりに侵入すると、なわばりのオスは威嚇するポーズをとったり、突進して、なわばりの外へ追いだします。大きな池では、何匹かのオスが隣りあってなわばりをもちます。

　カワトンボは清流沿いになわばりをつくります。そしてメスと交尾を終えたあとにも、メスとともに行動し、メスが産卵を終えるまで一緒にいます。

　なわばりをもたないトンボもいます。ダビドサナエのオスは一か所に静止して、メスが来るのをじっと待ち続けます。

◀ハグロトンボの威嚇。自分のなわばりに、ほかのオスが侵入すると、腹部を上に突きたてて脅して追いはらう。

移動するトンボたち

平地と山を行き来するアキアカネ

アキアカネは山地と平地を往来し、それにともなって、からだの色が変化します。梅雨時の6月ごろに、平地の池や沼、水田などで羽化すると山に向かって飛んでいき、夏のあいだは涼しい山地で過ごします。

このときは、全身がだいだい色です。夏に山に登ると、山頂で多くの黄色味をおびた未成熟のアキアカネが飛翔している光景を見ることができます。

夏を過ごして10月ごろには成熟し、からだは赤色となります。そして、山からいっせいにおりて、群れをつくって平地に移動します。

この群れがアカトンボの大移動で、しばしば季節の話題にのぼります。平地に到着すると、オスとメスとが交尾して、産卵します。

産卵は、オスとメスが連結して、メスが腹端を軽く水面をたたくようにして産みます。

アキアカネの移動

◀初夏、平地で羽化したばかりのアキアカネ。全身はだいだい色。①

◀夏、高地へ移動してきたばかりのアキアカネ。だいだい色のままである。②

◀秋、腹部が赤くなった。そろそろ平地への移動を始める。③

◀平地に降りてきて、交尾する。赤いほうがオス。この後、平地の池や沼に産卵する。④

海を渡るウスバキトンボ

移動するトンボとして有名なのが、ウスバキトンボです。春に東南アジアや沖縄から、九州や四国に飛んできます。産卵から羽化までが1か月ほどなので、世代交代をくりかえしながら北に向かい、北海道にまで到達します。北上するルートは、本州の内陸部、日本海側、太平洋側と、いくつかあるようです。はねがからだのわりに大きくできており、はばたかずに風にのって滑空することができます。飛翔力が強く、太平洋をも渡ることができます。

ウスバキトンボは寒さに弱いため、冬が来ると死んでしまい、すがたが見られなくなります。

◀ウスバキトンボの群れ。飛翔力が強いこともあり、熱帯から温帯までの世界に広く分布する。

トンボ目

カゲロウ目

　カゲロウは、はねのある昆虫類でもっとも起源が古いグループです。からだはやわらかく、前ばねは大きく網目状です。後ろばねは、前ばねよりもとても小さくなっています。尾毛とよばれる長い尾をもち、前あしが発達しています。

　複眼が大きく、とくにオスの複眼は上下に分かれることから、合計四つの目をもつように見えます。上側の複眼をとくにターバン眼とよびます。大あごは退化して、すこし跡が残るか、あるいはなくなっています。小あごもたいへん小さく、ものを食べることはできません。

　幼虫は水中にすみ、川底に穴を掘っていたり、川底の石の表面について、石の上につく藻などを食べます。不完全変態ですが、ほかの昆虫とちがい、卵、幼虫、亜成虫、成虫となります。亜成虫は、成虫のようなかたちですが、より弱々しく、亜成虫が脱皮して、成虫となります。亜成虫があるものはカゲロウ目のみで、とくに半変態とよんでいます。「かげろうの命」という言葉があるくらい成虫の寿命は短く、短いもので数十分、長くても1週間程度です。世界に約3100種、日本に約110種が生息します。

前あし
とまるときに長い前あしを前方に突きだしていることもある。

複眼

中あし

前ばね

後ろあし

後ろばね

腹部

カゲロウのからだ

▶モンカゲロウの成虫。はねに紋があることから名前がついた。とまるときには、はねをたたんで垂直に立てる。

尾毛
3本の長い尾毛がある。

えら
腹部の各節に一対ずつあり、種によってふさふさしたものや、うちわ形のものなどがある。

▲幼虫。川底にすみ、有機物を食べて成長する。春の気温の高い時期に、石の上などでいっせいに羽化する。

はかないカゲロウの一生

カゲロウは、羽化すると、すぐに交尾相手を探し、空中で交尾します。羽化したオスは群れをなして飛び、空中をあがったりさがったりしながらメスを待ちます。オスの群れのなかにメスが入ってくると、長い前あしで、メスを抱きかかえるようにして交尾します。交尾を終えたメスは、すぐに産卵をはじめます。卵は1000から数千個が産み落とされます。

幼虫は十数回脱皮して、早いものでは1年、種によっては数年をかけて成長し、春、または初夏に亜成虫へと羽化します。水中で羽化して水面にあがるものや、幼虫が水面に浮かびあがって、すぐに羽化するものなどいろいろですが、まるで川からカゲロウが湧いてくるように見えます。どの種類も、羽化したとたんに、飛ぶことができます。亜成虫は数時間から数日かけて成熟し、脱皮して成虫になります。成虫は多くの種では1日から数日の寿命です。

▲クロタニガワカゲロウの交尾。このなかまは、飛びながら交尾はせず、オスが岸辺にとまり、下に降りてくるメスと交尾する。

▲ナミヒラタカゲロウの産卵。交尾を終えるとすぐに産卵をはじめる。メスは腹部の端についている卵のかたまりを水に落とす。

◀モンカゲロウの亜成虫。亜成虫は葉の裏や枝にとまって、成熟するのを待つ。成熟には数時間〜4日ほどかかる。

◀モンカゲロウが亜成虫から成虫へと脱皮する。左上は亜成虫の脱皮殻。

◀ナミヒラタカゲロウのオス。長い尾毛を左右に開いて、ゆっくりと川の上を飛ぶ。

カゲロウの大発生

オオシロカゲロウは全身が白い、体長3cmほどのカゲロウです。9月上旬にいちどにたくさん成虫になります。そのため、川の近くに、雪のようにカゲロウの死がいが積もり、それによって車がスリップすることもあるほどです。オスのほうが30分ほど早く成虫になり、メスを待ちながら群れになって飛びます。オオシロカゲロウの成虫の寿命は、成虫になってからわずかに30分から1時間です。

場所によってはメスだけしかおらず、受精せずに卵が発生する単為生殖で増えています。このような地域で産まれたオオシロカゲロウの卵は、水につけるだけで発生がはじまり、生まれてくるのは、メスのみです。

◀雪のように舞うオオシロカゲロウ。カゲロウの大発生として、季節の話題になることもある。

カゲロウ目

イシノミ目

イシノミは、体長2cm以下の小型の昆虫です。一生を通じて、まったくはねをもちません。からだは鱗粉でおおわれており、まわりにとけこむ保護色の効果がある色をしています。

イシノミは、もっとも原始的な昆虫です。ふつうの昆虫は大あごの基部が頭部と2か所の関節でつながっていますが、イシノミだけは、1か所でしかつながっていません。複眼は大きく、頭部の背中側でたがいに接しています。また、小あごのひげは7節あります。世界に約400種、日本に14種が知られます。

寿命は2～3年です。乾燥した場所を好み、岩の表面についた藻や、落ち葉を食べて生活します。一生、脱皮を繰りかえします。梅雨のころにふ化し、幼虫で越冬し、翌年成虫になります。脱皮をして大きくなるだけで変態はしないので、無変態の昆虫です。

イシノミは、ダンスをしながら交尾をします。メスとオスが出会うと、たがいに向きあって、くるくるとまわるダンスをはじめます。オスは交尾器から糸を出し、そこに精子滴という精子の小さなかたまりをのせます。糸のはしは地面にくっついています。オスは精子滴がメスの産卵管に入るように糸の角度や向きを調節して、受精させます。

▼イシノミ。天敵に触られたりすると、体の後半部を折りまげて、飛びはねる。連続してジャンプすることもある。

イシノミのからだ：尾糸／尾毛／触角／小あごひげ

シミ目

シミは、イシノミに次ぐ原始的な昆虫で、体長2cm以下です。はねをもちません。からだは鱗粉でおおわれて、イシノミによく似ていますが、ふつうの昆虫にだいぶ近づいています。特にイシノミとちがうのは、大あごの基部が頭部に2か所の関節でつながっていることです。複眼は退化し、数個の個眼しかありません。小あごひげは5節でできています。

寿命は7～8年と長く、成虫になっても脱皮を繰りかえします。屋外でくらすものがいる一方、家の中でくらすものがいます。屋内で生活する種類は、洋服などのせんい、乾燥した食品、紙を好んで食べます。銀色や灰色のからだで、書籍の上をすばやく動いて逃げるようすを、銀の鱗を輝かせて魚が泳ぐすがたに見たてて、「紙魚」と書いたのです。

オスとメスが出会うと、求愛のダンスが行われます。オスは精子のつまった精包という小さな袋をメスにわたします。メスはこの精包を産卵管で吸いとり、受精をします。イシノミと同じく無変態です。

世界に約400種、日本には15種が記録されています。日本産のシミのうち4種はアリの巣の中で生活します。

シミのからだ：尾毛／尾糸／触角

▲本の上のセイヨウシミ。最近、屋内の害虫として数を増やしている。

昆虫ではない虫

わたしたちが虫とよぶ生き物には、昆虫でないものも多くいます。
地球上で、昆虫と同様にさまざまな場所にすむ節足動物（せっそくどうぶつ）です。
ここでは、昆虫ではない虫のからだの
特徴（とくちょう）や習性（しゅうせい）などを紹介（しょうかい）します。

昆虫以外の虫・節足動物

わたしたちの身のまわりには、昆虫以外にも陸上生活によく適応した節足動物がいます。それらはクモ形類、多足類、甲殻類、昆虫以外の六脚虫類などのなかまです。

昆虫をふくめ、もとは同じ祖先で、長い時間をかけて分かれてきました。昆虫類以外の節足動物も、昆虫と同様に、それぞれがもつからだの特徴を進化させてきたのです。

多足類

オビババヤスデ

多足類は、ムカデ、ヤスデなどのなかまです。ふつうは15対以上のあしをもつので、ほかの節足動物と容易に区別できます。そのほかに、コムカデやエダヒゲムシなどがふくまれます。

甲殻類

オカダンゴムシ

甲殻類の多くは、エビやカニなどのように海や淡水に生息しますが、ダンゴムシやワラジムシなどは陸上で生活しています。また、森林の土壌中や海岸にはヨコエビのなかまも見られます。

クモ形類

コガネグモ

クモ形類には、クモやダニ、サソリ、カニムシなどがおり、8本のあしをもっています。サソリやカニムシには、8本のあしのほかに、はさみ状に発達した触肢とよばれる部分があります。

昆虫以外の六脚虫類

アカイボトビムシ

昆虫以外の六脚虫類には、トビムシ、カマアシムシ、コムシ、ハサミコムシなどがいます。からだの特徴は、昆虫とほぼ同様で6本のあしをもちますが、大きくちがう点は、大あごが頭部の内側に入ってることです。

トビムシ・カマアシムシなど

トビムシ

　トビムシは、分類上昆虫に近い節足動物で、体長は0.3〜5mmほどです。森や草地の腐植土にすみ、落ち葉や菌類、昆虫の死がいなどを食べます。種類によっては、池や沼の水面、洞穴、氷雪などでくらすものもいます。変態をせず、脱皮を繰りかえして成長します。腹にある跳躍板という器官を使って飛びはねます。世界には約3500種、日本には約360種がいます。

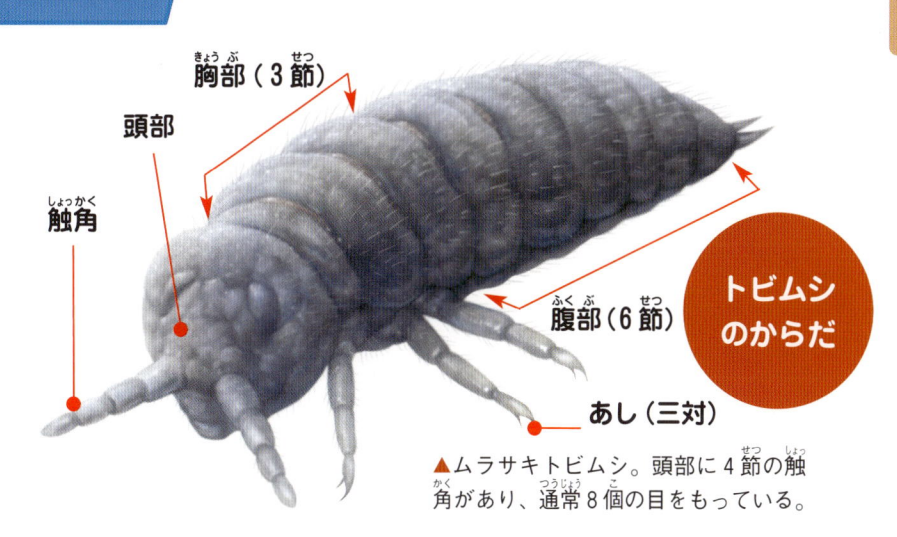

トビムシのからだ
- 頭部
- 胸部（3節）
- 腹部（6節）
- 触角
- あし（三対）

▲ムラサキトビムシ。頭部に4節の触角があり、通常8個の目をもっている。

カマアシムシ

　前あしが鎌のように見えることから、この名がつけられました。体長は0.5〜2mmで細長く、はねも触角もありません。色は半透明が多く、落ち葉や土のすきまをはいまわっています。

▲カマアシムシのなかまのヨシイムシ。地中にすみ、目がない。

コムシ・ハサミコムシ

　コムシは体長3〜10mmで活発に動きます。ハサミコムシは体長10〜20mmで腹部の末端がはさみ状で、トビムシなどを捕食します。どちらも落ち葉や石の下などにいる土壌動物です。

▲ヤマトハサミコムシ。本州から九州にかけて見られる。触角はじゅず状で長い。

虫ムシウォッチング　土の中の小さな虫を観察しよう

　土の中には、たくさんの生き物がすんでいます。ミミズのように手にとって観察できるものから、肉眼では見えないものまで、いろいろな種がいます。その多くは、腐りかけた落ち葉や菌類などを食べ、それらを土にかえす土壌動物です。

　右の図にあるような装置を使うと、土壌動物を採集することができます。まず、林などの落ち葉がつもったり、コケが生えているようなところから土を集めてきます。それを容器に入れ、上から電灯で照らすと、土が乾いてくるにつれ、小さな虫が下にむかっておりていきます。トビムシやダニ類、クモ類、小型の昆虫などが観察できます。

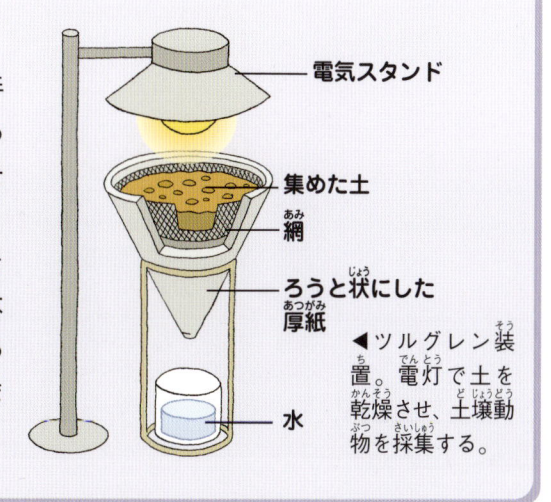

- 電気スタンド
- 集めた土
- 網
- ろうと状にした厚紙
- 水

◀ツルグレン装置。電灯で土を乾燥させ、土壌動物を採集する。

ムカデ・ヤスデ

多足類には、ムカデ、ヤスデ、エダヒゲムシ、コムカデの四つのグループがあります。

ムカデは、体長3〜200mmで、世界に約2800種、日本全国に150種ほどがいます。もっとも大きいのは沖縄県のオオムカデで、毒も強く、かまれるとひどく痛みます。ムカデのからだは細長く、頭部につづく胴部の節ごとに一対のあしが生えており、あしの数は15〜191対にもおよびます。頭部には一対の触角があり、目はあるものとないものとがあります。ムカデは、しめり気をもつ林の落ち葉の中、石の下、木のほらなどにすんでいます。動物食で、生きている昆虫、クモ、ダニ、ミミズなどを大あごでかみついて捕らえ、食べます。繁殖期は春から夏で、交尾はせず、オスの出した精子の入った袋をメスが取りこんで繁殖することが観察されています。

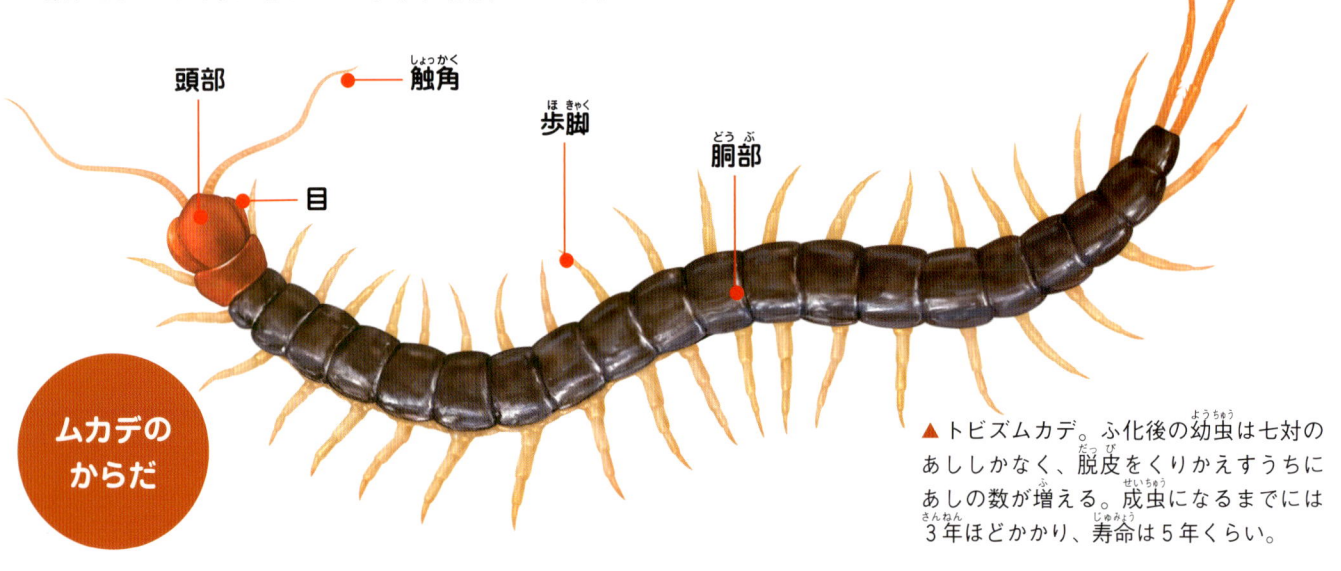

ムカデのからだ

頭部・触角・目・歩脚・胴部

▲トビズムカデ。ふ化後の幼虫は七対のあししかなく、脱皮をくりかえすうちにあしの数が増える。成虫になるまでには3年ほどかかり、寿命は5年くらい。

子を守る

オオムカデやジムカデのなかまは、メス親がたくさんのあしでかごのような形をつくり、その中で数十個の卵を守ります。卵がかえると、幼虫は二度脱皮し、やがて巣立ちます。そのあいだ、メス親は卵や幼虫の世話をしつづけ、何も食べません。

◀トビズムカデ。メス親は産卵から約40〜50日ものあいだ、卵と幼虫をかかえて、守りつづける。

毒に注意

ムカデは、毒のある大あごをもちます。前の方のあしで昆虫や小型動物などの獲物をおさえ、大あごでかみつきます。獲物のほとんどは、毒でからだが麻痺し、死んでしまいます。とくにオオムカデは毒が強く、人をかむこともあるので注意が必要です。

◀ガの幼虫を食べるトビズムカデ。人間がムカデにかまれると患部がはれ、発熱することもあるが、死にいたることはない。

ヤスデ

　ヤスデは、ムカデに似ていますがおとなしく、人をかむことはありません。体長は数ミリから60mm程度です。からだは11～数十の節に分かれ、頭部に続く前の3節には一対ずつ、それより後ろの節には二対ずつのあしが出ています。頭部には一対の触角があり、目は種によってないものもいます。外敵におそわれたときなどには、いやなにおいのする毒液をだします。しめり気のある森林の落ち葉の中や石の下、ほらあななどでくらし、落ち葉、菌類などを食べます。落ち葉を分解する土壌動物として、重要な役割を果たしています。世界に約1万1000種、日本に約300種ほどが知られています。

▲ニクイロババヤスデ。敵に出会うと丸くなり身を守る。

▼キシャヤスデ。日本で大発生する代表的なヤスデ。

虫ムシウォッチング　キシャヤスデの大発生

　ヤスデのなかまは、ときおり大発生することがあります。日本では、関東から中部地方に生息するキシャヤスデが、8年に一度、大発生することがよく知られています。この大発生は、繁殖のためではないかという説もあります。ふつう、ヤスデは1～3年で成虫になりますが、キシャヤスデは1年に1回脱皮して、7回の脱皮の後、成虫になります。寿命は大発生するサイクルと同じ8年といわれています。

◀大発生したキシャヤスデ。列車の車輪をすべらせ、止めたことから、この名がつけられた。

ゲジ

　ゲジは、肉食で昆虫などを食べますが、毒はなく、かむ力も強くはありません。夜行性で、昼間はものかげにかくれています。ムカデにくらべて、あしや触角が長く、からだが短いのが特徴です。世界には約130種が確認されていますが、国内には、3cmほどのゲジと、7cmにもなるオオゲジの2種類がいます。

◀オオゲジ。動きがしなやかで、音もなくすばやく歩きまわることができる。

エダヒゲムシ・コムカデ

　エダヒゲムシは、体長0.5～2mmと小さく、触角が3本の枝が出ているように見えることから、この名があります。日本各地に約30種が知られています。

　コムカデは、体長2～10mmで、白くてやわらかいからだをもちます。世界に約120種、日本国内では3種が報告されています。

　エダヒゲムシもコムカデも、落ち葉や菌類などを食べ、土をつくる土壌動物です。

▲ヨロイエダヒゲムシは、土の中にいるため目がなく、がんじょうな背板をもっている。

▼コムカデは全国に分布するが、小さく土の中にいるためあまり気づかれない。

ダンゴムシ・ワラジムシ

　さわるとダンゴのように丸くなるオカダンゴムシ（ダンゴムシの一種）、わらじに似たワラジムシ、海岸にいるフナムシ、ヒメフナムシなどはみな同じ甲殻類のワラジムシ目にふくまれるなかまで、世界に約3500種以上、日本全国で150種ほどが確認されています。からだは、だ円形で、2〜60mm。頭部、胸部7節、腹部6節からなり、胸部の各体節から一対のあしがでています。

　危険を感じると、ダンゴムシはからだを丸めて身を守りますが、フナムシは、とてもはやく走り、もののかげに身をかくします。

　ダンゴムシ、ワラジムシともに雑食性で、湿度の高い場所を好みます。フナムシは、海岸近くにいて、海藻や生物の死がいなどさまざまなものを食べる掃除役として知られています。

オカダンゴムシのからだ

- 腹部
- 胸部
- 頭部
- 触角
- あし

▶地面を歩くオカダンゴムシ。オカダンゴムシがもつキチン質のかたい外骨格は、外敵から身を守り、また水分の蒸発をふせぐ。

▲落ち葉などを分解したダンゴムシのふん。

▲わずかな刺激にも反応し、丸くなるオカダンゴムシ。

ダンゴムシの成長

　ダンゴムシは梅雨のころに交尾し、やがてメスは、腹部の中にある袋に卵を産みます。卵はふ化すると、メスの腹の袋から出てくるため、卵ではなく、まるで幼虫を産んでいるように見えます。ダンゴムシは、脱皮をくりかえして大きくなり、7回脱皮して成虫になります。寿命はふつう2年で、なかには3年ほど生きるものもいます。

①▲メス親の腹にあるオカダンゴムシの卵。

②▲卵からふ化したオカダンゴムシの幼虫。

③▲脱皮後、殻も食べてしまう。

ダンゴムシの落ち葉の分解

　オカダンゴムシは森林の中の落ち葉などを食べて分解し、土にする働きをしています。ダンゴムシが食べた落ち葉は、やがてふんとしてだされ、そのふんは小さな土壌動物の食べ物となります。そして小さな土壌動物のふんをさらに微生物が食べ、落ち葉は土にかえっていきます。ダンゴムシのなかまが森の中で分解する落ち葉の量は大きいと考えられ、土にかえったふんは、植物の大切な栄養源となります。

　ダンゴムシのなかまは、落ち葉のなかでも好んで食べる木の種類があります。葉の厚さ、かたさ、ふくまれる水分量や、葉の毛のあるなしなどが、好みに関連していると考えられています。

▲オカダンゴムシのいるシャーレに置かれた枯れ葉。

▲オカダンゴムシに食べられはじめた枯れ葉。まわりにあるのはふん。

▲オカダンゴムシに食べられた枯れ葉は、分解されふんとなった。

ワラジムシ・フナムシ

　ワラジムシは、体長2〜20mmほどです。触角が太く折れまがっていて、腹の先に一対の短い突起があります。国内に約90種がいます。

　フナムシのからだは、多くの節に分かれ、七対のあしをもちます。体長は6〜60mmで、海岸近くでよく見られます。動きはとてもすばやく、危険を感じるとすぐに岩や石の下に逃げこむため、つかまえるのは困難です。国内に11種ほどいます。

▲ワラジムシは、落ち葉などを分解する土壌動物である。

▼フナムシは、海辺以外に森林などにも生息している。

ヨコエビのなかま

　甲殻類のヨコエビ目は、森林の落ち葉の下から、川や湖、海岸の近く、地下水の中、海の底にいたるまで、さまざまな環境に、たくさんの種類がすんでいます。生物の死がいやふんを食べる分解者としての役割を果たしています。

　体長10mmほどで、海岸近くにいるヒメハマトビムシ、森林の落ち葉の下にいるコクボオカトビムシ、川の近くの落ち葉や石の下にいるニッポンヨコエビなどがいます。

▲ニッポンヨコエビ。本州から九州にかけてみられ、川の石の間などにすんでいる。

クモ

　クモは節足動物のなかでは、ダニやサソリ、ザトウムシなどに近い、クモ形類のなかまです。体長は小さいもので0.5mm、大きなもので90mmになりますが、長いあしをもっているので、実際にはもっと大きく見えます。

　海以外のさまざまな環境に生息し、ミズグモのように水中に巣をつくるものもいます。卵を産んで増え、脱皮をしながら大きくなりますが、昆虫のように変態はしません。おもに昆虫、ムカデやヤスデなどの多足類、ミミズなどを食べます。

　クモは世界に約3万5000種類、日本にはおよそ3500種類がいるといわれています。クモの生活は、地中にすむもの、地表を歩きまわるもの、網のような巣をつくるものに大きく分けられ、日本では網の巣をつくるものが、そのうちの6割におよびます。残りの4割ほどが地表を歩きまわるものや、土壌中に生息するものです。なかには洞穴やアリの巣に生息するものもいます。

　網は獲物を捕らえるためのもので、腹部にある糸いぼから出す粘りけのある糸によってつくられ、かかった獲物をからめとります。地中や地上で生活するものは、待ちぶせをしたり、歩きまわって獲物に飛びかかるなどして捕らえます。

　クモのからだには、昆虫とは異なる大きな特徴があります。あしの数が8本で、頭部と胸部がつながった頭胸部と腹部からできています。触角はなく、あしが変化した触肢があり、触角のはたらきや獲物を食べるときの手の役割をしています。頭胸部には四対8本のあしと一対の触肢があります。

クモのからだ

頭胸部

目
クモはふつう8個の単眼をもっているが、種類によっては、目の数が少なかったり、まったく目のないものもいる。

触肢
クモには昆虫などのような触角はなく、あしが変化した触肢がある。それが、触角や手の働きをする。

▶獲物を捕らえようと、とびかかるハエトリグモ。からだに対して太く短いあしをもち、網を張らず地表を歩きまわって獲物を探す。

◀コガネグモ。腹部にある黒色と黄色のしまもようが特徴のこのクモは、平地から山地まで広く生息している。メスは大きな網を張り、獲物を捕る。

腹部
腹部の内部には、書肺や消化器官などがある。また、後ろはしには糸いぼという糸を出す三対の突起があり、使い道によって異なる糸を出す。

網
クモのなかには網を張るものと、張らないものがいる。網を張るクモには白い糸で帯をつくり、その後ろに身をかくすものもいる。

あし
8本のあしがあり、あし先には爪がある。網を張る種類のクモは3本、地表を歩きまわるものは2本の爪をもつ。

第1脚
触肢
第2脚
頭胸部
第3脚
第4脚
腹部

▲オニグモ

クモの顔

クモの目は、通常8個で、昆虫とちがいそれぞれが単眼です。その配列や位置は、クモを分類するうえで重要な特徴になっています。網を張らずに獲物を探すクモのなかまでは、いくつかの目が大きく発達しているものがいます。

クモは毒をもっていて、獲物を捕らえるときに使います。口にはするどい牙（鋏角）があり、ここから毒を注入します。この毒はタンパク質を溶かす性質があるので、獲物を殺すとともに、口先で獲物のからだを溶かし、吸い取ることで獲物を食べます。日本にすむ種には危険はほとんどありませんが、外来種のセアカゴケグモのように毒性が強く、人に害をおよぼす場合もあるので注意が必要です。

▲ハエトリグモの顔。歩きまわり、獲物を捕らえるため大きな目をもつ。

▲オニグモの顔。木に網を張るこのクモは、大きな目をもっていない。

クモの肺

クモは、書肺とよばれる特別な器官を使って呼吸をします。書肺は腹部にあって、本のページのように薄いひだ状をしているため、このような名前がつきました。書肺を流れる血液が、腹部に入った空気から酸素を取りこみます。

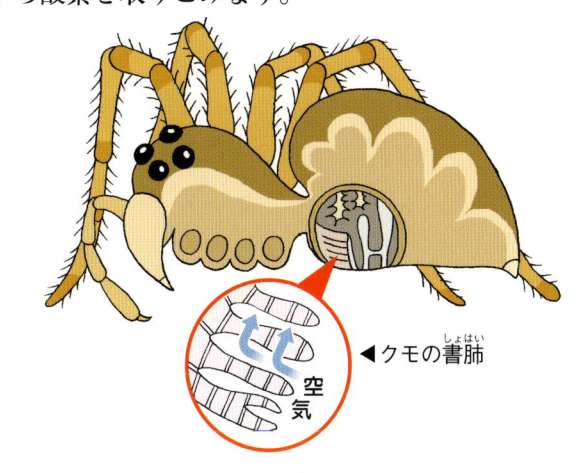

◀クモの書肺
空気

クモ

クモの糸

クモの糸とくらし

　クモは、生まれたときから糸を出してくらしています。そして、クモの生活は、この糸にささえられています。つくりだす糸にもいくつかの種類があり、用途によって使いわけます。多くのクモは、複数の卵をまとめて糸でつつみ卵のうをつくります。また、しおり糸といって、クモはたえず糸を引きながら歩きます。糸を網のように張って狩りに使うクモをよく見かけますが、地表を歩くクモにも糸を狩りに利用するものもいます。

　網を張るものとしては、円形の巣をつくるクモがよく知られていますが、獲物を網の中でうまく捕らえるように、数種類の糸を組みあわせて使います。

ほかにも、糸をはきかけて獲物を捕らえるものや、木から糸を引きながら獲物に飛びかかるものなど、網をつくらないクモも糸を使って生活しています。

◀木に糸で円を描くように巣を張り、獲物がかかるのを待つドヨウオニグモ。

さまざまな糸の使い方

　糸は、子育て、場所の移動、巣づくりなど、クモの生活の中でさまざまな使われ方をします。産卵後に糸を使って卵を保護したり、遠くに行くため糸を使って空中を移動したり、獲物を待ちぶせる巣をつくったりします。糸はクモの種類によっても、また生活の場面によっても使われ方がちがうのです。

巣として使う
◀キシノウエトタテグモは、6cmほどの深さの巣穴を掘り、糸を使って壁を固める。

卵を守る
◀葉の上の卵を糸でおおい包み、外敵から守るワカバグモ。

飛行に使う
◀ワカバグモをはじめ多くのクモは、空中に糸を流し、風にのって飛行する。

獲物を包む
◀網にかかった獲物を糸でぐるぐる巻きにし、動けなくさせるジョロウグモ。

いろいろな網を張るクモ

クモは獲物を捕るために、さまざまな形や機能をもった網を張ります。一般によく見られる円形の網から、ハンモックのように中心部分がたれさがっているものや、扇の形をしたもの、糸をテントのように放射線状に地面へ向けてたらしているものまで、種類によって異なります。網の形や大きさ、つくられる場所によって、捕らえる獲物の種類や大きさがだいたい決まっています。

◀コガネグモの円網。大きく広げた網で飛んでいる昆虫などを捕らえる。振動で網の上の獲物の場所を知る。

◀ツリガネヒメグモの網。クモはつりがねの中にかくれている。地面にたらした糸に獲物がかかると、そのまま釣りあげて捕食する。

◀サラグモの網。サラグモは小型のクモで、草のあいだや木のこずえにハンモック形の網をつくる。

◀オウギグモの網。扇の要の部分で糸をひっぱり、獲物が当たると糸を放してからみつかせる。

網の張り方

円形の網を張るクモの糸の張り方は、まず木の枝などから糸を流します。その糸がどこかの枝につくと伝っていき、外わくや外側に向かう縦糸を張り、最後に横糸を中心から渦を巻くように張ります。

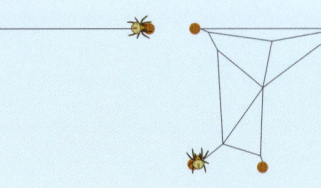

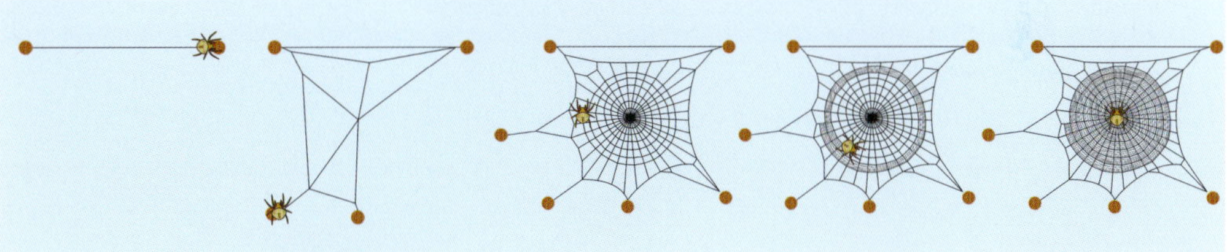

▲木の枝から糸を流し、はなれた枝に糸を張る。

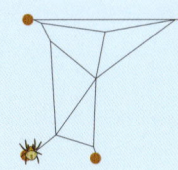

▲放射線状に縦糸を張り、円網の骨組みをつくる。

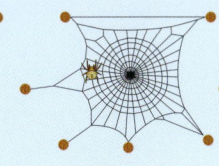

▲中心からねばりのない足場用の横糸を張る。

▲うずまき状に、ねばりのある横糸を張っていく。

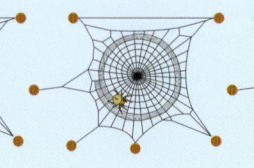

▲完成した円網は、等間隔に横糸が張られている。

クモの網のしくみ

網を張るクモは、網の場所によってちがう性質をもつ糸を使いわけます。円形の網の場合、ねばり気のある横糸は、網にかかった獲物にからみついて逃がさないようにするため、細くよくのびます。

一方、縦糸は獲物を受けとめるため、固く太くできていて、あまりのびません。クモは縦糸の上を歩くので、網にはくっつきません。

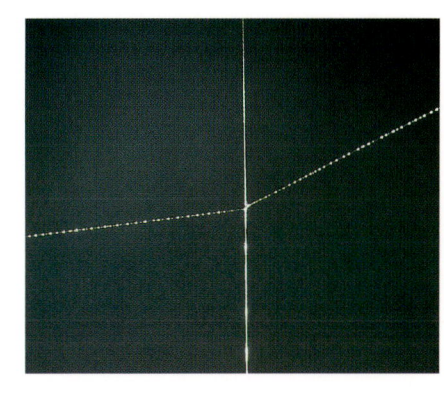

◀コガネグモの網の糸。横糸には粘液が点々とついている。クモは移動するとき縦糸を使う。

クモのくらし

クモのオスとメス

　クモは、ふつうオスよりメスの方が大きいからだをしています。からだが小さなオスは、メスに接近すると獲物とまちがえられて食べられてしまう危険があるため、さまざまな求愛行動をとります。

　網を張るクモの場合、オスが求愛するときはメスの網のふちから糸をはじいて信号を送り、自分がオスであることをメスに知らせてから接近します。オスは小さな網をつくり、その上に精液を垂らしてから触肢で吸い取り、メスの生殖口に送りこんで交尾します。地表を歩きまわるクモの場合は、オスはメスの前で触肢を振りあげたり、地面をたたいたりと、「求愛ダンス」とよばれる行動をとります。そのほかにも、オスがメスに食べ物となる昆虫などを運ぶ、求愛行動をするクモもいます。

▶ジョロウグモの交尾。メスとオス（矢印）の体長差が大きく、メスは30mmほどあるが、オスは6〜8mm程度。

クモの成長

　クモのメスは、ふつう一度に数十から数百の卵を産み、大量の糸で包んだ卵のうをつくります。この卵のうは、木の幹に産みつけられたり、網につりさげられたりしますが、なかにはメス親が腹部につけて移動するものもいます。卵からふ化した子グモは、卵のうの中で1回目の脱皮をした後、集団で行動します。2回目の脱皮の後、集団がとかれ、1匹で行動をしはじめます。そして多くのクモは空中に糸を流し、流した糸にぶらさがって飛んでいきます。こうしてクモは広い範囲にちらばります。

▲ジョロウグモのメス。成熟すると腹部のはしが赤くなる。

▲産卵。ジョロウグモは9月ごろから繁殖期に入る。

▲木につけられたジョロウグモの卵のう。

▲ふ化後、卵のう内で最初の脱皮をし、近くにハンモック状の網を張り集まる。

▲ハンモック状の網の中で2回目の脱皮をし、からだが固まった後、集団を解く。

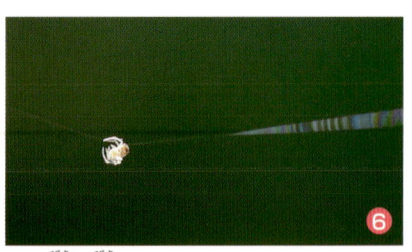

▲1匹1匹の子グモは、糸を流して、空中に飛びたつ。

クモの子育て

多くのクモのメス親は命が短いため、産卵後、卵や子グモの世話をしません。しかし、なかには卵のうや子グモを、メス親が守ったり、世話をしたりする種類もいます。

卵のうを網につけて保護するクモや、口にくわえて持ちはこぶクモがいます。なかにはコモリグモのように、メス親が卵のうをやぶって子グモを外に出した後、数十匹もの子グモを背中に乗せて数日間守るものもいます。

ほかにも、メス親が子グモに食べ物をあたえるものや、ふ化のあとメス親が子グモに食べられてしまうものまでいます。

◀子グモを巣の中で守るネコハエトリのメス。

▶ふ化した子グモを背中にのせ、保護するコモリグモ。

クモの変わった糸の使い方 〈虫ムシウオッチング〉

クモは糸をいろいろ変化させ、変わった生活をしているものが多くいます。水中にすむミズグモは、水の中に糸でつくったたな網を張り、あしや毛に空気をつけて網の中に運びます。そして、水中の網の中につくった空気室の中で脱皮や交尾を行います。

海外にいる大きな目が特徴のメダマグモは、糸で小さな四角形の網をつくり、獲物がくるとその網を下げたり、上げたりして捕らえます。

また、ナゲナワグモのように、糸を投げなわとして使い、獲物を捕らえるものもいます。

◀水中の空気室に空気をためこむミズグモ。ヨーロッパから日本にまで広く分布している。

▶ぶらさがってあしのあいだに網をつくり、獲物が近づくのを待つメダマグモ。

生きている化石キムラグモ

キムラグモの腹部には、化石のクモにはあり、現在のほかのクモには見られない節のあとがあります。そうした古いからだのつくりから「生きている化石」とよばれています。九州、沖縄などに分布し、がけ地の斜面などに穴をほり、糸を使って扉をとりつけて中で獲物を待ぶせします。

キムラグモは扉とその入り口にしか糸を使わない、糸の使用量がもっとも少ないクモです。昔と同じように環境の変化の少ない地中にすんでいることで、原始的なまま、からだを変化させずにいるのではないかと考えられています。

◀巣穴に近づいたダンゴムシを捕らえたキムラグモ。ほかの地中生のクモは、扉に獲物がふれたことを知らせる受信糸があるが、キムラグモにはない。

サソリ・ダニなど

サソリ

　サソリは8本足で、頭胸部と腹部はくびれずにつながっています。一対のはさみをもち、長い尾の先に毒針があります。夜行性で、暗くなると活動し、はさみや毒針で昆虫をおそって食べます。メスは、体内で卵をふ化させて子どもを産む卵胎生です。

　世界に1000種以上いて、なかには人の命をうばうような強い毒をもつものもいます。日本には、体長約40mmのヤエヤマサソリと約60mmのマダラサソリの2種が南西諸島にいますが、どちらも毒は弱いとされています。

サソリのからだ：尾節／針／あし／触肢

▲ヤエヤマサソリ。南西諸島に生息し、メスだけで増える単為生殖をする。

ザトウムシ

　小さなからだにくらべて、四対8本のあしがとても長く、クモにまちがえられることが多いのですが、サソリやカニムシに近いグループです。森林の中の湿った場所にいて、昆虫やその死がい、腐った木の実などを食べるので、森の掃除屋ともよばれています。世界に約4600種、日本各地に80種ほどが確認されています。

◀モエギザトウムシ。一番長い前から2番目のあしで探りながら歩く。

ダニ

　ダニのなかまは体長1mm以下のものがほとんどです。ふ化した幼虫のあしは三対ですが、その後、四対に増えます。地上、土の中、木の上など、さまざまな場所に見られますが、多くは土壌の落ち葉のあいだに生息します。動植物に寄生するものもいます。世界に約4万種、日本に2000種ほどがいます。

▲キュウジョウコバネダニ。落ち葉を好む。

▲タテツツガムシ。幼虫は動物に寄生し、伝染病を運ぶ。

ヤイトムシ・カニムシ

　ヤイトムシは体長2〜7mmで、湿度が高く暗い場所を好みます。動物食で口に鎌のような鋏角をもちますが、毒はありません。日本に4種います。

　カニムシは体長0.8〜8mmで、土や落ち葉の中、樹皮の下でくらしています。サソリに似たかたちですが、尾はありません。日本に約60種がいます。

▲ウデナガサワダムシ。ヤイトムシの一種で沖縄本島と宮古島で見ることができる。

▲トゲヤドリカニムシ。小型の昆虫や、クモ、ダニなどを捕食する。

昆虫の観察・調べ方

昆虫のことをよりよく知るためには、
昆虫を観察して、生きている昆虫のくらしにふれることが大切です。
ここでは、さまざまな場所にくらす昆虫の観察の方法と
昆虫を観察できる施設を紹介します。

昆虫の観察・調べ方　昆虫の観察

昆虫の観察

昆虫をよく知るためには、実際に観察してみることが大切です。昆虫は雑木林や草原、水辺、町の中など、さまざまな環境に適応して生きています。行先がどんな環境なのかをよく理解してから出かけ、昆虫をじっくり観察し、そして、何度も通うことで昆虫のことがさらによくわかってきます。

環境ごとの観察

昆虫は種類によって、すんでいる環境がことなります。昆虫がすむ環境に行って観察すれば、それぞれの昆虫の実際の生態のちがいを知ることができます。

近づいて、じっくり観察

昆虫を間近で観察することで、からだのつくりや、何を食べ、どんな場所で生活しているのかを実際に知ることができます。

一年を通じた観察を

昆虫は種によってあらわれる時期もちがい、季節ですがたを変えるものも多くいます。一年を通じて観察を続けると昆虫のくらしがわかってきます。

昆虫観察の道具

昆虫の観察に行くとき、もっていると便利なものがあります。観察の場所に合わせて、持ちものを選ぶことで多くの昆虫を見ることができます。

虫カゴ／ノート　筆記用具／網／ガイドブック／カメラ／手袋／スコップ／虫めがね

野外観察の注意

昆虫を観察するときには、注意をしなければならないことがあります。昆虫がすんでいる場所のなかには水辺や崖など、危険なところもあります。また、スズメバチなど毒をもつ昆虫もいます。ひとりではなく、大人の人といっしょに行き、安全な観察を心がけましょう。

雑木林で観察

雑木林は人里の近くにあり、おもにコナラやクヌギなどの広葉樹が見られます。木々には昆虫の好物である樹液が豊富で、また、地面には落ちた葉や枝がつもり、昆虫の食べ物となります。そのため雑木林は、さまざまな昆虫にとってすみやすい環境であり、昆虫を観察するには最適な場所です。

雑木林でみられる昆虫
カブトムシ　クワガタムシ　ハチ　セミ

▲さまざまな昆虫が集まる夏の雑木林。

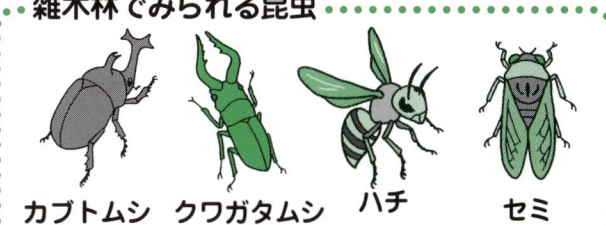

● 観察のポイント

雑木林での昆虫観察には、木の上にいる昆虫を探す方法と、地面や地中にくらす昆虫を探す方法の、ふたつがあります。

木の幹にはカブトムシをはじめ、さまざまな昆虫をよびよせる樹液が出ているため、観察のよいポイントになります。枝や葉にもいろいろな昆虫がみられます。また、木の根もとや落ち葉の下などでも多くの昆虫を観察することができます。

▲木から樹液が出ている場所を見つけると、さまざまな種類の昆虫が集まってくるのを観察できる。

▲落ち葉の下では、地面を動きまわる昆虫以外の虫や昆虫の幼虫やさなぎなども観察できる。

人工樹液をつくろう

林にいる昆虫を観察したいとき、人工の樹液をつくって幹にとりつけ、昆虫をよびよせてみるのもよい方法のひとつです。

カブトムシやチョウなど、樹液を好む昆虫は、甘ずっぱいにおいに敏感です。パイナップルなどのフルーツを、焼酎や酢と混ぜ、ストッキングに入れ、人工樹液をつくることができます。

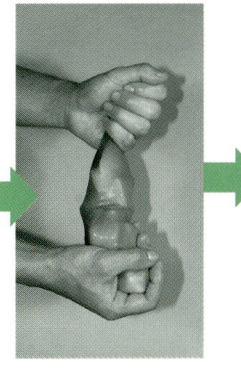

パイナップル　リンゴ　バナナ　→　ストッキングに入れ、混ぜあわせてもむ　→　人工樹液

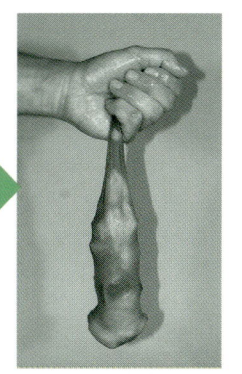

昆虫の観察・調べ方　昆虫の観察

昆虫の観察・調べ方　昆虫の観察

草地で観察

空き地や畑、河川敷、田んぼのまわりなどにある草地には、バッタなどのすみかや食べ物となる植物があり、いろいろな昆虫が観察できます。

また畑では、チョウなど農作物を食草とする昆虫がいるので、卵から成虫まで成長する段階を観察することができます。

草地でみられる昆虫
チョウ　バッタ　コオロギ　カマキリ

▲草地にはさまざまな昆虫がくらしている。

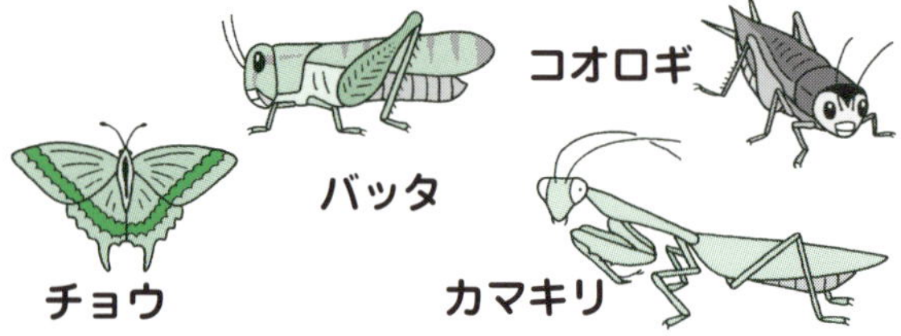

● 観察のポイント

草地で昆虫を観察するには、バッタやカマキリのように草の中にいるものを探す場合と、チョウなどの空を飛ぶものを探す場合とがあります。草の中にいるバッタなどは草とほとんど同じ色をしていて見つけにくいので、草をがさがさささせるとおどろいて飛びだし、すがたをあらわします。また空を飛ぶ昆虫の観察は、風のない日のほうが適しています。

▲草地は見通しがよく、さえぎるものが少ないため、空を飛ぶ昆虫を見つけやすい。

▲草むらの中にすむ昆虫を近づいて観察。そっと草を手で分けてのぞいてみる。

畑で年間観察をしよう

畑にはキャベツやニンジンの葉など、チョウの幼虫の食べ物となる植物が多く見られます。そのため、畑は一年を通じて定期的な観察をしやすい環境です。チョウの産卵から幼虫、さなぎ、そして成虫へと成長していく各過程を実際に観察することができます。

◀キャベツ畑を飛ぶモンシロチョウ。モンシロチョウは畑で産卵し、その幼虫は成虫になるまで同じ畑で生活する。

※畑で昆虫観察するときは、必ず農家の人の許可をとりましょう。

水辺で観察

▲水辺での観察は必ず大人といっしょに。

水辺や水中にもたくさんの昆虫がすんでいて、さまざまな種類を観察できます。水辺には、川のように流れがある場所と、池や沼のように水の流れが少ない場所があります。この環境のちがいによって、そこで見られる昆虫の種類も変わってきます。水辺には昆虫以外にも、多くの生物が集まります。

水辺でみられる昆虫

トンボ　ゲンゴロウ　アメンボ　ミズスマシ

● 観察のポイント

水辺で昆虫観察をすると、川と池とでは見られる昆虫がちがうのがわかります。清流では、トンボがよく見られ、池や沼では、アメンボやミズスマシなどが見られます。水中にいる昆虫は、網などを使って採集することで間近で見ることができます。また水生昆虫の多くが幼虫から成虫にかけてかたちを変えるため、季節ごとに観察するとよいでしょう。

▲川では、水の中にすむトンボの幼虫や、成虫の飛ぶすがたが観察できる。

▲池は水の流れが少ないため、網などを使っての昆虫観察に適している。

昆虫で水の汚染度がわかる

水生昆虫は、種類によってすめる水の環境がちがっています。

どのような水辺にも必ず昆虫がいますが、どの種類の昆虫がすんでいるのかを見ることで、その水辺の汚染の度合いを知ることができるのです。

上流のきれいな水辺で見られる昆虫

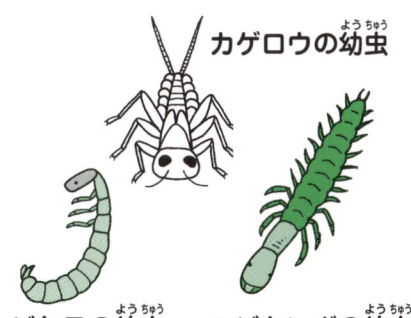

カゲロウの幼虫
トビケラの幼虫
ヘビトンボの幼虫

下流の汚れた水で見られる昆虫

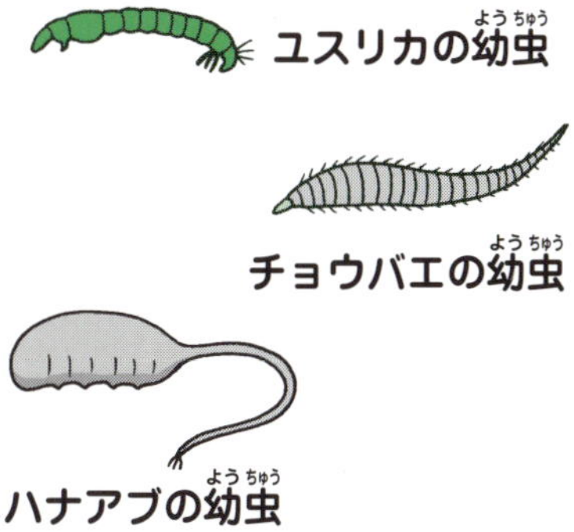

ユスリカの幼虫
チョウバエの幼虫
ハナアブの幼虫

昆虫の観察・調べ方　昆虫の観察

町の中で観察

公園や神社、街路樹など、わたしたちの家のまわりでも、昆虫を観察できます。そこには昆虫が好む、花粉や蜜を出す植物や、アリなど小さい昆虫がすむのに適した地面、チョウの幼虫がさなぎになるための木々があります。町の中のさまざまな環境にいる昆虫の生態を観察してみましょう。

町でみられる昆虫
アリ　ハサミムシ　テントウムシ　アリジゴク

▲町の中の公園には昆虫が好む環境がある。

● 観察のポイント

町の中で昆虫を観察するときは、昆虫がすみそうな場所や食べ物がありそうな場所を探してみましょう。公園にある花壇には、アリやテントウムシなどが食べ物を求めて集まります。また、空き地の石の下などには、土の下でくらす昆虫やダンゴムシなどを観察することができます。町の中で見られる昆虫はあまり大きくないので、注意深く探してみましょう。

▲町中にある植物を探してみると、そこに集まる昆虫を観察できる。

▲土の場所を見つけ、大きな石を動かしてみると、地面にすむ昆虫を観察できる。

夜行性の昆虫を観察する

昆虫には、おもに夜に活動するものが多くいます。そのため、夜間の観察では多くの昆虫を見ることができます。しかし、暗い中で昆虫を見つけるのは昼間に比べて難しいため、特別な道具があると観察に便利です。昆虫を照らす懐中電灯や、光を使ったしかけなどが昆虫を集めるのには効果的です。

▲夜間の昆虫の観察に出かけるときは、必ず大人の人といっしょに行きましょう。

▲木の間にシーツなどを張り、ライトをつるして光に集まる昆虫を観察する。

飼って観察

実際に昆虫を飼って、そばで観察を続けると、昆虫の生態をよりくわしく知ることができます。昆虫の種類で飼い方は変わります。えさやかくれ場所など、本やインターネットなどで調べ、昆虫にあった飼育をすることが必要です。

▲飼育ケースの中で飼われているクワガタムシ。

終わったら逃がそう

採集した昆虫は大切にあつかい、観察が終わったら逃がしましょう。昆虫がすむ場所は、種によって生息環境が異なります。採集した場所か、それに似た環境のところで放しましょう。

※デパートなどで売っている外国産昆虫は、野外に放さないようにしましょう。

記録をつけよう

昆虫を観察したら、記録をつけていきましょう。日付や場所、天気などの条件、昆虫の行動など、なるべく細かく記録することで、昆虫の生態によりくわしくなります。

昆虫を記録する

観察した昆虫の種類や、大きさ、特徴を記録しましょう。図鑑などでその昆虫を調べると多くの発見があります。

写真を撮る

昆虫は小さいので、大きくクローズアップできる機能のついたカメラを選びましょう。

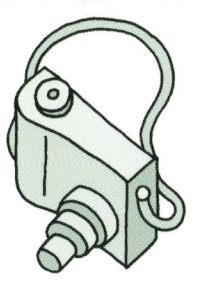

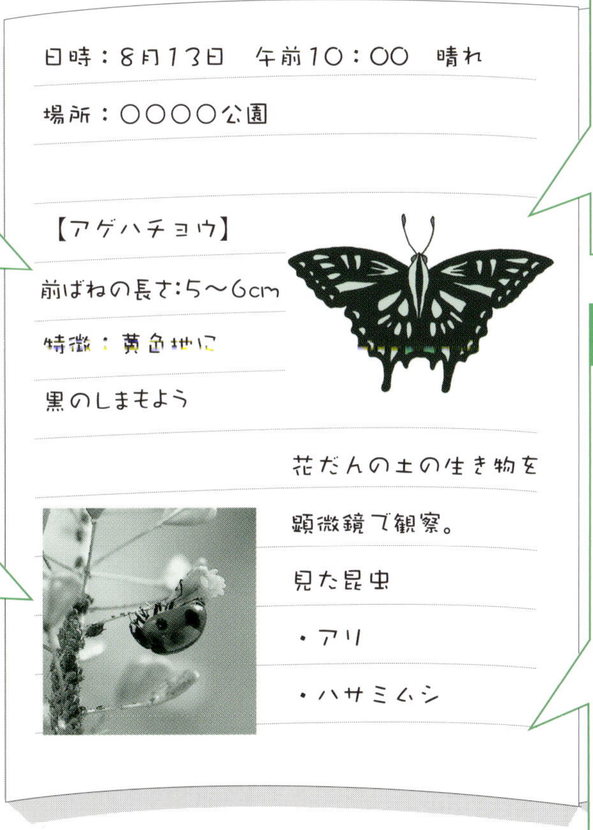

スケッチする

昆虫のすがたをスケッチすることは、昆虫をくわしく観察することにつながります。

虫めがねや顕微鏡で見る

虫めがねや顕微鏡で昆虫を拡大して見たら、新しい発見があるかもしれません。

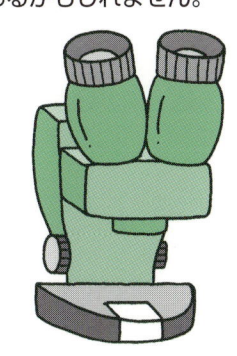

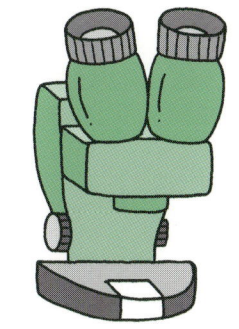

日時：8月13日　午前10：00　晴れ
場所：○○○○公園

【アゲハチョウ】
前ばねの長さ：5〜6cm
特徴：黄色地に黒のしまもよう

花だんの土の生き物を顕微鏡で観察。
見た昆虫
・アリ
・ハサミムシ

昆虫の観察・調べ方　昆虫の観察

昆虫のことがよくわかる施設

昆虫についてよりくわしく調べたいときは、昆虫を展示したり、観察できる施設に行ってみましょう。日本各地には、昆虫の標本を数多く紹介しているところや、実際にふれあいながら昆虫のからだのしくみや習性について学ぶことができる施設が多くあります。

※掲載の情報は2015年6月現在のものです。

ぐんま昆虫の森

- 住　　所 ● 群馬県桐生市新里町鶴ヶ谷460-1
- 電話番号 ● 0277-74-6441
- 開館時間 ● 4〜10月　9:30〜17:00（入園は16:30まで）
  　　　　　11〜3月　9:30〜16:30（入園は16:00まで）
- 休園日 ● 月曜日（月曜日が祝日のときは開園し、翌日が休園）12月27日〜1月5日
- 料　　金 ● 一般410円　大学生・高校生200円　中学生以下無料
- ホームページ ● http://www.giw.pref.gunma.jp/

広大な森の中で昆虫観察ができます。

つくば市立豊里ゆかりの森昆虫館

- 住　　所 ● 茨城県つくば市遠東676
- 電話番号 ● 029-847-5061
- 開館時間 ● 9:00〜17:00（入館は16:30まで）
- 休館日 ● 月曜日（月曜日が祝日のときは開館し、翌日が休館）、年末年始
- 料　　金 ● 大人210円　小人（小・中・高生）100円
- ホームページ ● http://www.city.tsukuba.ibaraki.jp/（つくば市ホームページ）

森全体が自然公園で、昆虫の生態を観察できます。

多摩動物公園・昆虫園

- 住　　所 ● 東京都日野市程久保7-1-1
- 電話番号 ● 042-591-1611
- 開園時間 ● 9:30〜17:00（入園は16:00まで）
- 休園日 ● 水曜日（水曜日が祝日、都民の日にあたる場合は開園し、翌日が休園）、12月29日〜1月1日
- 料　　金 ● 一般600円　中学生200円　小学生と都内在住・在学の中学生は無料
- ホームページ ● http://www.tokyo-zoo.net/zoo/tama

チョウが舞う生態園と昆虫について学べる本館があります。

名和昆虫博物館

- 住　　所 ● 岐阜県岐阜市大宮町2-18（岐阜公園内）
- 電話番号 ● 058-263-0038
- 開館時間 ● 10:00〜17:00（夏休み期間 9:00〜18:00）
- 休館日 ● 水・木曜日（祝日のときは開館。夏休み期間中は無休、12、1、2月は火・水・木曜日休館）、年末年始
- 料　　金 ● 一般（高校生以上）500円　子ども（4歳以上、小・中学生）400円
- ホームページ ● http://www.nawakon.jp/

カブトムシ、クワガタムシ、チョウなどの昆虫標本を数多く展示しています。

橿原市昆虫館

- 住　　所 ● 奈良県橿原市南山町624（香久山公園内）
- 電話番号 ● 0744-24-7246
- 開館時間 ● 4〜9月／9:30〜17:00　10〜3月／9:30〜16:30
- 休館日 ● 月曜日（月曜日が祝日のときは開館し、翌日が休館。夏休み期間中は無休）、12月28日〜1月2日
- 料　　金 ● 大人510円　大学生・高校生410円　小人（4歳以上、小・中学生）100円
- ホームページ ● http://www.city.kashihara.nara.jp/insect/

亜熱帯地方の環境を再現した施設でチョウの生態が観察できます。

大阪府営箕面公園昆虫館

- 住　　所 ● 大阪府箕面市箕面公園1-18
- 電話番号 ● 072-721-7967
- 開館時間 ● 10:00〜17:00（入館は16:30まで）
- 休館日 ● 火曜日（火曜日が祝日のときは開館し、翌日が休館）、年末年始
- 料　　金 ● 大人（高校生以上）270円　中学生以下無料
- ホームページ ● http://www.pref.osaka.lg.jp/ikedo/insect/

箕面の森の昆虫を中心に展示、紹介しています。

伊丹市昆虫館

- 住　　所 ● 兵庫県伊丹市昆陽池3−1昆陽池公園内
- 電話番号 ● 072-785-3582
- 開館時間 ● 9:30〜16:30（入館は16:00まで）
- 休館日 ● 火曜日（火曜日が祝日のときは開館し、翌日が休館）、12月29日〜31日
- 料　　金 ● 大人400円　中・高生200円　小人（3歳〜小学生）100円
- ホームページ ● http://www.itakon.com/

一年中約1000匹のチョウが実際に舞う施設などがあります。

広島市森林公園こんちゅう館

- 住　　所 ● 広島県広島市東区福田町字藤ヶ丸173
- 電話番号 ● 082−899−8964
- 開館時間 ● 9:00〜16:30
- 休館日 ● 水曜日（水曜日が祝日のときは開館し、翌日が休館）、12月29日〜1月3日
- 料　　金 ● 大人（18歳以上）510円　小人（高校生）170円　中学生以下無料
- ホームページ ● http://www.hiro-kon.jp/

国内外の昆虫を幅広く展示しています。

たびら昆虫自然園

- 住　　所 ● 長崎県平戸市田平町荻田免1628−4
- 電話番号 ● 0950-57-3348
- 開園時間 ● 9:00〜17:00
- 休園日 ● 月曜日（月曜日が祝日のときは開園し、翌日が休園。夏休み期間中は無休）、12月29日〜1月3日
- 料　　金 ● 大人・高校生410円　小・中学生300円　幼児（4歳以上）150円
- ホームページ ● http://www.hira-shin.jp/tabira-insect-park/

里山を再現した環境で昆虫を観察できます。

昆虫の観察・調べ方　昆虫のことがよくわかる施設

さくいん INDEX

POPLARDIA INFORMATION LIBRARY

★さくいんにのせた項目は、重要と思われる昆虫名や用語とその説明、写真などがあるページをえらんであります。
★「ハチ目」のように分類を表す語や、「チョウ」「ガ」のように総称として使われる語については、本文中でまとめて詳しく説明しているページ数を太字で示しています。

あ

- アオイトトンボ ･････134, 161, 164
- アオウバタマムシ ･････････109
- アオオサムシ ････････････104
- アオカナブン ････････････102
- アオクサカメムシ ･･････････123
- アオスジアゲハ ･･･････････14
- アオハナムグリ ･･･････････24
- アオマツムシ ･･････141, 142, 159
- アオムシ ･･････････････62
- アオムシコバチ ･･････････34, 35
- アオムシコマユバチ ･････････34
- アカイエカ ･･･････････80, 87
- アカイボトビムシ ････････････172
- アカサシガメ ････････････130
- アカスジキンカメムシ ･･･････131
- アカスジチュウレンジ ････････33
- アカトンボ ････････････162
- アカムシ ･････････････88
- アカムシユスリカ ･････････88
- アキアカネ ････････････167
- アゲハ ･････15, 25, 35, 56, 60, 64
- アゲハチョウ ･･････････64-65
- アゲハヒメバチ ････････････56
- アゲハモドキ ････････････73
- アサギマダラ ････････････69
- アザミウマ ････････････135
- アザミウマタマゴバチ ･･･････30
- アザミウマ目 ･･････19, 20, **135**
- アシナガアリ ････････････47
- アシナガバチ ･･･････36, 37, 113
- 亜成虫 ･･････････15, 168, 169
- アタマジラミ ････････････136
- アナバチ ･････････････36
- アブ ･･･････････････80, 84-85
- アブラゼミ ･･･････13, 123, 125, 126
- アブラバチ ･････････････56
- アブラムシ ･･･45, 52, 54, 56, 110, 111, 128-129
- アミアリ ･･･････････17, 50, 52
- アミメカゲロウ目 ･･････19, 20, **90-91**
- アメイロアリ ･･･････････46, 47
- アメリカシロヒトリ ･･････････158
- アメンボ ･････････････134
- アリ ･････28, **44-53**, 54, 67, 128, 131, 141, 170
- アリガタバチ ･･･････････30, 31
- アリジゴク ････････････91
- アリシミ ･････････････55
- アリスアブ ･････････････85
- アリ塚 ･･････････････51, 146
- アリヅカコオロギ ･･･････55, 141
- アリノタカラカイガラムシ ･･･55, 129
- アリノトリデ ･････････････54
- アルゼンチンアリ ･･････････158
- アワフキムシ ････････････127

い

- イエシロアリ ････････････147
- イエバエ ･････････････80
- イエヒメアリ ･････････････50
- 異翅亜目 ････････････122
- イシノミ ･････････････170
- イシノミ目 ･･････14, 19, 21, **170**
- イセリヤカイガラムシ ････････94
- 糸いぼ ･･･････････178, 179
- イトトンボ亜目 ･･････････160, 163
- イナゴ ････････････95, 140
- イネミズゾウムシ ･･････････158
- イボバッタ ････････････151
- イモムシ ･････････････58
- イヨシロオビアブ ･････････84
- イラガ ･･････････････75
- イラガセイボウ ････････････35
- イリオモテボタル ････････････107
- イワサキクサゼミ ･･････････124
- イワツバメシラミバエ ･･･････56

う

- ウエノカワゲラ ････････････157
- ウシアブ ･････････････84
- ウジ ･･････････････81, 82
- ウスタビガ ･････････････73
- ウスバアゲハ ････････････65
- ウスバカゲロウ ･･･････････91
- ウスバカマキリ ････････････148
- ウスバキトンボ ････････････167
- ウスバシロチョウ ･･･････････65
- ウチワヤンマ ････････････163
- ウデナガサワダムシ ･････････184
- うどんげの花 ･････････････90
- ウバタマコメツキ ･･････････109
- ウマオイ ･･････････140, 142
- ウミアメンボ ････････････134
- ウミグモ類 ･････････････8, 19
- ウメマツオオアリ ･･････････50
- ウリミバエ ･････････････83
- ウンカ ･････････････123

え

- 絵描き虫 ･････････････81
- 益虫 ･･････････････94
- エグリトビケラ ････････････77
- エゴシギゾウムシ ･･････････117
- エサキモンキツノカメムシ ･･･130
- エゾアカヤマアリ ･･･････45, 51
- エゾゼミ ････････････125
- エダナナフシ ････････････137
- エダヒゲムシ ････････････175
- エビガラスズメ ････････････74
- えら ･････････････11, 156, 168
- エライオソーム ･･･････････26
- エラントドクチョウ ･･････････152
- エンマコオロギ ･･･････139, 141, 142
- 円網 ･･････････････181

お

- 王（シロアリ） ･･････････146, 147
- オウギグモ ････････････181
- 王台 ･････････････41, 43
- 大あご ･････10, 12, 96, 98, 99, 174
- オオウスバカゲロウ ･･･････････91
- 大型働きアリ ･････････････50, 51
- オオカマキリ ････････････79, 149
- オオキンカメムシ ･･･････････9
- オオクラケカワゲラ ･････････157
- オオクロバエ ････････････81

さくいん INDEX

オオクワガタ……………97, 98	カニムシ……………184	寄生……………34, 54, 56-57
オオゲジ……………175	カネタタキ……………141, 142, 143	寄生バチ……………31, 34
オオゴキブリ……………145	蚊柱……………87, 88	季節型……………63
オオゴマダラ……………61, 69	カバマダラ……………153	擬態……………113, 150-153
オオシママドボタル……………107	カブトムシ……8, 11, 96, 97, 99, 100-101	キタテハ……………151
オオシロカゲロウ……………169	カブラハバチ……………30	キチョウ……………62, 63
オオズアリ……………50	花粉かご……………29, 40, 41	キチン質……………11
オオスカシバ……………74	花粉だんご……………29, 40	キバチ……………31, 32
オオスズメバチ……30, 39, 43, 153	花粉ブラシ……………25	ギフチョウ……………65
オオニジュウヤホシテントウ……110	過変態……………15, 96, 105	キマダラセセリ……………71
オオフタオビドロバチ……………36	カマアシムシ……9, 19, 23, **173**	キムネクマバチ……………30
オオミズスマシ……………108	カマキリ……………15	キムラグモ……………183
オオミノガ……………74	カマキリ目……19, 21, **148-149**	気門……………11, 87
オオムカデ……………174	カマキリモドキ……………91	求愛給餌……………82
オオムラサキ……………70	カミキリムシ……23, 112-113	求愛鳴き……………125
オオヤニハナバチ……………57	ガムシ……………108	吸血昆虫……………89
オオヤマカワゲラ……………156	カメムシ……………123, 130-131	吸血性……………84, 136
オガサワラゼミ……………125	カメムシ亜目……………122	キュウジョウコバネダニ……184
オカダンゴムシ……79, 172, 176, 177	カメムシ目……19, 20, **122-134**	鋏角……………179
オサムシ……………104	狩りバチ……………36, 38	共進化……………24
オスアリ……………45, 48	ガロアムシ目……19, 21, **154**	共生……………54-55, 128
オスバチ……………38, 41, 42	カワゲラ目……19, 21, **156-157**	胸弁……………80
オトシブミ……………114-115	カワトンボ……………160	共鳴……………143
オドリバエ……………82, 84	カワトンボ類……………163	擬蛹……………96, 105
オニグモ……………179	カワニナ……………106	キリギリス……………139, 141, 143
オニボウフラ……………87	感覚毛……………60, 61	キリギリス亜目……………138
オニヤンマ……………161, 162, 164	カンシャワタアブラムシ……129	キンバエ……………81
オバボタル……………107	眼状紋……………64	ギンヤンマ……………162, 164, 165
オビババヤスデ……………172	完全変態……………14	
オンシツツヤコバチ……………94	完全変態類……………18	**く**
オンブバッタ……………140	カンタン……………141, 142	クサカゲロウ……………90
	甘露……………52, 54, 55, 128	クサキリ類……………140
か		クサヒバリ……………141
カ……………80, **86-87**	**き**	クチキゴキブリ類……………145
ガ……………58, **72-76**		クチクラ……………11
カ亜目……………80	キアゲハ……………8, 59, 79	クツワムシ……………142
カイガラムシ……………54, 94, 129	キアシオナガトガリヒメバチ…35	クマゼミ……………124, 125
カイコ……………76, 95	キアシトックリバチ……………36	クマバチ……………40
カイコガ……………76	キイトトンボ……………163	クモ……………**178-183**
外骨格……………8, 11	キイロケアリ……………46	クモ形類……………8, 19, 172
害虫……………94	キイロショウジョウバエ……83	クモヒメバチ……………34
外部寄生……………56, 93	キイロスズメ……………74	クリオオアブラムシ……………56
外来昆虫……………158	キイロスズメバチ……………39, 43	クリソニムスドクチョウ……152
外来種……………141	キイロテントウ……………110	クリタマバチ……………158
カカトアルキ目……19, 21, **155**	キカマキリモドキ……………91	クロオオアリ……45, 46, 48, 49, 67
ガガンボ……………88	気管えら……………11	クロキシケアリ……………50
カギバラバチ……………34	キゴシジガバチ……………35	クロゴキブリ……………144, 145
カゲロウ目……19, 21, **168-169**	蟻酸……………45	クロシジミ……………67
下唇……………89	擬死……………99, 111	クロシタアオイラガ……………75
勝ち虫……………161	キシノウエトタテグモ……………180	クロジュウホシカメムシ……130
カトンボ……………88	キシャヤスデ……………175	クロショウジョウバエ……………83
カナブン……………102	寄主……………34, 82	クロスジギンヤンマ……160, 161

さくいん INDEX

クロスズメバチ・・・・・・・・9, 38
クロタニガワカゲロウ・・・・・・169
クロツヤムシ・・・・・・・・・103
クロトゲアリ・・・・・・50, 51, 95
クロナガアリ・・・・・・・・・47
クロボシツツハムシ・・・・・・117
クロマルカブト・・・・・・・・100
クロヤマアリ・・26, 44, 45, 46, 47, 53
クワガタムシ・・・・97, 98-99, 101
群生相・・・・・・・・・・・140
群飛・・・・・・・・・・・・88

け

頸吻群・・・・・・・・・・・122
警報フェロモン・・・・・・・・131
ゲジ・・・・・・・・・・・・175
ケジラミ・・・・・・・・56, 136
結婚飛行・・・・・・・41, 48, 147
ケブカハナバチ・・・・・・・・57
毛虫・・・・・・・・・・58, 75
ケラ・・・・・・・・・・・・142
ゲンゴロウ・・・・・・・・・108
絹糸腺・・・・・・・・・・・76
ゲンジボタル・・・・16, 17, 106, 107

こ

コアオハナムグリ・・・・・・・102
小あご・・・・・・・・・・・12
小あごひげ・・・・・・・・10, 12
コアシナガバチ・・・・・・・・37
ゴイシシジミ・・・・・・・・・66
甲殻類・・・・・・・・9, 19, 172
口器・・・・・・・・・・10, 88
攻撃擬態・・・・・・・・・・150
口針・・・・・・・・・・・・89
甲虫・・・・・・・・・・・・96
コウチュウ目・・・・・19, 20, 96-117
交尾器・・・・・・・・160, 164
交尾栓・・・・・・・・・・・65
口吻・・・・58, 61, 74, 86, 122, 124
コオイムシ・・・・・・・133, 134
コオロギ・・・・・139, 141, 142, 143
コオロギ亜目・・・・・・・・138
コガタスズメバチ・・・・・・38, 39
小型働きアリ・・・・・・・50, 51
コガネグモ・・・・・・172, 179, 181
コガネムシ・・・・・・・102-103
コガネムシ科・・・・・・・・100
コカブト・・・・・・・・・・100
個眼・・・・・・・・・・・・12
ゴキブリ・・・・・・・・22, 144

ゴキブリ目・・・・・19, 21, 144-145
呼吸管・・・・・・・・・・・132
コクボオカトビムシ・・・・・・177
コシアキハバチ・・・・・・・・32
コシマゲンゴロウ・・・・・・・108
個体変異・・・・・・・・・・111
孤独相・・・・・・・・・・・140
コナチャタテ・・・・・・・・・135
婚姻贈呈・・・・・・・82, 92, 93
コバエ・・・・・・・・・・・81
コバネガ・・・・・・・・・・58
コブヤハズカミキリ・・・・・・112
ゴマシジミ・・・・・・・・・67
コマダラウスバカゲロウ・・・・・91
コマユバチ類・・・・・・・・・34
コマルハナバチ・・・・・・28, 40
ゴミムシ・・・・・・・・・・104
コムカデ・・・・・・・・・・175
コムシ・・・・・・・・9, 19, 173
コムシ類・・・・・・・・・・18
コメツキムシ・・・・・・・・109
コモリグモ・・・・・・・・・183
コヤマトヒゲブトアリヅカムシ・・116
コルリクワガタ・・・・・・・・99
コロギス・・・・・・・・・・141
昆虫・・・・・・・・・・・8-26

さ

サクラコガネ・・・・・・・・・78
ササキリ・・・・・・・・・・142
ザザムシ・・・・・・・・・・95
サソリ・・・・・・・・9, 172, 184
サツマゴキブリ・・・・・・・・144
サトアリヅカコオロギ・・・・55, 141
ザトウムシ・・・・・・・・・184
サナエトンボ・・・・・・・・163
さなぎ・・・・・・・・14, 15, 69
サムライアリ・・・・・・・・・53
サラグモ・・・・・・・・・・181
産卵管・・・・・・・・31, 139, 140

し

シオカラトンボ・・・・・・165, 166
しおり糸・・・・・・・・・・180
ジガバチ・・・・・・・・・・31
シジミチョウ・・・・・・54, 66-67
シデムシ・・・・・・・・・・116
指標生物・・・・・・・・・・77
シミ（紙魚）・・・・・・・14, 170
シミ目・・・・・・・・19, 21, 170
ジムカデ・・・・・・・・・・174

ジャイアント・ウェタ・・・・・118
社会寄生・・・・・・・・・・39
社会性・・・・・・・・・29, 146
シャクトリムシ・・・・・・・・75
ジャコウアゲハ・・・・・・・・159
ジャノメチョウ・・・・・・・・71
ジャパニーズビートル・・・・・159
臭角・・・・・・・・・・・・64
周期ゼミ・・・・・・・・・・127
集合フェロモン・・・・・・・145
13年ゼミ・・・・・・・・・127
17年ゼミ・・・・・・・・・127
臭腺・・・・・・・・・・・・131
集団越冬・・・・・・・・・・111
ジュズヒゲムシ目・・・・19, 21, 155
シュモクバエ・・・・・・・・82
準新翅類・・・・・・・・・・18
ショウジョウバエ・・・・・81, 83
消費者・・・・・・・・・・・78
ショウリョウバッタ・・・・14, 140
女王（シロアリ）・・・・・146, 147
女王アリ・・・・・・・45, 48, 49
女王バチ・・・・・・38, 41, 42, 43
女王物質・・・・・・・・41, 42
触肢・・・・・・・・・・・・178
食草・・・・・・・・・・・・58
植物寄生・・・・・・・・・・33
食糞群・・・・・・・・・・・102
食葉群・・・・・・・・・・・102
触角・・・・10, 12, 13, 59, 73, 102, 112
書肺・・・・・・・・・・・・179
ジョロウグモ・・・・・・180, 182
シラミバエ・・・・・・・・・56
シラミ目・・・・・・・19, 20, 136
シリアゲムシ目・・・・・19, 20, 93
尻振りダンス・・・・・・・・16
シロアリ・・・・・・・120, 146-147
シロアリタケ・・・・・・・・147
シロアリ塚・・・・・・・・・120
シロアリ目・・・・・・19, 21, 146-147
シロアリモドキ目・・・・19, 21, 154
シロオビアワフキ・・・・・・127
シロオビタマゴバチ・・・・・・35
シロコブゾウムシ・・・・・・・117
シロスジカミキリ・・・・・・・113
シロチョウ・・・・・・・・62-63
シロフアブ・・・・・・・・・84
シワクシケアリ・・・・・・・・67
進化・・・・・・・・・・・・22
ジンガサハムシ・・・・・・・117
人工樹液・・・・・・・・・・187
新翅類・・・・・・・・・・・18
新性類・・・・・・・・・・・18

さくいん INDEX

唇弁 ・・・・・・・・・・・・80, 88

す

水生甲虫 ・・・・・・・・・・・108
水生昆虫 ・・・・・・・・・・・189
スジグロシロチョウ ・・・・・・63
スズキナガハナアブ ・・・・・・85
スズムシ ・・・・・・・16, 142, 143
スズメガ ・・・・・・・・・・・・74
スズメバチ ・・36, 38, 43, 113, 153
スズメバチネジレバネ ・・・・・89
巣盤 ・・・・・・・・・・・・・・38
スフラギス ・・・・・・・・・・・65
スマトラヒラタクワガタ ・・・159

せ・そ

セアカゴケグモ ・・・・・・・・179
生産者 ・・・・・・・・・・・・・78
生殖器 ・・・・・・・160, 161, 164
成虫 ・・・・・・・・・・・・・・14
性フェロモン ・・・・・・・73, 145
セイヨウオオマルハナバチ ・・94, 159
セイヨウシミ ・・・・・・・・・170
セイヨウミツバチ ・・25, 42, 43, 95
脊椎動物 ・・・・・・・・・・・・・8
セグロアシナガバチ ・・・・・・30
セスジスカシバ(ガ) ・・・・・・153
セスジツユムシ ・・・・・・・・142
セスジミドリカワゲラ ・・・・・157
セセリチョウ ・・・・・・・・・・71
セッケイカワゲラ ・・・・・・・157
節足動物 ・・・・・・8, 18, 172-184
セミ ・・・・・・・122, 123, 124-127
センチコガネ ・・・・・・・・・103
センチュウ ・・・・・・・・・・113
前蛹 ・・・・・・・・・・・15, 101
前幼虫 ・・・・・・・・・・15, 149
ゾウムシ ・・・・・・・・・・・117
相利共生 ・・・・・・・・・・・・54
側昆虫類 ・・・・・・・・・・・・18
そのう ・・・・・・・・・10, 45, 49

た

ターバン眼 ・・・・・・・・・・168
タイコウチ ・・・・・・・・132, 134
ダイコクコガネ ・・・・・・・・103
タイワンカブト ・・・・・・・・100
タイワンチキゴキブリ ・・・・・145
タイワンクロマルカブト ・・・・100
タガメ ・・・・・・・・132, 133, 134

多雌制 ・・・・・・・・・・50, 51
多新翅類 ・・・・・・・・・・・18
多巣制 ・・・・・・・・・・・・51
多足類 ・・・・・・・8, 19, 172, 174
脱皮 ・・・・・・・・・・・・・14
タテツツガムシ ・・・・・・・184
タテハチョウ ・・・・・・・68, 70
たな網 ・・・・・・・・・・・183
ダニ ・・・・・・・・・・・・184
ダビドサナエ ・・・・・・・・166
タマオシコガネ ・・・・・・・103
卵 ・・・・・・・・・・・・14, 15
タマゴコバチ ・・・・・・・・・34
タマムシ ・・・・・・・・・・109
単為生殖 ・・・・50, 129, 137, 169
単眼 ・・・・・・・10, 12, 178, 179
ダンゴムシ ・・・・・・・9, 176-177

ち

チカイエカ ・・・・・・・・・・87
チャイロスズメバチ ・・・・・・39
チャタテムシ目 ・・・・・19, 20, 135
チャドクガ ・・・・・・・・・・75
チャバネゴキブリ ・・・・・・145
チョウ ・・・・・・・・・・58-71
チョウトンボ ・・・・・・・・162
チョウ目 ・・・・・・・19, 20, 58-76
直翅目 ・・・・・・・・・・・138
チョッキリ ・・・・・・・114, 115

つ・て

ツクツクボウシ ・・・・・・124, 125
ツチバチ ・・・・・・・・・・・30
ツチハンミョウ ・・・・・15, 57, 105
筒巣 ・・・・・・・・・・・・・77
ツツハムシ ・・・・・・・・・117
ツノアオカメムシ ・・・・・・122
ツノアカメムシ ・・・・・・・131
ツノクロツヤムシ ・・・・・・103
ツノゼミ ・・・・・・・・54, 127
ツマキシャチホコ ・・・・・・151
ツマグロオオヨコバイ ・・122, 123
ツマグロヒョウモン ・・・・59, 153
ツリガネヒメグモ ・・・・・・181
ツルグレン装置 ・・・・・・・173
テイオウゼミ ・・・・・・・・118
鉄砲虫 ・・・・・・・・・・・113
テングチョウ ・・・・・・・・・71
テントウハラボソコマユバチ ・・35
テントウムシ ・・35, 52, 54, 110-111

と

ドウガネブイブイ ・・・・・・102
頭胸部 ・・・・・・・・・・・178
同翅亜目 ・・・・・・・・・・122
頭部 ・・・・・・・・・・・・・10
冬眠 ・・・・・・・・・・・・134
トガリハナバチ ・・・・・・・・57
毒ガス ・・・・・・・・・・・104
毒毛虫 ・・・・・・・・・・・・75
毒針毛 ・・・・・・・・・・・・75
ドクチョウ ・・・・・・・・・152
毒針 ・・・・・・・・・・・29, 31
トゲヤドリカニムシ ・・・・・184
土壌動物 ・・・・・・173, 175, 177
トノサマバッタ ・・8, 10, 12, 13, 138, 139, 140
トビイロケアリ ・・・・・・52, 85
トビイロシワアリ ・・・・・55, 141
トビクロショウジョウバエ ・・・83
トビケラ ・・・・・・・・・・・77
トビケラ目 ・・・・・・・19, 20, 77
トビズムカデ ・・・・・・・・174
トビムシ ・・・・・・・・9, 19, 173
ドヨウオニグモ ・・・・・・・180
トラカミキリ類 ・・・・・・・113
トラフカミキリ ・・・・・113, 153
トラフコメツキ ・・・・・・・109
ドラミング ・・・・・・・・・157
トリデルリアリ ・・・・・・・・54
どれい狩り ・・・・・・・・・・53
ドロバチ ・・・・・・・・・・・36
ドロハマキチョッキリ ・・・・114
トワダオオカ ・・・・・・・・・86
トワダカワゲラ ・・・・・・・157
トンボ ・・・・・・・・・・・162
トンボ亜目 ・・・・・・160, 162, 163
トンボ目 ・・・・・・19, 21, 160-167

な

内部寄生 ・・・・・・・・・・・56
ナガサキアゲハ ・・・・・・・・65
ナガヒョウホンムシ ・・・・・・94
ナキイナゴ ・・・・・・・142, 143
ナゲナワグモ ・・・・・・・・183
ナツアカネ ・・・・・・・・8, 164
夏型 ・・・・・・・・・・・・・63
ナナフシ目 ・・・・・・・19, 21, 137
ナナホシテントウ ・・15, 52, 54, 110, 111
ナベブタムシ ・・・・・・・・132
ナミアゲハ ・・・・・・・・60, 64

197

さくいん INDEX

ナミテントウ ・・・・・・・・・ 35, 111
ナミニクバエ ・・・・・・・・・・・・ 13
ナミハンミョウ ・・・・・・・・・・ 105
ナミヒラタカゲロウ ・・・・・・・ 169
ナラエダムレタマバチ ・・・・・・・ 33
ナラメカイメンタマバチ ・・・・・・ 33

に・ね・の

ニイニイゼミ ・・・・・・・・・・・ 125
ニクイロババヤスデ ・・・・・・・ 175
ニクバエ ・・・・・・・・・・・ 81, 82
ニジイロクワガタ ・・・・・・・・ 121
二次生殖虫 ・・・・・・・・・・・ 146
ニッポンヨコエビ ・・・・・・・・ 177
ニホンミツバチ ・・・・・・ 42, 43, 95
ニワトリハジラミ ・・・・・・・・ 136
ニンギョウトビケラ ・・・・・・・・ 77
ネオテニー ・・・・・・・・・・・ 107
ネコノミ ・・・・・・・・・・・・・ 93
ネコハエトリ ・・・・・・・・・・ 183
ネコハジラミ ・・・・・・・・・・ 136
ネジレバネ目 ・・・・・・・・ 19, 20, **89**
ノコギリクワガタ ・・・・・・ 13, 99, 101
ノミ目 ・・・・・・・・・・ 19, 20, **93**

は

把握器 ・・・・・・・・ 160, 161, 164
ハート形 ・・・・・・・・・・・・ 164
羽アリ ・・・・・・・・・・・・・ 147
ハイイロゴキブリ ・・・・・・・・ 145
ハイイロチョッキリ ・・・・・・・ 115
ハエ ・・・・・・・・・・・・ **80-83**
ハエ亜目 ・・・・・・・・・・・・・ 80
ハエトリグモ ・・・・・・・・ 178, 179
ハエ目 ・・・・・・・・・ 19, 20, **80-89**
ハグロトンボ ・・・・・・・・・・ 166
ハサミコムシ ・・・・・・・・ 9, 19, 173
ハサミムシ目 ・・・・・・・ 19, 21, **147**
ハジラミ ・・・・・・・・・・・・・ 56
ハジラミ目 ・・・・・・・・ 19, 21, **136**
働きアリ ・・・・・・・・・ 45, 48, 49
働きシロアリ ・・・・・・・・・・ 146
働きバチ ・・・・・・・・ 38, 41, 42, 43
ハチ ・・・・・・・・・・ 23, **28-43**, 44
ハチの子 ・・・・・・・・・・・・・ 95
8の字ダンス ・・・・・・・・・ 16, 42
蜂蜜 ・・・・・・・・・・・・・・・ 95
ハチ目 ・・・・・・・・・ 19, 20, **28-53**
発音鏡 ・・・・・・・・・・・・・ 143
発音筋 ・・・・・・・・・・・・・ 125
発音膜 ・・・・・・・・・・・・・ 125

発光器 ・・・・・・・・・・・・・ 106
バッタ ・・・・・・・・・・・ 138, 143
バッタ亜目 ・・・・・・・・・ **138-140**
バッタ目 ・・・・・・・ 19, 21, **138-143**
ハッチョウトンボ ・・・・・・・・ 161
ハナアブ ・・・・・・・・・・・ 84, 85
ハナカマキリ ・・・・・・・・・・ 150
ハナカミキリ ・・・・・・・・・・ 112
ハナバチ ・・・・・・・・ 40, 57, 105
ハナムグリ ・・・・・・・・・・・ 102
ハネカクシ ・・・・・・・・・・・ 116
ハネナシコロギス ・・・・・・・・ 141
ハバチ ・・・・・・・・・・・・ 31, 32
ハミスジエダシャク ・・・・・・・・ 75
ハムシ ・・・・・・・・・・・・・ 117
ハモグリバエ ・・・・・・・・・・・ 81
ハラアカハキリバチヤドリ ・・・・・ 57
バラハタマバチ ・・・・・・・・・・ 33
ハラビロカマキリ ・・・・・・・・ 148
ハリアリ ・・・・・・・・・・・・・ 44
春型 ・・・・・・・・・・・・・・・ 63
ハルゼミ ・・・・・・・・・・・・ 125
半翅目 ・・・・・・・・・・・・・ 122
半変態 ・・・・・・・・・・・・・ 168
ハンミョウ ・・・・・・・・・ 104, 105

ひ

ヒカゲチョウ ・・・・・・・・・・・ 71
ヒグラシ ・・・・・・・・・・・・ 125
ヒゲジロキバチ ・・・・・・・・・・ 32
ヒゲジロハサミムシ ・・・・・・・ 147
ヒゲナガオトシブミ ・・・・・・・ 115
飛蝗 ・・・・・・・・・・・・・・ 140
ヒサマツサイカブト ・・・・・・・ 100
ヒトスジシマカ ・・・・・・・・ 86, 87
ヒマラヤムカシトンボ ・・・・・・ 161
ヒメアシマダラブユ ・・・・・・・・ 89
ヒメクロオトシブミ ・・・・・・・ 114
ヒメクロホウジャク ・・・・・・・・ 74
ヒメゲンゴロウ ・・・・・・・・・ 108
ヒメサナエ ・・・・・・・・・・・ 163
ヒメシュモクバエ ・・・・・・・・・ 82
ヒメスズメバチ ・・・・・・・・・・ 38
ヒメツノカメムシ ・・・・・・・・ 131
ヒメハマトビムシ ・・・・・・・・ 177
ヒメベッコウ ・・・・・・・・・・・ 36
ヒメマルゴキブリ ・・・・・・・・ 145
ヒモワタカイガラムシ ・・・・・・ 129
ヒラアシハバチ ・・・・・・・・・・ 32
ヒラズオオアリ ・・・・・・・・・・ 51
ヒラタクワガタ ・・・・・・・・・ 159
広腰亜目 ・・・・・・・・・・・ 30, 31

ふ

フェロモン ・・・・・ 16, 17, 52, 68, 73
不完全変態 ・・・・・・・・・・・・ 14
複眼 ・・・・・・・・・・・・・ 10, 12
腹部 ・・・・・・・・・・・・・・・ 10
腹吻群 ・・・・・・・・・・・・・ 122
腹柄 ・・・・・・・・・・・・・・・ 45
腹弁 ・・・・・・・・・・・・・・ 125
フサショウジョウバエ ・・・・・・・ 83
フタフシアリ ・・・・・・・・・・・ 44
フナムシ ・・・・・・・・・・ 176, 177
フユシャク ・・・・・・・・・・・・ 75
吻 ・・・・・・・・・・・・・・・ 117
分解者 ・・・・・・・・・・ 78, 79, 177
フンコロガシ ・・・・・・・・・・ 103
糞虫 ・・・・・・・・・・・・・・ 103
分蜂 ・・・・・・・・・・・・・ 41, 42

へ

ヘアペンシル ・・・・・・・・・・・ 68
兵アリ ・・・・・・・・・・・・・・ 50
平均棍 ・・・・・・・・・・・・ 80, 81
ヘイケボタル ・・・・・・・・ 106, 107
兵シロアリ ・・・・・・・・・・・ 146
兵隊アブラムシ ・・・・・・・・・ 129
兵隊アリ ・・・・・・・・・・・・・ 50
ベーツ型擬態 ・・・・・・・・・・ 153
ベスケイドクチョウ ・・・・・・・ 152
ベダリアテントウ ・・・・・・・ 94, 110
ベッコウバチ ・・・・・・・・・・・ 36
ベニスズメ ・・・・・・・・・・・・ 74
ベニモンツチカメムシ ・・・・・・ 131
ヘビトンボ ・・・・・・・・・・・・・ 9
ヘビトンボ目 ・・・・・・・・ 19, 20, **92**
ヘルクレスオオカブト ・・・・・・ 119
変態 ・・・・・・・・・・・・・・・ 14
片利共生 ・・・・・・・・・・・ 54, 55

ほ

蜂球 ・・・・・・・・・・・・・・・ 43
ボウフラ ・・・・・・・・・・・・・ 87
ホオヒゲヤドリバエ ・・・・・・・・ 82
保護色 ・・・・・・・・・・・・・ 150
ホシベニカミキリ ・・・・・・・・ 112
ホソオチョウ ・・・・・・・・・・ 159
細腰亜目 ・・・・・・・・・・・ 30, 31
ホソヒラタアブ ・・・・・・・・・ 153
ホソフタホシメダカハネカクシ ・・・ 116
ホソミオツネントンボ ・・・・・・ 161
ホタル ・・・・・・・・・・・ 106-107

さくいん INDEX

ま

- ポンピング ……………… 71
- マイマイカブリ ……………… 104
- マゴタロウムシ（孫太郎虫） … 92
- まさつ器 ……………… 143
- マダラガ ……………… 73
- マダラサソリ ……………… 184
- マダラスズ ……………… 143
- マダラチョウ ……………… 68-69
- マツノザイセンチュウ ……………… 113
- マツノマダラカミキリ ……………… 113
- マツムシ ……………… 142
- マツモムシ ……………… 132
- マメコガネ ……………… 102, 159
- マメダルマコガネ ……………… 103
- まゆ ……………… 15, 76
- マルクビツチハンミョウ … 57, 105
- マルハナバチ ……………… 28, 40
- マルピーギ管 ……………… 11

み

- ミイデラゴミムシ ……………… 104
- ミカドオオアリ ……………… 50
- ミカドガガンボ ……………… 88
- ミカドジガバチ ……………… 36
- ミクラミヤマクワガタ ……………… 98
- ミズキヒラタアブラムシ ……………… 128
- ミズグモ ……………… 178, 183
- ミズスマシ ……………… 13, 108
- ミズバチ ……………… 35
- 道教え ……………… 105
- 蜜胃 ……………… 25
- ミツカドコオロギ ……………… 141
- 蜜腺 ……………… 45
- ミツツボアリ ……………… 121
- ミツバアリ ……………… 55, 129
- ミツバチ … 16, 17, 25, 31, 41, 42, 95
- 蜜標 ……………… 26
- ミドリシジミ ……………… 66
- ミナミカマバエ ……………… 81
- ミノガ ……………… 74
- ミノムシ ……………… 74
- ミバエ ……………… 83
- ミミズ ……………… 173
- ミミズク ……………… 151
- ミヤマカワトンボ ……………… 163
- ミヤマクワガタ ……………… 97, 99
- ミュラー型擬態 ……………… 152
- ミンミンゼミ ……………… 8, 124, 125

む・め・も

- ムカシトンボ ……………… 161, 165
- ムカシトンボ亜目 ……………… 160, 162
- ムカデ ……………… **174**
- ムギワラトンボ ……………… 166
- 虫こぶ ……………… 33, 129
- 無脊椎動物 ……………… 8
- ムネアカオオアリ ……………… 45
- 無変態 ……………… 14, 170
- ムラサキトビケラ ……………… 9
- ムラサキトビムシ ……………… 173
- 迷蝶 ……………… 68
- メガネウラ ……………… 22
- メダマグモ ……………… 183
- モエギザトウムシ ……………… 184
- モンオナガバチ ……………… 30
- モンカゲロウ ……………… 168, 169
- モンシデムシ ……………… 116
- モンシロチョウ … 12, 60, 61, 62, 63, 188
- モンスズメバチ ……………… 38

や・ゆ

- ヤイトムシ ……………… 184
- ヤエヤマサソリ ……………… 184
- ヤエヤマツダナナフシ ……………… 137
- ヤゴ ……………… 160, 165
- ヤスデ ……………… **174-175**
- ヤスマツトビナナフシ …… 9, 137
- やすり器 ……………… 143
- ヤドリバエ ……………… 82
- ヤブカ ……………… 86
- ヤブキリ ……………… 142
- 山蚕 ……………… 73
- ヤマトゴキブリ ……………… 145
- ヤマトシジミ ……………… 66
- ヤマトシロアリ ……………… 147
- ヤマトタマムシ ……………… 109
- ヤマトハサミコムシ ……………… 173
- ヤマトルリジガバチ ……………… 30
- ヤママユ ……………… 13, 15, 17, 73, 76
- ヤンバルテナガコガネ ……………… 119
- ヤンマ類 ……………… 162
- 有剣類 ……………… 30, 31
- 有翅類 ……………… 18
- 有錐類 ……………… 30, 31
- 誘惑腺 ……………… 145
- 雪虫 ……………… 157
- ユスリカ ……………… 88
- ゆりかご ……………… 114, 115

よ

- 幼形成熟 ……………… 107
- 養蚕 ……………… 95
- 蛹室 ……………… 101, 103
- 幼虫 ……………… 14
- 養蜂 ……………… 95
- ヨコヅナサシガメ ……………… 130
- ヨコバイ ……………… 123
- ヨコバイ亜目 ……………… **122-129**
- ヨシイムシ ……………… 173
- ヨツスジハナカミキリ ……………… 112
- ヨツボシクサカゲロウ ……………… 90
- ヨナグニサン ……………… 75, 119
- ヨモギハシロケフシタマバエ … 57
- ヨロイエダヒゲムシ ……………… 175

ら・り・る・れ・ろ

- ラクダムシ目 ……………… 19, 20, **92**
- ラブレッセンスメダマヤママユ …… 121
- 卵塊 ……………… 15
- 卵鞘 ……………… 15, 145, 149
- 卵胎生 ……………… 128, 129, 145
- 卵のう ……………… 182
- リュウキュウアサギマダラ … 69
- 鱗粉 ……………… 59
- ルシフェラーゼ ……………… 107
- ルシフェリン ……………… 107
- ルリクワガタ ……………… 99
- ルリチュウレンジ ……………… 32
- ルリボシカミキリ ……………… 112
- 労働寄生 ……………… 57
- ローヤルゼリー ……………… 41, 43
- 六脚虫類 ……………… 8, 18, 172

わ

- ワカバグモ ……………… 180
- ワラジムシ ……………… **176-177**

ポプラディア情報館　昆虫のふしぎ

監　修	寺山　守（てらやま　まもる）　東京大学農学部講師
	1958年生まれ。宇都宮大学大学院農学研究科修了。理学博士（東京大学）。日本生物地理学会学会賞受賞（1992年度）。国際社会性昆虫学会ほか多くの学会に所属。主な著書：『南西諸島産有剣ハチ・アリ類検索図説』北海道大学図書刊行会（共著）、『原色日本アリ類全種図鑑』学習研究社（共著）、『生命の科学ーヒト・自然・進化』大学教育出版、『The Insects of Japan Bethylidae』櫂歌書房（英文）等。
執　筆	砂村栄力　千田晴康
イラスト	小堀文彦
	今井桂三
	いずもり・よう　上村一樹　平　久弥
	ネイチャー・イラストレーション
写真・撮影	新開　孝
写真提供	田辺秀男　中瀬　潤　藤丸篤夫　湊　和雄　森上信夫　安田　守
	Photo Porcupine　ネイチャー・プロダクション
	Minden Pictures（ジャイアント・ウェタ）　Auscape（カマキリ擬態/メダマグモ）
編集・制作	ネイチャー・プロ編集室（河合佐知子　三谷英生　川嶋隆義　今津　啓）
編集協力	大地佳子　佐藤俊江
装　丁	細野綾子
本文デザイン	ニシ工芸株式会社（向阪伸一）　細野綾子

ポプラディア情報館
昆虫のふしぎ

発　行　2007年3月　第1刷 ©
　　　　2015年7月　第5刷

監　修	寺山　守
発行者	奥村　傳
編　集	山口竜也
発行所	株式会社ポプラ社　〒160-8565　東京都新宿区大京町 22-1
電　話	03-3357-2212（営業）　03-3357-2216（編集）　0120-666-553（お客様相談室）
振　替	00140-3-149271

ホームページ　http://www.poplar.co.jp（ポプラ社）　http://poplardia.com（ポプラディアワールド）
印刷・製本　共同印刷株式会社
ISBN 978-4-591-09596-6　N.D.C. 486/199P/29cm x 22cm　Printed in Japan

落丁・乱丁本は、送料小社負担でお取り替えいたします。ご面倒でも小社お客様相談室宛にご連絡ください。
受付時間は月～金曜日、9：00～17：00（ただし祝祭日は除く）
読者の皆さまからのお便りをお待ちしております。いただいたお便りは編集部から監修・執筆・制作者へお渡しします。
無断転載・複写を禁じます。